DIE BESTEN REISE-MOTORRÄDER

- DIE 55 BESTEN REISEMOTORRÄDER
- NEU & GEBRAUCHT
- FÜR JEDE TOUR DAS PASSENDE BIKE

Ride
MOTORRAD UNTERWEGS
Motorbuch Verlag

Einbandgestaltung: Sven Rauert
Herausgeber: Markus Biebricher
Foto: Die Bildquellen sind eingangs der jeweiligen Kapitel vermerkt. Weitere Abbildungen stammen von: Bernd Keidel (168, 192).

Eine Haftung des Autors oder des Verlages und seiner Beauftragten für Personen-, Sach- und Vermögensschäden ist ausgeschlossen.
ISBN: 978-3-613-04851-5

1. Auflage 2026

Sie finden uns im Internet unter **www.motorbuch-verlag.de**

Lektorat: Bernd Keidel
Satz: Lukas Kretzschmar, tebitron gmbh
Druck und Bindung: Graspo CZ, 763 02 Zlín
Printed in Czech Republic

DIE BESTEN REISEMOTORRÄDER ...

Bevor wir zum Sinn dieses Buches kommen, ein kurzer Überblick zur Quelle der hier vorgestellten Motorräder: Die Bikes sind Bestandteil der Zeitschrift RIDE, einem hochwertigen Motorrad-Reisemagazin mit einem thematischen Schwerpunkt. Dieser ist eine attraktive Region in Europa oder Deutschland, die im Rahmen von mindestens fünf exklusiv produzierten Tourenvorschlägen präsentiert wird. Dazu gehören GPX-Daten zum Download, ein Roadbook in Print und Online, detaillierte Karten, Anreise-, Übernachtungs- und Restauranttipps, regionale Spezialitäten, Portraits, Veranstaltungen und natürlich reizvolle Kurvenstraßen. Weitere Inhalte sind Motorradtests, Gebrauchtberatung, Kauftipps für Bekleidung und Reise-Ausrüstung. Dank dieser nutzwertigen Dichte und spektakulärer Fotos wird RIDE zum Sammler-Objekt.
Auch ein spezieller Umgang mit Testmotorrädern gehört zum innovativen Konzept von RIDE. Während diese in herkömmlichen Zeitschriften von professionellen Testern nach einem bestimmten Schema behandelt und durchgemessen werden, entschieden wir uns für einen anderen Ansatz: all jene Menschen, die Reisereportagen für uns produzieren, nutzen ein Motorrad, über das sie anschließend berichten. Subjektiv, ohne Punkte-System und Data-Recording sollen sie erzählen, was sie auf der Tour mit der jeweiligen Maschine erlebt haben. Wie bewährte sich der gewählte Motorradtyp in der jeweiligen Region? Was für Stärken, was für Schwächen ergaben sich im täglichen, intensiven Umgang mit dem Bike? Der individuelle, sehr persönliche Blick auf das Zweirad, mit dem der Reporter eine Woche verbringt, sorgt für einen besonderen Reiz und hat eine Aussagekraft, die herkömmliche, objektive Tests nicht liefern. Bei den RIDE-Bikes geht es oft, aber nicht immer über die neuesten Modelle, es geht mehr um Emotionen als um objektiv messbare Fakten, es geht um Sinneswahrnehmung, Gemütsbewegungen, Herzklopfen, Ablehnung oder Verzückung, kurz um das Etablieren einer Beziehung zwischen Mensch und Motorrad.

Dabei ist es unerheblich, ob das gewählte Vehikel ein ausgewiesenes Reise-Motorrad ist, oder nicht. Unterschiedliche Fahrernaturen werden auf Tour mit unterschiedlichen Krädern glücklich. Nicht jeder braucht ein vollausgerüstetes Adventure-Bike, um genießerisch Kilometer zu machen. Manche Menschen schwören auf die Geradeauslauf-Kompetenz von Cruisern, andere auf das sportliche Potenzial von Superbikes, wieder andere auf die Fahrtwind-Faszination von Nakeds, die Charakterstärke von Klassikern oder die Wüstenkompetenz von Enduros.

So versteht sich das vorliegende Buch als ein Blick in die Seelen von Motorradmenschen und ihrer Untersätze. Wenn Sie, verehrte Leserinnen und Leser, Humor und Freude an Meinungsvielfalt zu Ihren Charaktereigenschaften zählen, wenn Sie Infos mit unterhaltender Würze mögen, dann könnte die Lektüre dieses Buches für Sie Qualitätszeit bedeuten.

Ihr Markus Biebricher

LEICHTE REISEENDUROS

Leichte Reiseenduros sind Freiheit im Taschenformat: rauf auf den Pass, runter auf den Schotter, weiter, wenn die Karte dünn wird. Sie verzeihen Fahrfehler, lieben enge Kehren und fühlen sich auch mit weniger Leistung dort zuhause, wo »Umleitung« nach Abenteuer klingt. Von BMW G 310 GS bis zur Himalayan 450, von CFMOTO 450 MT und X-Cape 650 bis zur Tuareg 660. Hier geht's um Fernweh, weniger um Vernunft und Komfort.

BMW G 310 GS

TEXT: *Michael Schümann* **FOTOS:** *Arturo Rivas*

TECHNISCHE DATEN

Einzylinder-Motor, 313 cm³, 25 kW (34 PS) bei 9500/min, 28 Nm bei 7500/min, Gitterrohr-Rahmen aus Stahl, Upside-down-Gabel, Federweg vorn/hinten 180/180 mm, Lenkkopfwinkel 63,3 Grad, Nachlauf 98,0 mm, Radstand 1420 mm, Sitzhöhe 835 mm, Reifen vorn 110/80 R 19; hinten 150/70 R 17, je eine Scheibenbremse vorn und hinten, 0 300/240 mm, Gewicht vollgetankt 173 kg, Tankinhalt 11 Liter, Preis ab 6050 Euro

M**it der GS in die Alpen** – nachdem in den Bergen Tausende auf genau dieses Modell schwören, wie kann dann daran bitte schön irgendwas verkehrt sein?!? Außer vielleicht, der Vorname der GS lautet nicht F 850 oder R 1250, sondern G 310. Ich gebe zu, als Freund großer Reiseenduros war ich spontan nicht gerade begeistert, als ich hörte, ich soll die Zugspitztour mit dem kleinen bayerisch-indischen Einzylinder absolvieren und nicht mit dem großen Boxer oder wenigstens der 850er-GS. Aber gut, man muss allem Neuen schließlich eine Chance geben.

Also die Kleine in München abgeholt und – dank der serienmäßigen Gepäckbrücke kein Problem –

für kurze Fahrer. Ihre vollgetankt nur 173 Kilo Gewicht lassen andererseits auch weniger versierte Piloten schnell Vertrauen fassen. Das Gewicht in Verbindung mit einem unauffällig agierenden Fahrwerk und dem vergleichsweise schmalen Lenker sorgen für ein recht munteres, unangestrengtes Handling. Ärger bereitete beim Fotofahren rund um die Zugspitze bloß das manchmal bockige Zusammenspiel von Kupplung und Getriebe. Vom Ersten in den Leerlauf bzw. gleich in den Zweiten und zurück war oft reine Glückssache: Durch das indifferente Schaltgefühl war weder im Schaltfuß zu spüren noch anhand des Schaltgeräuschs zu identifizieren, in welchem Gang man tatsächlich gelandet war. Selbst die Ganganzeige im Cockpit sorgte hier immer wieder für Unsicherheiten, reagierte zeitverzögert oder gar bloß mit einem nichtwissenden Strich anstelle der Gangzahl.

mal eben die wasserdichte Ortlieb-Gepäckrolle hinten draufgeschnallt. Die 60 Kilometer auf der Autobahn in Richtung Garmisch waren dann eine echte Überraschung: Der Single mit seinem um 180 Grad gedrehten Vierventil-Kopf entpuppt sich auf der Bahn als zwar kleines, aber dafür kerniges Kraftpaket: Die 153 km/h Höchstgeschwindigkeit, die BMW angibt, sind mehr als ausreichend. Mangels Windschutz wird hier kaum noch jemand nach Zugabe schreien, denn schon ab Tacho 140 geht es aufrecht sitzend hinter dem kleinen Klarsichtschild und dem nüchternen LCD-Cockpit ziemlich zugig zu. Aber wie der Motor seine 34 PS entfaltet, das kann sich sehen lassen. Nämlich durchaus spritzig, vorausgesetzt der Fahrer ist weder mit dem Gas noch mit dem Schalten knausrig. Spritzig geht's übrigens auch da weiter, wo man's eher nicht will – an der Tankstelle. Da der Elf-Liter-Tank in der Mitte offenbar besonders wenig Tiefgang hat, taucht der Tankrüssel nicht sonderlich weit ins Tank-Innere ein. Wer's dann abrupt laufen lässt, erntet gern mal einen satten Rückschwall Hochoktaniges in Richtung Gore-Tex-bewehrtem Fahrerarm. Aber wenn man's erst mal weiß, lernt man, die lästigen Spritzer zu vermeiden.

Rein in die Alpen, rauf auf die kleinen Kurvensträßchen. Und hier gilt erst recht: schalten, schalten, schalten. Und keine Angst vor hohen Drehzahlen, denn die braucht's, um einigermaßen flott voranzukommen. Mit einer Sitzhöhe von 835 Millimetern ist die kleine GS übrigens kein echter Tipp

Keinerlei Klagen dagegen lässt die Gasannahme aufkommen. Vorausgesetzt, die Drehzahl liegt nicht unter 3500/min, setzt der Single jeden Gasbefehl schnell und spontan um, was vor allem auf engen Alpensträßchen ein echter Vorteil ist. Genau wie richtig gute Bremsen. Beim Stopper gibt sich die kleine GS keine echte Blöße, doch dass sie vorne nur eine statt zwei Scheiben hat, ist spürbar, zumal auch die Rückmeldung nicht wirklich glasklar ist. Aber all das ist Klagen auf hohem Niveau. Und nach der Rückkehr musste ich sagen: Mit der GS in die Alpen, das geht doch ganz gut. Auch wenn sie mit Vornamen G 310 heißt. ■

Kleines Motorrad, großer **Gepäckträger**, auf dem sich Taschen gut verzurren lassen. Kleiner Windschild – vor Fahrtwind besser zusätzlich mit **Sportbrille** schützen

ROYAL ENFIELD HIMALAYAN 450

TEXT: *Markus Biebricher* **FOTOS:** *Klaus H. Daams, Ural Team*

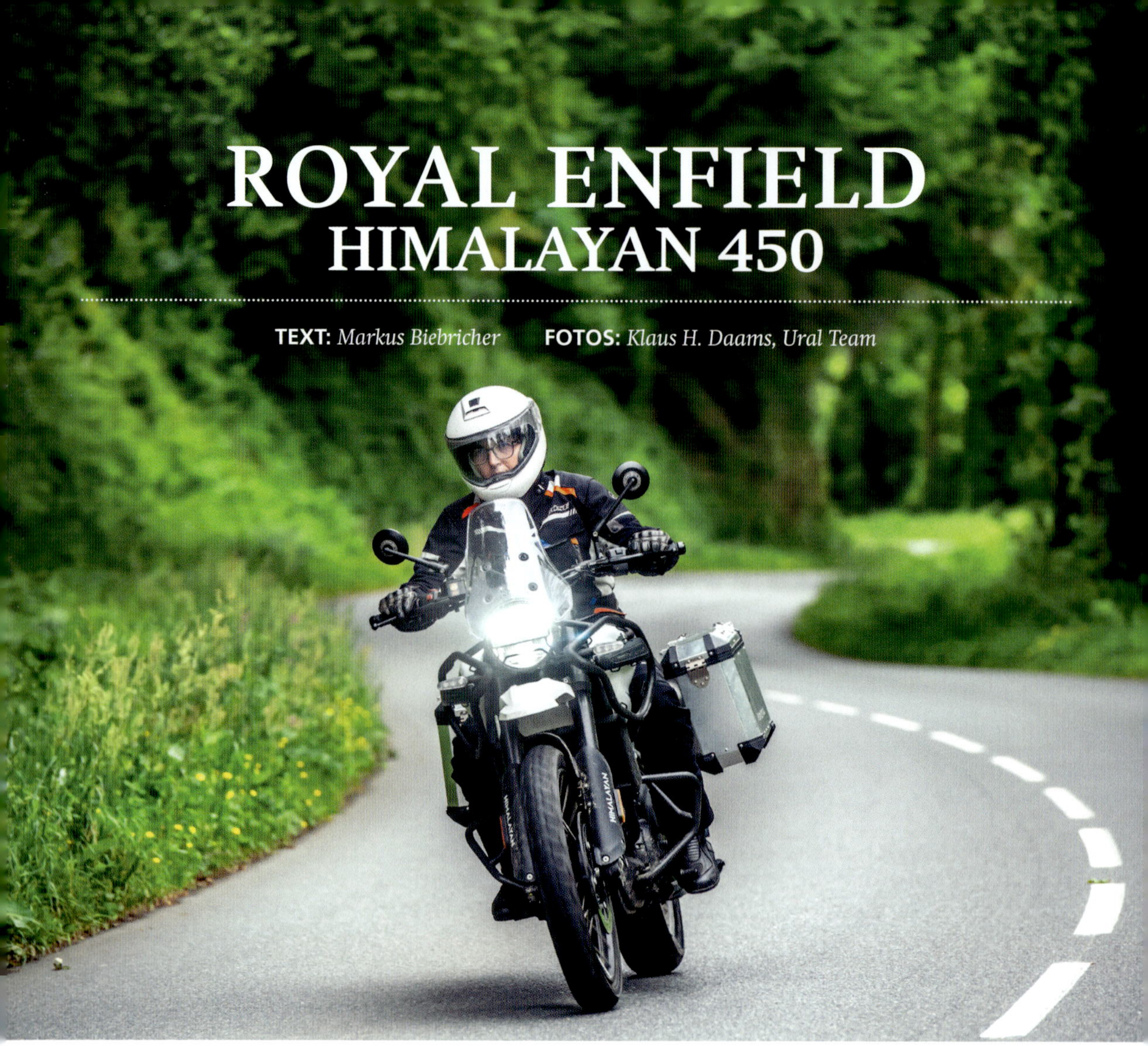

TECHNISCHE DATEN

Wassergekühlter Einzylindermotor, 452 cm^3, 29 kW (40 PS) bei 8000/min, 40 Nm bei 5500/min, Doppelschleifenrahmen aus Stahl, Upside-down-Gabel, Zentral-Federbein, Federweg vorn/hinten 200/200 mm, Lenkkopfwinkel 64 Grad, Nachlauf 109 mm, Radstand 1510 mm, Länge 2245 mm, Sitzhöhe 825/845 mm, Reifen vorn 90/90-21, hinten 140/80-17, Scheibenbremsen vorn/hinten, Ø 320/270 mm, ABS, Fahrmodi, Ride-by-Wire, Gewicht vollgetankt 196 kg, Zuladung 198 kg, Tankinhalt 17 Liter, Preis ab 5890 Euro

Gebaut für das höchste Gebirge der Welt. Das wird Royal Enfield, der älteste, noch produzierende Motorradhersteller der Welt, nicht müde zu erzählen. Da ist der Name des Motorrades tatsächlich Programm. Die Himalayan, die jetzt komplett neu konstruiert antritt, ist in jeglicher Hinsicht besser als ihre doch etwas schwache Vorgängerin. Der gutmütige 450er-Einzylinder ist nun wassergekühlt, hat mit 40 PS und 40 Newtonmetern jetzt auch genug Leistung und Drehmoment für längere, entspannte Urlaubstouren. Unsere Testerin Katrin Demmert attestiert der Himalayan dann auch eine sehr zugängliche Art. Privat fährt sie übrigens eine R 80 G/S PD. Und weil die nun fast ein Oldtimer ist und etwas geschont werden soll, liebäugelt unsere BMW-affine

freie Mitarbeiterin mit der neuen F 450 GS. Rein von den Eigenschaften her könnte sich Katrin auch die Royal Enfield vorstellen, allerdings kann sie der hier realisierten Optik nicht so viel abgewinnen. Klar, so was ist komplett subjektiv, aber darf doch mal gesagt werden, oder? Alles andere findet die volle Zustimmung der Bretagne-Reisenden.

Der Sherpa genannte Einzylinder zum Beispiel: Er läuft geschmeidig und kultiviert, vibriert erst bei höheren Drehzahlen, tritt durchaus kräftig von unten an, erlaubt entspannte Dauertempos von 130 km/h und verbraucht meistens unter vier Liter auf 100 Kilometern, was in Kombination mit dem 17-Liter-Stahltank für eine Reichweite von über 400 Kilometern sorgt. Das Fahrwerk ist so gutmütig wie der Antrieb, es ist komfortabel eingestellt, sorgt aber dennoch im Winkelwerk für eine solide Stabilität. Auch das Handling geht in Ordnung. Zwar legt die Himalayan jetzt keine bergziegenhafte Quirligkeit an den Tag und benötigt mitunter einen Einlenkimpuls, aber letztendlich überwiegt doch die Fahrfreude. Im Gelände kommt die Inderin erstaunlich weit, grade im Vergleich mit schwereren, leistungsstarken Reiseenduros. Zwar ist sie für sich genommen auch kein ausgewiesenes Leichtgewicht, doch dank Zugänglichkeit, niedriger Sitzhöhe, präziser Linientreue und guter Traktion kommt Katrin prima mit der 450er zurecht. »Die Himalayan fährt sich schön«, sagt unsere Testerin, was definitiv als Kompliment zu verstehen ist und was eine neue F 450 GS erst mal erreichen muss. Lob gibt es für die bequeme Sitzbank, für das gut schaltbare Getriebe, für die satte Straßenlage und die Leistung der Bremsen, die definitiv besser ist als bei der 411er-Vorgängerin. In der Bretagne lag der Spritverbrauch bei 3,5 Litern, nicht schlecht für das beladene Bike. Cool auch, dass die »Himi« mit USB-C-Anschluss, Connectivity und LED-Licht kommt. Die Alu- Koffer (Originalzubehör), sagt Katrin, seien zwar nicht so riesig wie andere, aber dennoch praktisch. Zudem passten sie gut zur schlanken Linie der Maschine. Der kleine Windschild reiche als Wetterschutz aus, selbst wenn der Tacho mal auf der Autobahn optimistische 160 km/h anzeigen würde. Nervig sei der (eigentlich praktische) Hauptständer, der infolge ungünstiger Hebelwirkung das Aufbocken unnötig erschwere. Nervig sei auch, dass Royal Enfield die Unsitte mitmache, zwei weit auseinanderliegende und zugleich als Blinker funktionierende Rücklichter zu verbauen. Das Signal zum Abbiegen sei so kaum noch zu erkennen, zumal wenn gleichzeitig noch gebremst wird. Dennoch: Katrin gibt der Himalayan die Schulnote Zwei. Wäre die Optik nicht, würde sie einen Kauf in Erwägung ziehen. Zumal das coole Moped mit einem guten Preis-Leistungs-Verhältnis überzeugen kann. ■

Passend für die Abenteuertour: robuste Alukoffer mit 26-Liter-Volumen pro Seite, die schön eng am Motorrad anliegen, wasser- und staubdicht sind und 630 Euro kosten. Die dazugehörigen Träger aus stabilem, pulverbeschichtetem 18-Millimeter-Stahlrohr schlagen mit 159 Euro zu Buche. Ein ebenfalls empfehlenswerter Motorschutzbügel aus 22,2 Millimeter starken, doppelt beschichteten Baustahlrohren kostet 169 Euro. Zum Beispiel bei www.ural-team.de

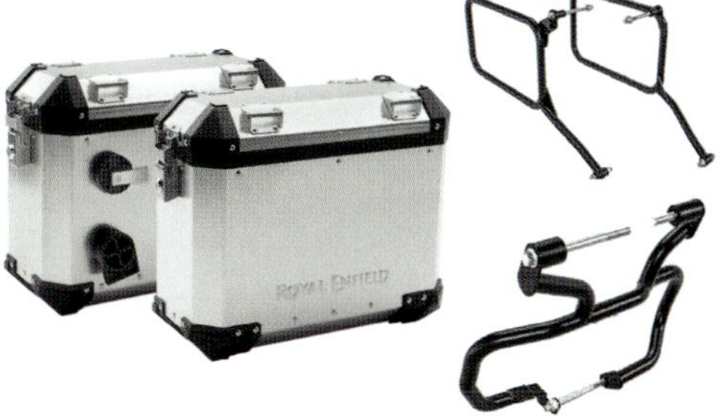

CFMOTO 450 MT

TEXT: *Dirk Sturat* **FOTOS:** *Thorsten Dentges*

TECHNISCHE DATEN

Zweizylinder-Reihenmotor, 449 cm³, 31,0 kW (42 PS) bei 8500/min, 42 Nm bei 6500/min, Rohrrahmen aus Stahl, Upside-down-Gabel, Federweg vorn/hinten 200/200 mm, Lenkkopfwinkel 64,0 Grad, Nachlauf 106 mm, Radstand 1505 mm, Länge 2210 mm, Sitzhöhe 800/820 mm, Reifen vorn 90/90-21, hinten 140/70-18, Scheibenbremsen vorn/hinten, Ø 320/240 mm, ABS, Traktionskontrolle, Gewicht vollgetankt 194 kg, Tankinhalt 17,5 Liter, Preis 6485 Euro

Auf einer der Frühjahrsmessen hatte ich als Wiedereinsteiger (bis Anfang 1990er auf Yamaha XT 500 unterwegs, dann 30 Jahre Pause) eine 700er-Ténéré im Fokus – und zufällig die CFMoto 450 MT entdeckt. China- Bike, Zweizylinder, aber nicht einmal volle 48 Einsteiger-PS, die Sohnemann nach Führerscheinbesitz wohl einfordern wird (wir wollen das Motorrad teilen). Doch ich hatte mich sofort in die 450er verliebt, nicht nur wegen des höchst attraktiven Neupreises von rund sechseinhalb (mit Nebenkosten), sondern auch wegen des frischen Designs, ordentlicher Verarbeitung und guter Ausstattung mit einstellbarer Upside-down-Gabel und einstellbarem Federbein von KYB, Traktionskontrolle (für Offroadfahrten

abschaltbar!), USB-Anschluss und Connectivity. Wirkt auf mich alles sehr erwachsen für solch eine kleine »Einsteiger«-Reiseenduro. Was für ein netter Zufall, dass mein alter Kumpel und Redakteur Thorsten mich als Fotofahrer zur ausgiebigen Test-Tour mit genau diesem Bike in die Alpen einlud!

Die ersten Meter fühlen sich seltsam an. Relativ niedrige Sitzhöhe (für eine Enduro), und die Knie möchten sich nicht so recht mit der Tankform anfreunden. Die Sitzbank scheint schnell durchzusitzen, ist mit stundenlangen Anfahrtsetappen überfordert. Doch beim Stehendfahren während der Schotterpremiere hoch zum Colle delle Finestre zeigt sich die 450er ergonomisch von der besten Seite – ich fühle mich sofort wohl und heimisch auf dem Bike, traue mir ad hoc kleinere Drifts in Spitzkehren zu und absolviere auch ruppigere Passagen auf der Strada dell'Assietta mit wachsendem Spieltrieb. Die Federung ist ein guter Kompromiss aus weich genug für gute Traktion auf losem Grund und straff genug, um bei Bodenwellen und höherem Speed nicht bei jedem Stein durchzuschlagen. Etwas störend ist die unter 3000/min teils zuckelige Gasannahme. Und den Serienreifen (günstiges China-Fabrikat) fehlt es auf Schotter etwas an Seitentraktion, aber nun gut, sind ja auch keine reinrassigen Offroad-Pneus und nach ca. 5000 Kilometern ohnehin verbraucht. Ob ich dann zu Straßenreifen wechseln würde? Vermutlich nicht, denn die CFMoto ist eine Enduro und fühlt sich im Gelände pudelwohl. Dort mangelt es ihr auch nie an Leistung, und dem Fahrwerk würde ich zudem anspruchsvollere Strecken und Singletrails zutrauen. Tendenz also eher: sich mit Grobstöllern an heftigere Abenteuer heranzuwagen. Allerdings finde ich es schade, dass die zunächst im Datenblatt angekündigten 175 Kilo (vollgetankt) nicht stimmen – es sind fast 20 Kilo mehr und damit für eine 450er gar nicht mehr so wenig.

Und auf der Straße? Merkt man das Gewicht jedenfalls nicht, im Gegenteil: Leichtfüßig ballert die MT mit sattem Sound und kurzer Gesamtübersetzung über enge Serpentinen. Fühlt sich nicht wie nur 42, sondern eher nach 60 PS an. Auch streetwise: stante pede viel Vertrauen ins Motorrad und gutes Fahrgefühl. Die eine Scheibe vorn bremst okay, nicht mehr, nicht weniger, jedoch ausreichend für flotte, wenngleich nicht hypersportliche Gangart. Erst auf breiteren Bergstraßen wünscht man sich mehr Power. Nach insgesamt 2700 Tourkilometern (Durchschnittsverbrauch: 4,3 l/100 km) mein Fazit: mit mittlerem Gepäck erstklassige Reisemaschine für Solisten, die in Europa und darüber hinaus auf jeder erdenklichen Straße unterwegs sein wollen. Trotz A2-Klasse habe ich dieses Bike nicht als »Anfängermaschine« oder Kompromiss empfunden. Am Ende fackelte ich nicht groß herum und bestellte schnell eine CFMoto beim Händler in der Nähe. Sie ist nun mein! ■

Das Gepäcksystem Reckless 40L (V4.0) von Mosko Moto mit Heck- und Zusatztaschen bietet bis zu 58 Liter Stauraum. Ausreichend. Passt nahezu perfekt an die 450er und sitzt bombensicher beim Offroaden. Die wasserdichten Säcke (siehe oben) lassen sich bündeln, gut zum Zimmer/ins Zelt tragen und sitzen fest in den Holstern. Systemgewicht: 5,5 kg; Preis: stolze 660 Euro. www.moskomoto.eu

MOTO MORINI X-CAPE 650

TEXT: *Markus Biebricher / Klaus H. Daams* **FOTOS:** *Klaus H. Daams*

TECHNISCHE DATEN

Wassergekühlter Zweizylinder-Reihenmotor, 649 cm³, 44 kW (60 PS) bei 8250/min, 56 Nm bei 7000/min, Brückenrahmen aus Stahl, 50er-Upside-down-Gabel, Federweg vorn/hinten 160/135 mm, Lenkkopfwinkel 64,0 Grad, Nachlauf 120 mm, Radstand 1470 mm, Länge 2190 mm, Sitzhöhe 820/845 mm, Reifen vorn 110/80-19; hinten 150/70-17, Scheibenbremsen vorn/hinten, Ø 298/255 mm, ABS, Gewicht vollgetankt 236 kg, Zuladung 169 kg, Tankinhalt 18 Liter, Preis 8295 Euro

Moto Morini, welch ein geschichtsträchtiger Name! Wer erinnert sich noch an die schicken V-Zweizylinder-Modelle, z. B. die 3 1/2 aus den 1970er-Jahren? Dabei wurde Moto Morini schon 1937 von Alfonso Morini in Bologna gegründet. 1986 übernahmen die Gebrüder Castiglioni (damals Cagiva, Ducati und Husqvarna),1991wurde die Produktion eingestellt und 1999 der Name verkauft. 2004 versuchte Motori Franco Morini den Neustart, die 9 1/2 und die 1200er- Corsaro waren faszinierende Maschinen, brachten aber nicht den finanziellen Erfolg. Schließlich wurde Moto Morini im Oktober 2018 Teil der chinesischen Zhongneng Vehicle Group. Statt radikaler Powerbikes stehen jetzt bezahlbare Mittelklasse-Motorräder im Programm, so wie unsere Moto Morini

X-Cape 650, die als Antrieb den in Lizenz gebauten Motor der Kawasaki Versys 650 nutzt. Er bringt mit 60 PS nicht ganz die Leistung des Originals, hat aber ausreichend Schmalz. Auch die Sitzhöhe ist moderat, genau wie die Federwege, die für ein Abenteuer-Bike mit 160 Millimetern vorn und 136 Millimetern hinten gering ausfallen. Vorteil: Ich kann leicht aufsteigen!

Die Sitzposition ist entspannt, die Bank straff, aber bequem. Was mir gefällt, ist das niedrige Geräuschniveau der chinesischen Italienerin, mit der es sich hervorragend cruisen lässt, weil sie mit ihrem Gewicht von 236 Kilogramm, einer langen Übersetzung und dem nicht gerade bissigen Motor keine sportlichen Ambitionen hegt. Begabt für kleine und größere Reisen ist die X-Cape, die mich von ihrem Gebaren her ein klein wenig an die Africa Twin RD 07 aus den 90ern erinnert, auf jeden Fall. Am Fahrwerk sollten Kenner die Dämpfung öffnen und die Feder hinten gut vorspannen, damit die Morini noch komfortabler und handlicher wird. Im Cruising-Modus ist jetzt alles okay, und die montierten Pirelli-Rally-STR-Reifen funktionieren auf Asphalt so gut, dass die tief montierten Fußrasten schon mal an der Straße schnuppern. Die Bremsen sind standfest und ausreichend stark, das ABS ist nicht das feinste, aber die Anlage reicht für ein sicheres Fahrgefühl immer aus. Wer mal ein Tänzchen zu zweit wagen möchte, wird angenehm überrascht, denn unter Beladung arbeiten die Federelemente eher noch besser als ohne, und der Passagier sitzt ebenfalls kommod. Die Zuladung fällt mit 169 Kilogramm zwar mager aus, aber einen Fön kann ich trotzdem noch mitnehmen. Verwöhnt werde ich zudem durch Features wie der leicht verstellbaren Windschutzscheibe, den hinterleuchteten Schaltern, feinen Schweißnähten, zwei USB-Ports im Cockpit, Schlauchlos-Speichenfelgen, Stahlflex-Leitungen, der dreifachen Verstellmöglichkeit des Lenkers, dem leicht ables- und bedienbaren TFT-Display und vielen üppig dimensionierten Alu-Gussteilen. Hauptständer? Das wäre jetzt aber wirklich zu viel des Guten.

Die verschlungenen Toskana-Sträßchen sind genau richtig zum Motorradwandern. Hin und wieder lockt als Abkürzung ein Feldweg, der mir aber klarmacht, dass die X-Cape trotz ihrer gelungenen Abenteueroptik keine echte Enduro ist, denn dazu fehlen ihr Federweg und Motorschutz. Ist aber völlig egal, denn dieses China-Bike ist ein sympathisches Universalkrad, das den Höher-weiter-schneller-Hype nicht mitmachen muss und daher ohne Stress seinen eigenen Weg gehen kann Zum Schluss geht ein herzliches »Grazie mille« an Moto Strach in Dormagen für die unbürokratische und kurzfristige Überlassung ihrer X-Cape. ■

SW-Motech baut das Alu-Koffersystem passend für die Moto Morini X-Cape 650 mit den modellspezifischen, abnehmbaren PRO-Seitenträgern, die extrem belastbar sind. Die TRAX-ADV-Alu-Koffer haben 1,5 mm Wandstärke, sind wasserdicht, staubdicht und lassen sich leicht beladen. Im Set für 1185 Euro sind noch Adapterkit, Schloss-Satz, Öffnungsbegrenzer und Diebstahlsicherung dabei. www.sw-motech.com

APRILIA TUAREG 660

DIE RIVALIN

Wenn auf dem Weg zum Horizont die Straßen enden, sollte ein Reisemotorrad weiterfahren. Die neue Aprilia Tuareg 660 will mit Variabilität, nutzwertiger Elektronik, guter Ergonomie und bester Performance on- wie offroad gegen Yamahas Ténéré 700 punkten und die schwere GS-Klasse düpieren. Gelingt das?

TEXT: *Markus Biebricher*
FOTOS: *Aprilia (4), Francescmonterophoto (1), Husqvarna (1), Arturo Rivas, Suzuki (1), Yamaha (1)*

Glauben Sie nicht auch, dass die »SUVisierung« der Autowelt auf Motorräder abstrahlt? Enduros übernehmen jedenfalls tendenziell immer mehr die Rolle von tourentauglichen Universalmotorrädern. Und während die Oberklasse in Sachen Preis, Gewicht und Geländekompetenz zunehmend mögliche Realitäten von Otto Normalverbraucher verlässt, gibt es Bewegung in der Mittelklasse. Doch auch die gerät schleichend immer größer, sodass erneut Akzente nach unten und in Richtung echter Offroadkompetenz gesetzt werden. Yamaha machte 2019 mit der Ténéré 700 den Anfang, nun bedient Aprilia mit der A2-tauglichen Tuareg 660 noch erweiterte Ansprüche. Das Rezept ist bei beiden ähnlich: Man nehme den Motor einer erfolgreichen Straßen-Modellreihe und stricke eine Enduro drumherum. Damit bedient man eine anscheinend unausrottbare Sehnsucht: Kleine oder große Abenteuer zu erleben. Dabei helfen robuste Bikes mit wenig Gewicht und ausreichend Leistung. Ach, was waren das noch für Zeiten, als fast jeder namhafte Hersteller (auch Aprilia mit der ersten Tuareg-Familie) reisefähige Einzylinder-Enduros im Angebot hatte. Dann starben die leichten Singles aus und fettere Mehrzylinder-Reise-Enduros traten an (Die über 200 Kilogramm schweren Touren-Eintöpfe vom Typ XTZ 660, F 650 Dakar oder gar DR 800 klammern wir hier mal aus).

Es ist doch immer das Gleiche: Alles wird größer, luxuriöser, stärker, teurer, bis man sich wieder nach früheren Werten sehnt. Yamaha machte die Ténéré so puristisch wie möglich und verkauft dieses Konzept gut. Aprilia will mit der Tuareg dagegenhalten, packt mehr Leistung und Elektronik rein. Erneut beginnt der Run: Stärker, besser ausgestattet, dicker, etc. Oder nicht? Denn Ténéré und Tuareg wiegen mit gemessenen 207 Kilo exakt gleich wenig. Ist die Aprilia nun die neue eierlegende Wollmilchsau? Das Travel-Tool für »Nicht-Puristen«? Mal sehen. Die Ingenieure aus Noale modifizierten die von Tuono und RS bekannte Plattform vor allem mit einem neuen Rahmen: Statt Aluguss trägt die Tuareg Gitterrohr. Dabei verdoppelte man die Haltepunkte des Motors, um die Stabilität raufzusetzen. Zusammen mit üppigen 240 Millimetern Federweg, 21-Zoll-Vorder- und 18-Zoll-Hinterrad sowie den

Dank straffem Grund-Setup fährt die Tuareg für eine Enduro auf der Straße echt sportlich

Scharf anzeigendes, multifunktionales, farbiges 5-Zoll-Display. Viel Info!

Batterie erreichbar unter der Sitzbank, Massenzentralisierung im Schwerpunkt

Aus Aprilias Touringzubehör: Stabile Sturzbügel, solide Zusatzscheinwerfer

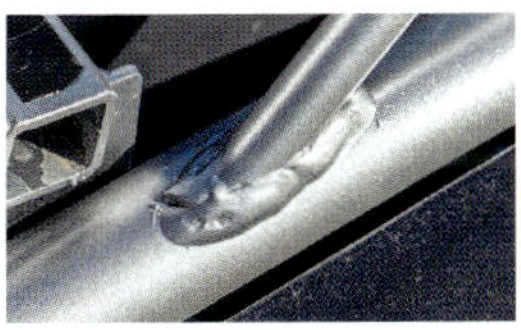

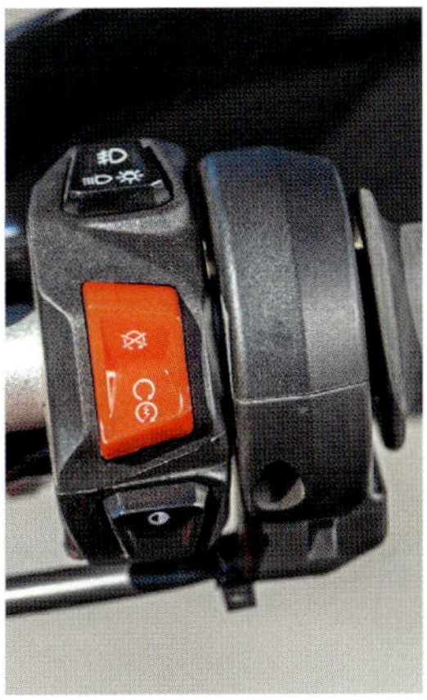

Unschöne Schweißnähte, bessere Bedienung, Fahrmodi-Steuerung sitzt nicht mehr auf dem Startknopf, voll einstellbares Fahrwerk, hinten ohne Werkzeug

Unpraktisch: Loser Plastik-Tankverschluss auf 18-Liter-Kunststoff-Tank

Offroad: Umschraubbares Fußbremshebel-Endstück, demontierbare Gummis

REIFEN

Universaltalente: Pirellis Scorpion Rally STR machen optisch auf Adventure und gröbere Stollen, funktionieren aber auf Asphalt erstaunlich gut und halten länger, als man meinen würde. Sportliche Naturen sollten dennoch Straßenreifen wählen.

VERARBEITUNG

Lässiger Ansatz: Aufkleber, diverse Schweißnähte, Lackauftrag wirken etwas rustikal. Schade, denn die Tuareg ist ja kein Billigheimer, sondern ein recht teures, ansonsten gut gemachtes Bike.

TANK

Kunststoff-Fass: Schwerpunktgünstig um den Motor herum arrangierter Tank mit 18 Litern Inhalt. Guter Knieschluss, schmale Taille, billig wirkender, abnehmbarer Tankverschluss, über 400 Kilometer Reichweite.

LENKER/ARMATUREN

Fast alles gut: Fernlichtschalter wird mit dicken Handschuhen oft aus Versehen betätigt. Tempomat und Mapping-Wahlschalter intuitiv bedienbar. Angenehm gekröpfter, breiter, hoch montierter Lenker. Prima für die Kontrolle und das Fahren im Stehen.

RAHMENHECK

Stabiles Gerüst: Auch wenn das Heck nicht abschraubbar, sondern kostengünstiger angeschweißt ist, bietet es tourentaugliche Zuladung und Platz für eng anliegende Koffer.

FUSSRASTEN

Grip im Dreck: Grob gezackt garantieren Rasten und Hebel Stiefeln oder Schuhen sicheren Stand. Die Gummi-Einlagen können für den Gelände-Einsatz entfernt werden.

MOTOR

Charakterstark: Der kernige Italo-Twin mit 270-Grad-Kurbelwelle ist eher Dreher als Zieher, läuft nicht ganz vibrationsfrei, verbraucht wenig und klingt furios, ohne laut zu sein.

INSTRUMENTE

Hohe Infodichte: Fünf Zoll großes TFT-Vielfarb-Display. Übersichtlichkeit und Ablesbarkeit gehen in Ordnung, Infodichte fordert jedoch Gewöhnungszeit für schnelles Erkennen der gesuchten Werte. Sind alle Voraussetzungen für die Nutzung der MIA-Plattform vorhanden, lässt sich das Fahrer-Smartphone verknüpfen.

FEDERBEIN/GABEL

An sechs Stellschrauben voll einstellbar: 43er-Kayaba-Gabel und über Umlenkhebel angelenktes Kayaba-Federbein. Vorspannung über Handrad leicht justierbar. Der Grundcharakter ist ziemlich straff, auf Wunsch ist deutlich mehr Komfort zu Lasten der Reserven möglich.

BREMSE

Standfest: Die 300-Millimeter-Scheiben an Doppelkolben-Schwimmsätteln genügen Touristen und Enduristen, doch gemessen am möglichen Sportpotenzial fehlt Initialbiss.

Pirelli Scorpion Rally STR-Gummis senden die Italiener folgende Botschaft: Wir meinen es ernst mit der Geländetauglichkeit! Trotzdem soll die Tuareg auch auf Asphalt famos fahren. Wie kriegen die das hin?

Beginnen wir mit dem 660er-Reihentwin: Der ist in der Tat im Vergleich zu Tuono und RS deutlich alltagstauglicher und mit nur noch 90 statt 96 db(A) leiser geworden. Für mehr Schmalz im unteren und mittleren Drehzahlbereich kommen längere Ansaugtrichter, zahmere Steuerzeiten und eine kürzere Übersetzung zum Einsatz. Los geht's. Der Twin bollert sonor, geht mit »Ride by Wire« weich ans Gas und marschiert in der Tat ab 2000/min ganz ordentlich. Linear ist die Leistungsentfaltung, ab 5500 legt er noch eine Schippe drauf. Doch da kribbelt es auch schon in den Fußrasten, obwohl der Antrieb ansonsten mechanisch recht manierlich läuft. Wir sind im sechsten Gang. Ein Blick auf den Tacho: 100 km/h. Mamma mia, so kurz übersetzt? Ja, zwei Zähne weniger am Kettenritzel. Abgesehen vom hohen Drehzahlniveau, was den Fuß immer wieder nach einem siebten Gang suchen lässt, hat diese Auslegung auch Vorteile: Sehr frühe, saubere Gasannahme und drastisch verbesserte Durchzugswerte zwischen 60 und 140 km/h im Vergleich

Das Dakar-Farbdesign »Indigo Tagelmust« kostet 700 Euro Aufpreis. Aprilia nimmt die Fernreise-Kompetenz der Tuareg ernst und bietet stabiles Reisezubehör wie das abgebildete Alu-Kofferset, Sturzbügel, Zusatzscheinwerfer und Hauptständer an.

zu den 660er-Derivaten. So wird kaschiert, dass es sich beim Reihentwin aus Noale nicht um ein Drehmomentmonster handelt. Wie auch? Schließlich gibt es hier weder üppig Hubraum noch eine Aufladung. Die Power kann also nur über Drehzahl geholt werden, doch so schlimm ist das nicht, denn RS und Tuono müssen für ihre Mehrleistung von 20 PS noch mal gut 1500/min höher jubeln.

Fakt ist: Wer richtig flott sein will, muss drehen und viel schalten. Was aber durchaus Spaß macht mit der Tuareg. Ihre Schaltwege sind kurz, das Getriebe braucht entschlossene Fuß-Impulse, dann arbeitet es knackig und sauber. Auch der optionale Schaltautomat funktioniert honorig. Jenseits des Asphalts passt die Motorcharakteristik mit sanftem Leistungseinsatz bei niedrigen Drehzahlen und kurzer Übersetzung ausgezeichnet. Und weil die Tuareg es ernst meint mit der Gelände-Kompetenz, schenkt sie uns als Bestandteil ihrer umfangreichen elektronischen Ausrüstung den Modus »Offroad«. Der liefert interessanterweise im Vergleich mit den anderen implantierten Mappings die linearste Verbindung zwischen Gasbefehl und Drosselklappenöffnung. Er sorgt also für den meisten Spaß, deaktiviert aber auch das ABS hinten (auf Knopfdruck sogar vorn). Die anderen Modi lauten »Urban« (hängt verhalten am Gas) und »Explore« (spürbar mehr Temperament). »Offroad« taugt also auch für dynamischen Straßeneinsatz. Spaß ohne ABS hinten? Zum Glück nicht, denn wer mag, kann zusätzlich noch einen netten individuellen Fahrmodus

Das Tuareg-Heck ist asketisch schlank, Koffer- oder Gepäckträger können so enger ans Bike

einstellen, der scharfe Gasannahme mit aktivem ABS an beiden Rädern kombiniert. Weitere digitale Features sind Motorbremse (kaum spürbar) und vierstufige Traktionskontrolle (dezent, aber wirksam). Stufe 2 bildet einen guten Kompromiss aus Schutz und fehlender Elektronik-Fessel. Konkurrentin Ténéré hat außer abschaltbarem ABS keinerlei elektronische Features. Frei nach dem Motto »was nicht da ist, geht auch nicht kaputt«. Aprilia verfolgt eine andere Strategie, hat fast alles an Bord, was en vogue ist, allerdings kein Kurven-ABS, was machbar gewesen wäre. Ob all die »Bits and Bytes« weltreisetauglich und langfristig pannenfrei sind, muss sich zeigen. Immerhin haben es die Ingenieure geschafft, der Tuareg ein vielfältig begabtes Analog-Fahrwerk mitzugeben. In der Grundabstimmung ist es so straff, dass bei forciertem Asphalt-Einsatz kaum was gautscht oder schaukelt: Die Agilität der Aprilia ist enorm. Sie folgt kleinsten

Die Welt liegt ihnen zu Füßen: Außer der radikal reduzierten Yamaha Ténéré (oder der schwereren KTM 890 Adventure R) kann der durchdacht aufgebauten, variablen Tuareg so leicht keine andere Zweizylinder-Reise-Enduro folgen. Wenig Kilos sind Trumpf, deswegen muss die GS-Klasse unten bleiben

KONKURRENZMODELLE

Suzuki V-Strom 650 XT
Leistung: 52 kW (71 PS) bei 8800/min, Drehmoment: 62 Nm bei 6300/min, Gewicht: 222 Kilo, Preis: ab 9 300 Euro

Yamaha Ténéré 700
Leistung: 54 kW (73 PS) bei 9000/min, Drehmoment: 68 Nm bei 6500/min, Gewicht: 207 Kilo, Preis: ab 10 199 Euro

Husqvarna 701 Enduro LR
Leistung: 55 kW (75 PS) bei 8000/min, Drehmoment: 71 Nm bei 6750/min, Gewicht: 173 Kilo, Preis: ab 12 655 Euro

Lenkimpulsen, um sich heißblütig in schnelle Wechselkurven werfen zu lassen. Da können andere 21-Zoll-Enduros nur staunen!

Legen Sie die Tuareg lieber klassisch in die Radien, oder liegt Ihnen endurotypisches Kurvendrücken besser? Beide Stilarten funktionieren prima, denn moderates Gewicht und breiter Lenker spielen hier ihre Vorteile aus. Wer entspannter unterwegs sein will, sollte sein voll einstellbares Federbein, das trotz vorsorglich montierter, komfortsteigernder Umlenkung öfter mal »bandscheibenkomprimierend« agiert, einfach softer justieren. Und was können die Bremsen? Sportfahrer bemängeln den fehlenden Initialbiss, aber ehrlich: Beim normalen Touring-Einsatz erweisen sich die Stopper als souverän und standfest. Im Gelände ist das weiche Ansprechen sogar eher von Vorteil. Auf der Straße vereiteln letztendlich die grob profilierten Pneus eine grandiose Sport-Performance, denn die Blöcke können weder allerhöchste Kurven- noch brutalste Bremskräfte übertragen. Wer mehr will, sollte straßenorientiertere Reifen aufziehen, doch die Serien-Pirellis decken zumindest auf der Abenteuer-Tour erstaunlich viele Ansprüche solide ab.

Merken Sie was? Die Tuareg erweitert jene Marktlücke, die Yamaha erfolgreich aufgetan hat. Sie ergänzt das karge Ténéré-Konzept durch Elektronik und Ergonomie, lässt sich das aber bezahlen. Dennoch wird es eng für die Japanerin. Mit bequemerer Sitzbank und breiterer Verkleidungsscheibe absolviert die Tuareg Langstrecken leichter. Ob der Aprilia-Twin die Haltbarkeit von Yamahas CP2-Antrieb erreichen kann? Abwarten. In Sachen Verbrauch tun sich die beiden nicht viel (4,4 Liter im Schnitt). Ja, die Aprilia muss etwas höhere Drehzahlen bemühen, aber sie kommt weiter, dank größerem Tank. Die meisten Piloten loben ihre Ergonomie, kommen klar mit Windschutz und Lenkerposition. Für einige ist der Lenker zu hoch, dafür wird das Fahren im Stehen leichter. Was zunächst fehlt? Gepäcklösungen, Hauptständer, Heizgriffe, Protektion, doch hier bieten sowohl Aprilia als auch Zubehör-Spezialisten vernünftige Produkte an. Das Finish des leichten Abenteuerbikes mag unperfekt sein, dennoch gilt am Ende der Tour: »Molto bene, Aprilia!« ■

TECHNIK

APRILIA
TUAREG 660

MOTOR
Wassergekühlter Zweizylinder-Viertakt-Reihenmotor, eine Ausgleichswelle, zwei obenliegende, kettengetriebene Nockenwellen, vier Ventile pro Zylinder, Tassenstößel, Nassumpfschmierung, Einspritzung, 2 x Ø 48 mm, geregelter Katalysator, Lichtmaschine 360 W, Batterie 12 V/10 Ah, mechanisch betätigte Mehrscheiben-Ölbadkupplung (Anti-Hopping), Sechsganggetriebe, Kette, Sekundärübersetzung 42:15

Bohrung x Hub	81,0 x 63,9 mm
Hubraum	659 cm^3
Verdichtungsverhältnis	13,5:1
Nennleistung	59,0 kW (80 PS)bei 9250/min
Max. Drehmoment	70 Nm bei 6500/min
Standgeräusch	90 dB(A)

FAHRWERK
Gitterrohrrahmen aus Stahl, Upside-down-Gabel, Ø 43 mm, verstellbare Federbasis, Zug- und Druckstufendämpfung, Zweiarmschwinge aus Aluminium, Zentralfederbein mit Hebelsystem, verstellbare Federbasis, Zug- und Druckstufendämpfung, Doppelscheibenbremse vorn, Ø 300 mm, Doppelkolben-Schwimmsättel, Scheibenbremse hinten, Ø 260 mm, Zweikolben-Festsattel, Traktionskontrolle, ABS

Speichenräder mit Alufelgen	2.15 x 21; 4.25 x 18
Reifen	90/90 21; 150/70 R 18

Bereifung im Test Pirelli Scorpion Rally STR, vorn »A«

SETUP LANDSTRASSE[1] (RIDE-EMPFEHLUNG)

Gabel	
Zugstufe	12 Klicks
Druckstufe	8 Klicks
Vorspannung	6 U
Federbein	
Zugstufe	2 U
Druckstufe	4 U
Vorspannung	20 U

ABMESSUNGEN + GEWICHTE
Länge/Breite/Höhe[1] 2320/1000/1450 mm, Lenkerbreite[1] 900 mm, Wendekreis[1] 4830 mm, Gewicht vollgetankt[1] 207 kg, Zuladung[1] 207 kg, zulässiges Gesamtgewicht 414 kg, Radlastverteilung vorn/hinten[1] 50,1/49,9 %, Lenkkopfwinkel 63,3 Grad, Nachlauf 113 mm, Federweg vorn/hinten 240/240 mm, Tankinhalt/Reserve 18,0/2,7 Liter

SERVICE-DATEN

Service-Intervalle	10000 km
Öl- und Filterwechsel	alle 10000 km, 2,3 Liter
Motoröl	SAE 10W-50
Telegabelöl	7,5W
Zündkerzen	NGK IR MR9DI-7
Leerlaufdrehzahl	1400± 100/min
Reifenluftdruck	(mit Sozius)
vorn/hinten	2,0/2,5 (2,2/2,7) bar
Garantie	zwei Jahre
Farben	Blau, Gold, Rot
Preis inkl. Nebenkosten	11 990 Euro
Preis Testmotorrad*	12 209 Euro

*inkl. Schaltautomat (circa 219 Euro)

MESSWERTE

Fahrleistungen	
Höchstgeschwindigkeit[2]	190 km/h
Beschleunigung	
0–100 km/h	4,4 sek
0–140 km/h	7,7 sek
Durchzug	
60–100 km/h	4,4 sek
100–140 km/h	4,7 sek
140–180 km/h	8,3 sek
Tachometerabweichung	
Effektiv (Anzeige 50/100)	48/96 km/h
Drehzahlmesserabweichung	
Anzeige roter Bereich	10200/min
Effektiv	10100/min

APRILIA TUAREG 660

VERBRAUCH*

Landstraße	4,4 l/100 km
Autobahn bei 130 km/h	5,9 l/100 km
Theor. Reichweite Landstraße	409 km
Kraftstoffart	Super

LEISTUNGSDIAGRAMM[3]

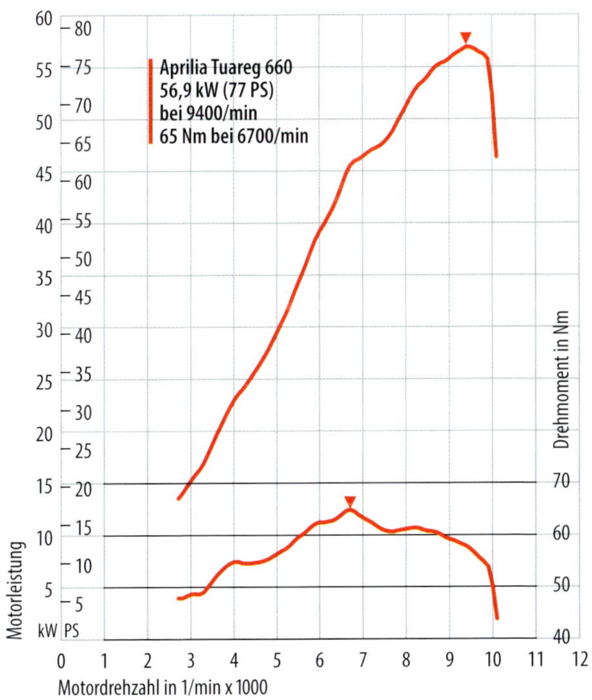

[1]MOTORRAD-Messungen; [2]Herstellerangaben; [3]Leistung an der Kurbelwelle. Messungen auf Dynojet-Rollenprüfstand 250, korrigiert nach 95/1/EG, maximal mögliche Abweichung ±5 %

* **Zur Ehrenrettung der Aprilia sei festgestellt, dass sie hier im Verhältnis zu voluminöseren Motorrädern bewertet wird. Konzeptionell kann sie nicht die Tourentauglichkeit oder Performance einer GS 1250 liefern, bietet dafür aber Qualitäten wie geringes Gewicht und mehr Unabhängigkeit vom Straßenzustand.**

EIGENSCHAFTSWERTUNG
APRILIA TUAREG 660

KURZTRIP 3,625	Kerniger Zweizylinder, dank kurzer Übersetzung satter Antritt bei niedrigen Touren, sehr handlich, stabiles, schaukelarmes Fahrwerk, straffe Grundabstimmung. Leichte Bedienung, geringes Gewicht.	
	Fahrstabitität	★★★★☆
	Sicherheitsfeatures	★★★★☆
	Windschutz	★★★☆☆
	Ausstattuns	★★★½☆
URLAUBS-REISE 4	Sitzbank mit Gel-Einlage, hoher Lenker. Heizgriffe, Quickshifter, Hauptständer, Gepäcksystem optional, erfreuliche Reichweite und Zuladung, hohe Drehzahlen, Windschutz reicht aus, Tempomat.	
	Gepäcksystem	★★★★☆
	Reichweite	★★★★★
	Autobahn	★★★☆☆
	Flexibilität	★★★★☆
ZU ZWEIT 3,5	Ausreichend komfortable, aber schlanke Sitzbank, vernünftige Haltegriffe und Gepäckträger nicht Serie, aber nachrüstbar, Sozius-Kniewinkel passabel, Platzverhältnisse für die Klasse leidlich.	
	Soziusplatz	★★★½☆
	Fahrsicherheit 2 Personen	★★★½☆
DAILY USE 3,75	Weiche Gasannahme, gut ausbalanciert, Sitzhöhe für Piloten ab 1,75 Metern dank schmaler Bank passend, handlich, geringes Gewicht, Fahrwerk voll einstellbar, vier Fahrmodi, LED-Scheinwerfer.	
	Rangieren	★★★★☆
	Stadtverkehr	★★★★☆
	Schließsystem	★★★☆☆
	Easyness	★★★★★
HAUS-STRECKE 4,17	Drehwilliger Motor, ruckelfreier Vortrieb ab 2000/min, unter höherer Last ab 3000/min. Wedelfreudiges, handliches, straffes Fahrwerk, gute Gelände- Eigenschaften, etliche Einstellmöglichkeiten.	
	Handling	★★★★★
	Bremsen	★★★½☆
	Performance	★★★★☆
GARAGE 3,67	Teilweise nachlässige Verarbeitung, Inspektion alle 10000 Kilometer, moderate Werkstattkosten, kein übermäßiger Reifenverschleiß, Rahmenheck ohne Verkleidung für engere Montage von Koffern.	
	Inspektionsumfang	★★★★☆
	Reifenkosten	★★★★☆
	Werterhalt	★★★☆☆
GESAMTWERTUNG: 3,786*		★★★★☆

MITTELKLASSE-REISEENDUROS

Mittelklasse-Reiseenduros sind der Sweet Spot fürs echte Unterwegssein: genug Punch für die Autobahn, genug Leichtigkeit für Kehren, Schotter und spontane Abzweige. Sie fühlen sich auf der Landstraße zuhause, zucken aber nicht, wenn's staubig wird. Leider waren Ikonen wie die Honda XL 750 Transalp oder die Yamaha Ténéré 700 nicht verfügbar, sie werden aber würdig vertreten von den KTM-Schwestern 790 Adventure R »Touratech« und 890 Adventure, von der lässigen Husqvarna Norden 901 bis zur sportlichen BMW F 900 GS und der gediegenen Suzuki V-Strom 800 DE – hier trifft Alltag auf Aufbruch.

KTM 790 ADVENTURE R »TOURATECH«

TEXT: *Thorsten Dentges* FOTOS: *Dirk Schäfer, Touratech*

TECHNISCHE DATEN

Wassergekühlter Zweizylinder-Reihenmotor, 799 cm³, 70 kW (95 PS) bei 8000/min, 89 Nm bei 6600/min, Brückenrahmen aus Stahl, Upside-down-Gabel, Federweg vorn/hinten 240/240 mm, Lenkkopfwinkel 63,7 Grad, Nachlauf 110 mm, Radstand 1528 mm, Länge 2230 mm, Sitzhöhe 900 mm, Reifen vorn 90/90-21; hinten 150/70-18, Scheibenbremsen vorn/hinten, Ø 320/260 mm, ABS, Traktionskontrolle, Gewicht vollgetankt 215 kg, Tankinhalt 20 Liter, Preis (2021) 13 447 Euro

Ferdi: Für so eine Tour hätte ich mir kein besseres Motorrad wünschen können. Der Hammer, wie die 790 Adventure den Spagat zwischen »Reise« und »Enduro« beherrscht: Sie bietet Komfort auf langen Autobahnetappen, macht auf der Landstraße viel Laune und ist handlich genug, um auch verschlungene Trails erkunden zu können. Preislich ist das zwar kaum noch »Mittelklasse«, aber der Gegenwert sind ein kerniger Motor, gute Ausstattung, elektronische Fahrhilfen, über 450 Kilometer Reichweite und das alles bei beherrschbarem Gewicht! Dass viele über das Design lästern, bin ich als GS-Fan gewohnt und finde den technisch-kantigen Look echt scharf, liebäugle schon länger mit der »R«-Version. Ich

schätze, du siehst nicht nur das Design kritisch. Oder hat dich die KTM nach unserem anfänglichen Rangeln um sie nun doch überzeugt?

Thorsten: Für so eine Tour kann ich mir auch ein anderes Motorrad wünschen, etwa die Yamaha Ténéré 700. Nicht nur, weil ich diese hübscher und sexier finde als die seltsam unförmige KTM und ich sie mir eher leisten könnte, sondern weil ich von der Performance der aufgefritteten 790er etwas enttäuscht bin. Ja, das Motorrad fährt gut, aber eben nicht überragend gut. Die Erwartungshaltung ist bei 18 000 Euro plus sicherlich hoch, aber wo bitte schön auf den von uns gefahrenen TET-Pisten konnte das zugegeben sehr feine Touratech-Fahrwerk entscheidend punkten? Das ist was für Sportfahrer mit hohen Ambitionen, aber bei Easy-peasy-Schotter nach meiner Meinung vergebene Liebesmüh. Kurzum: Offroad konnte die KTM mich zwar erfreuen, aber nicht verzaubern. Was mich jedoch sehr überrascht hat: der Landstraßen-Auftritt. Ultrastraff und stabil in Kurven, direkt, giftig am Gas, sehr gut auf der Bremse. Trotzdem und gerade für größer Gewachsene stundenlang bequem, und die elektronischen Helferlein machen hier am meisten Sinn – für mich die bessere Asphalt-Alternative zur Motorspenderin 790 Duke.

Ferdi: Die Elektronik-Features empfinde ich als großes Plus, auch gegenüber der Ténéré. Fahrmodi und Offroad-ABS stören nicht, schenken mir aber viel Vertrauen. Und apropos Schotter: Über 18 000 Euro sind es ja nur, weil Touratech die KTM mit allem ausgerüstet hat, was der Katalog hergibt. Nicht alles, aber so manches Zubehörteil würde ich auch an der von mir ebenfalls geschätzten Ténéré nachrüsten. Aber noch mal kurz zum Motor, der hat mich eigentlich am meisten überrascht! Ich kann mich noch gut an den lebendigen und spritzigen Zweizylinder der Duke erinnern, aber auch an das nervige Konstant fahrruckeln und den hohen Lautstärkepegel. Mit neuer Abstimmung funktioniert er als souveräner Reise-Antrieb, ohne seine freche Note komplett verloren zu haben. Einzig der sportliche Charakter und die geringe Schwungmasse erfordern etwas Eingewöhnung.

Thorsten: Okay, verglichen zum Holterdipolter-Krawallbike 790 Duke ist die Adventure, insbesondere ihr modifizierter Twin, in der Tat fast schon handzahm. Und dennoch: Bei losem Schotter, matschigem Untergrund oder in steilen Bergaufpassagen, womöglich noch gespickt mit glitschigem Wurzelwerk und rutschigem Fels, also immer dann, wenn eine sehr sensible Gashand gefragt ist, empfinde ich die Motorcharakteristik als zu spitz und aggressiv. Da dreht und zieht es hinten zu viel, und man driftet schnell ab vom gewünschten Kurs. Viel Power ist ja schön, die brauche ich im Gelände aber so nicht. Sorry, aber das kann eine Ténéré einfach besser. ■

Teuer, aber für Fernreisende durchaus sinnvoll: Cartridge-Kit (1499 Euro) und Nachrüstfederbein (1439 Euro) von Touratech, mit hohen Reserven und zig Einstellmöglichkeiten. Auch auf dieser Reise bewährt und sturzerprobt: Das schnörkellos-elegante Zega Evo Kofferset (38 Liter Volumen je Koffer), inkl. Träger für 1349 Euro

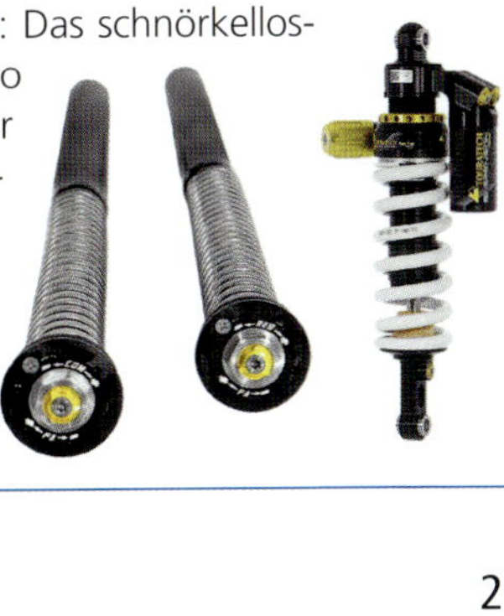

KTM

KTM 890 ADVENTURE

KLEINES ABENTEUER

KTMs Mittelklasse-Reiseenduro ist in ihrer Basis auch ganz ohne »R«- oder »Rallye«-Verschärfung ein kompetentes, gereiftes Allzweck-Tool für viele Gelegenheiten. RIDE arbeitet die Charaktereigenschaften der Österreicherin heraus und erklärt, welche Menschen damit glücklich werden.

TEXT: *Markus Biebricher*
FOTOS: *BMW, Honda, Markus Jahn, Tyson Jopson, KISKA, KTM, Jörg Künstle, Rudi Schedl, Suzuki, Triumph*

Bescheidenheit war gestern, heute ist das Segment der Reiseenduros geprägt von dynamischem Wettbewerb, der die technische Entwicklung befeuert. KTM ist gemäß des Firmen-Slogans »Ready to Race« ganz vorn dabei und hatte bereits 2019 mit der Mittelklasse-Reiseenduro 790 Adventure ein Motorrad auf die Beine gestellt, das jede Menge Ideale der Gattung vereinen konnte: geringes Gewicht, viel Leistung, hohe Geländekompetenz und große Reichweite. Ob die möglichen modernen elektronischen Helferlein dazugehören, muss jeder Reisende für sich entscheiden, die Adventure hat auf jeden

Fall genug an Bord. Kaum eingefahren, wurde das Modell schon wieder abgelöst, jetzt wartet auf uns die 890 Adventure, an deren Existenz der Euro-5-Umstieg nicht unschuldig ist. Vor allem das Reihen-Zweizylinderherz der Adventure musste sich einer Kur unterziehen, die es in sich hat: Seine Leistung stieg von 95 auf 105 PS, das Drehmoment von 88 auf 100Nm, der Hubraum auf 889 Kubikzentimeter und die Schwungmasse um 20 Prozent. Der normale Reise-Endurist, gemeinhin nicht unterwegs, um Rennen zu gewinnen, wird begrüßen, dass die Mattighofener hier mal von ihrer Doktrin der maximalen Motorspontaneität durch minimale Schwungmassen abgerückt sind. Danke, KTM, denn während der 790er-Twin beim untertourigen Herausbeschleunigen noch unmutig auf der Kurbelwelle rumhackte, um dann hektisch zuzuschnappen, zieht der 890er spürbar ruckelfreier durch, wirkt sanfter und muskulöser.

Er hat also gewonnen, der Antrieb. Nicht nur eine reisetauglichere Leistungsentfaltung, sondern auch im Detail. Die Schmiedekolben haben jetzt drei Ringe und einen größeren Durchmesser. Dennoch konnte dank der kürzeren Bolzen Gewicht eingespart werden. Die Verdichtung stieg auf 13,5:1 und machte einen Klopfsensor notwendig, der echte Vorteile mitbringt. Beide Brennräume können nun individuell dosiert mit Sprit versorgt werden, und dank angepasster Zündung darf der Weltreisende zur Not jetzt auch miesen Sprit aus russischem oder bolivianischem Raffinerie-Schlamm tanken.

Apropos Schlamm. Wer da reingerät, wird nicht nur den stämmigeren Antritt, den stabileren Rundlauf und den optimierten Massenausgleich des Motors zu schätzen wissen, sondern auch die modifizierte Kupplung. Die ist besser dosierbar, trennt leichtgängiger und verhindert Hinterradstempeln erfolgreicher als früher. Bei der 790er hatte unterhalb von 2500/min noch ein Rückschlagventil die Ölzufuhr gestoppt, um die Leerlaufsuche im Stand zu erleichtern. Nun ist es mit der Ruppigkeit durch Schmiermangel vorbei, denn schräg aufgesinterte Reibbeläge unterstützen Ölfluss und Leerlauf-

Kurvensurfen in den Alpen wird mit der handlichen, starken 890er-Adventure zum Genuss

Gelungen: klar gegliedertes TFT-Display, nachvollziehbares Bedienkonzept

Aufpreispflichtig: geschmeidig funktionierender Quickshifter

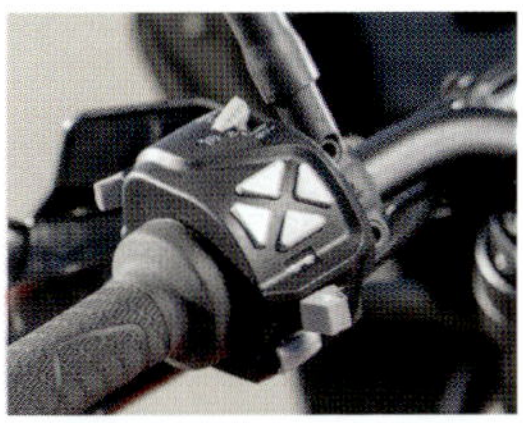

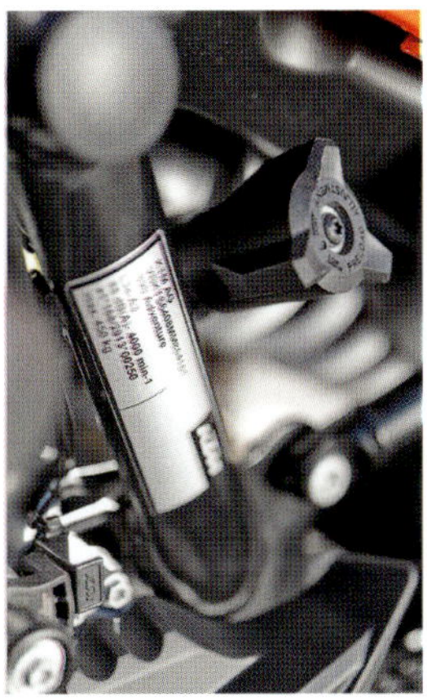
Hinterleuchtete Schalter, Lenkungsdämpfer, Handrad für die Federbasis

Fein integrierte, robuste Gepäckbrücke, stabile Haltegriffe, hohe Zuladung

Gut: dezenter Endtopf, integrierte Kettenauflage für leichteren Radwechsel

Praktisch: vollständiges Werkzeug und Verbandszeug in der Seitenverkleidung

REIFEN

Einen ordentlichen Eindruck machen die Avon AV 53/54 Trailrider auf Asphalt. Gewöhnungsbedürftig ist einzig die Abkippneigung bei starker Schräglage. Der Verschleiß geht gemessen an der Leistung in Ordnung

VERARBEITUNG

Robuste, zweckmäßige Materialauswahl, aber sauberes, solides Finish. Schade, dass die Dekore an den Tankflanken schon nach kurzer Zeit blass und stumpf werden. Premium ist anders

MOTOR

Das 890er-Triebwerk ist in der Duke gut für über 120 PS, in der Adventure überzeugt es auch mit 105 Pferden und mehr Muskeln in der Drehzahlmitte. In Summe ein kultiviertes, temperamentvolles und dennoch sparsames Spaßtriebwerk

LENKER/ARMATUREN

Ergonomisch passend liegt der konifizierte, in der Höhe mehrfach justierbare, adäquat breite Alu-Lenker in der Hand. Vorbildlich, dass auch Kupplungs- und Bremshebel einstellbar und die Schalter für Nachtfahrten schön hinterleuchtet sind

RAHMENHECK

Robust und leicht ist das geschraubte Rahmenheck der Adventure. Es bietet viel Platz für den Passagier sowie für Gepäck und Koffer (z. B. SW-Motech Trax, 1000 Euro komplett)

FUSSRASTEN

Geländetauglich, denn die Gummiauflage lässt sich einfach entfernen, die darunterliegende Raste bietet viel Halt. Schalt- und Bremshebel sind ebenfalls griffig ausgeführt

TANK

Recht spezielle Optik, doch schwerpunktgünstige Lage des weit unten platzierten 20-Liter-Tanks. Große Reichweite, sehr stabiler Kunststoff, keine Sturzschäden bekannt

INSTRUMENTE

Klar gegliederte Kommandozentrale mit scharf anzeigendem, genügend großem TFT-Display samt eingängigem Bedienkonzept. Zahlreiche nützliche Funktionen, mehr braucht kein Mensch! Was wir aber sehr schätzen: die tolle Lichtausbeute des Insektenscheinwerfers im KTM-typischen Kiska-Design

FEDERBEIN/GABEL

Direkt angelenkt ist das Federbein, dessen Basis und Zugstufe justierbar sind. Leider ist die Gabel nicht einstellbar. In Summe arbeiten die Feder/Dämpferelemente ordentlich, aber nicht ausgesprochen sensibel oder geschmeidig. Höchster Tourenkomfort wird daher nicht erreicht

BREMSE

Satte, sichere Wirkung: Bei maximaler Verzögerung bleiben die Stopper sehr stabil. Im Offroad-Modus lässt sich die Wirkung noch steigern, der Bremsweg weiter verkürzen

Findung. Das Ventil ist obsolet, die Kupplung funktioniert nun in schwierigen Passagen tadellos.
Ähnliches gilt für das revidierte Getriebe, dessen Gangräder vier bis sechs mit einer kugelgestrahlten Oberfläche versehen sind. Wovon man erst mal nichts merkt. Im Gegensatz zum (optionalen) Quickshifter, der die Zahnräder auf moderaten Fußdruck sanft und zügig in Position bringt. In Sachen Geschmeidigkeit hat die 890er-Adventure also zugelegt, hinsichtlich des Gewichts aber auch. Kein Drama, es sind lediglich sechs Kilo, die hauptsächlich der vergrößerten Schwungmasse und der an Euro 5 angepassten Abgasanlage geschuldet sind. In der Praxis spürt man die Zusatzpfunde nicht, die 890er-Adventure ist mit 218 Kilo Leergewicht nach Yamahas Ténéré 700 immer noch die zweitleichteste Mittelkasse-Reiseenduro.
Schließen wir das Antriebskapitel also ab mit folgender präzisierten Aussage: Unsere gereifte KTM bringt zwar nicht die Treckerqualitäten schwererer Motorkonzepte im tiefsten Drehzahlkeller mit, dafür überzeugt sie aber ab etwa 3500/min in allen Fahrmodi mit spontaner und präziser Gasannahme. Wem die rasante Kraftentfaltung immer noch zu hektisch vorkommt, kann das motorische Temperament mit dem leistungssenkenden »Rain«-Modus weiter besänftigen. Generell aber stimmen auch die Sekundärtugenden des mit zwei Ausgleichswellen beruhigten Twins: Die Laufkultur ist im meist genutzten mittleren Drehzahlbereich respektabel, einzig bei höheren Autobahngeschwindigkeiten ab 150 km/h nehmen feine Vibrationen zu. Gemessen an der Leistung fällt der Spritverbrauch des Triebwerks niedrig aus: unter fünf Liter selbst bei flotten Trips, was dank 20-Liter-Tank für eine Reichweite von weit über 400 Kilometer sorgt!

Kompakter, leichter Reihenzweizylinder mit 75 Grad Hubzapfenversatz, Ride-by-Wire, Doppelzündung, zweiter Ausgleichswelle im Kopf, Slipper-Kupplung; 15 000-Kilometer-Service-Intervalle

Kommen wir zum Thema Fahrwerk: Wie immer baut KTM auch hier jede Menge Fahrspaß ein. Deswegen fährt die 890er sehr handlich, flüssig und äußerst zielgenau durch Kurven aller Radien und gewährt eine für Reiseenduros immense Schräglagenfreiheit. Die gemäßigte Sitzposition mit gutem Vorderradbezug fördert die Freude genauso wie das moderate Gewicht oder der tiefe Schwerpunkt aufgrund des weit nach unten verlagerten Benzinvorrats. Optisch mag das Konzept für manche schwer verdaulich sein, praktisch bringt es aber Vorteile, gerade auch beim Rangieren. Die für eine Enduro eher moderaten Federwege von 200 Millimetern weisen darauf hin, dass die Adventure in der Praxis wahrscheinlich mehr Asphalt unter die Räder

Grandios: kompakte Abmessungen, aber viel Platz für zwei Personen und üppige Zuladung

KONKURRENZMODELLE

BMW F 850 GS
Leistung: 70 kW (95 PS) bei 8250/min, Drehmoment: 92 Nm bei 6250/min, Gewicht: 229 Kilo, Preis: ab 12 240 Euro

Honda Africa Twin 1100
Leistung: 75 kW (102 PS) bei 7500/min, Drehmoment: 105 Nm bei 6250/min, Gewicht: 226 Kilo, Preis: ab 13 871 Euro

Suzuki V-Strom 1050 XT
Leistung: 79 kW (107 PS) bei 8500/min, Drehmoment: 100 Nm bei 6000/min, Gewicht: 236 Kilo, Preis: ab 14 190 Euro

Triumph Tiger 900 Rally Pro
Leistung: 70 kW (95 PS) bei 8750/min, Drehmoment: 87 Nm bei 7250/min, Gewicht: 221 Kilo, Preis: ab 15 400 Euro

Yamaha Ténéré 700
Leistung: 54 kW (73 PS) bei 9000/min, Drehmoment: 68 Nm bei 6500/min, Gewicht: 207 Kilo, Preis: ab 10 374 Euro

bekommt als Dreck.Wir wissen aber, welche beachtlichen Offroad-Reserven auch in unserer Basisversion stecken. Egal ob Asphalt oder Schotter, die 890 Adventure schenkt uns in allen Lebenslagen eine knackige Leichtigkeit. Was sie weniger draufhat, ist gehobener Komfort: Das WP-Federbein verfügt nun neben einem an einer Reiseenduro sinnvollen Handrad für die Federbasis über eine Zugstufeneinstellung. Die direkte Anlenkung aber vereitelt das saubere Abarbeiten kurzer Stöße. Auch die Gabel agiert mit eher mittelprächtiger Geschmeidigkeit. Ansprechverhalten wie Fahrwerksgüte an sich sind daher bestenfalls solide. Ab mittlerer Schräglage neigt die 890er zudem leicht zum Abkippen. Ein Phänomen, das sich über die Reifenkontur erklärt, an das man sich aber nach einigen Kurven gewöhnt. Und dann lässt es sich tatsächlich gewinnbringend einsetzen. Über die Erstbereifung können wir ansonsten ausschließlich Positives sagen: Haftung, Rückmeldung und Schlechtwettereigenschaften des Avon überzeugen, für stärkere Offroad-Einsätze werden grobstolligere Reifen benötigt.

Eindrucksvoll ist die elektronische Ausstattung: Kurven-ABS und schräglagenabhängige Traktionskontrolle sind Serie, beide spannen ein verlässliches Sicherheitsnetz. Der nun verfügbare Tempomat stellt eine nette Bereicherung dar. Die Verbesserungen an der Bremsanlage (Beläge, Dichtringe und Hitzebleche) sorgen hinsichtlich Wirkung und Dosierbarkeit für ein tolles Niveau. Neben der hohen Bremsstabilität fällt die auf den allerletzten Vollbremsungsmetern recht konservative Auslegung des Blockierverhinderers auf. Abschalten lässt sich das ABS nicht, wäre aber auch nicht nötig. Wer scharfes Bremsen bevorzugt, wählt den »Offroad«-Modus, verzichtet auf die Kurvenfunktion und Abhebeerkennung, gewinnt dafür aber Transparenz auf der letzten Rille

KTM 890 ADVENTURE R

Vielen Basisenduros stellen die Österreicher eine für härtere Geländeeinsätze optimierte »R«-Variante zur Seite. Im Fall der 890er-Adventure verkauft sich das »R«-Modell annähernd so gut wie die schon schotterkompetente Standard-Version. Was »R« genau bedeutet: höherwertige Federelemente mit längeren Federwegen (hier 240 Millimeter), einteilige Sitzbank, obenliegender Frontkotflügel, niedriger Windschild, grobstollige Reifen und rund einen Tausender Aufpreis. Mit 890 Millimeter Sitzhöhe kommt nicht mehr jeder klar, aber immerhin funktionieren die Metzeler Karoo III noch erstaunlich passabel auf Asphalt. Erst im Gelände aber steht und sitzt es sich dann artgerecht auf der »R«, die straffen Federelemente sind nicht aus der Reserve zu locken. Kein Wunder bei KTMs Geländekompetenz.

Die »R« ist die geländetauglichste Mittelklasse-Enduro

Höher gelegt zu sein steht der 890er-Adventure richtig gut

und rund anderthalb Meter Bremsweg. Der aufpreispflichtige »Rally«-Modus erlaubt eine freie Wahl des Motormappings sowie neunstufiges Justieren der Traktionskontrolle. Was eher für wilde Schottermanöver als für die Straße sinnvoll ist.
Kommen wir zur Verarbeitung: robuste bis zweckmäßige Materialauswahl, aber ein solides, sauberes Finish. Allein die einfachen, recht schnell matt wirkenden Tankflanken-Dekoraufkleber wirken nicht so ganz Premium.

Für wen passt die 890er jetzt eigentlich? Zumindest mal im Gegensatz zur »R«-Variante auch für kleinere Menschen, denen sie festen Bodenkontakt bietet. Überhaupt wirkt das Modell für eine Reiseenduro angenehm kompakt und niedrig, tatsächlich näher an einer 390 Adventure als am 1290er-Monster. Die zweigeteilte Sitzbank lässt sich vorn in einer 20 Millimeter höheren Position arretieren, was für größere Fahrer den Kniewinkel öffnet. Auch der konifizierte Alu-Lenker bietet Variationsmöglichkeiten, liegt aber bereits werksseitig in moderater Höhe und angemessener Breite gut zur Hand. Das Platzangebot ist gemessen an der Kompaktheit der KTM sehr großzügig, doch die Sitzbank vermittelt keinen couchartigen Komfort, sondern eher kantige Straffheit, und der Windschild wirkt recht knapp geschnitten. Fazit: Die 890er-Adventure richtet sich an Reisende, denen leichtfüßige Dynamik mehr bedeutet als totale Bequemlichkeit. Klassenübliche 13 295 Euro sind mindestens fällig. Was für das Gebotene zwar korrekt klingt, doch die Aufpreispolitik ist unschön. Bescheidenheit war gestern. ■

Enorm hoher Fahrspaß nicht nur im Gebirge, auch dank straßenorientierter Sitzposition

EIGENSCHAFTSWERTUNG
KTM 890 ADVENTURE

KURZTRIP 4,25	Hervorragende Fahrstabilität in allen Lagen, sehr gute Sicherheitsfeatures, spielerisches Handling, auch dank tiefem Schwerpunkt leicht zu rangieren, knapper Windschutz, Ausstattung okay.	
	Fahrstabitität	★★★★★
	Sicherheitsfeatures	★★★★★
	Windschutz	★★★☆☆
	Ausstattuns	★★★★☆
URLAUBS-REISE 4,0	Große Reichweite, niedriger Verbrauch, viel Platz für Gepäck und gute Koffersysteme, auf der Autobahn stabil, aber geringer Windschutz und ab 150 km/h Vibrationen, Gabel nicht einstellbar.	
	Gepäcksystem	★★★★☆
	Reichweite	★★★★★
	Autobahn	★★★☆☆
	Flexibilität	★★★★☆
ZU ZWEIT 4,5	Viel Platz für den Passagier, auch zu zweit hervorragend fahrbar, selbst auf schlechten Straßen noch Reserven, aber kein Spitzenkomfort. Gute Bremsen, ausgeprägte Fahrstabilität.	
	Soziusplatz	★★★★★
	Fahrsicherheit 2 Personen	★★★★☆
DAILY USE 4,25	Schön leicht zu rangieren, vergleichsweise niedrige Sitzhöhe, dennoch gute Übersicht. Schnelles Auf- und Absteigen möglich, spritzig in der Stadt, passabler Wendekreis, handliches Fahrwerk.	
	Rangieren	★★★★★
	Stadtverkehr	★★★★☆
	Schließsystem	★★★☆☆
	Easyness	★★★★★
HAUS-STRECKE 4,7	Spaßbetonter, temperamentvoller Antrieb, gut schaltbares Getriebe mit Schalthilfe. Leichtes Handling dank breitem Lenker, hohe Schräglagenfreiheit, fein dosierbare, starke Bremsen.	
	Handling	★★★★★
	Bremsen	★★★★☆
	Performance	★★★★★
GARAGE 3,7	Bis auf das Tankflankendekor zweckmäßige, gute Verarbeitung, breites Reifenangebot zu erträglichenPreisen,passablerWiederverkaufswert,lange Inspektionsintervalle, Ersatzteile nicht billig.	
	Inspektionsumfang	★★★★☆
	Reifenkosten	★★★★☆
	Werterhalt	★★★☆☆
GESAMTWERTUNG: 4,23		★★★★★

KTM
890 ADVENTURE

MOTOR

Wassergekühlter Zweizylinder-Viertakt-Reihenmotor, zwei Ausgleichswellen, zwei obenliegende, kettengetriebene Nockenwellen, vier Ventile pro Zylinder, Schlepphebel, Trockensumpfschmierung, Einspritzung, 2 x Ø 46 mm, geregelter Katalysator, Lichtmaschine 400 W, Batterie 12 V/10 Ah, mechanisch betätigte Mehrscheiben-Ölbadkupplung (Anti-Hopping), X-Ring-Kette, Sekundärübersetzung 45 : 16.

Bohrung x Hub	90,7 x 68,8 mm
Hubraum	889 cm^3
Verdichtungsverhältnis	13,5 : 1
Nennleistung	77,2 kW (105 PS) bei 8000/min
Max. Drehmoment	100 Nm bei 6500/min
Standgeräusch	88 db(A)

FAHRWERK

Brückenrahmen aus Stahl, Motor mittragend, Upside-down-Gabel, Ø 48 mm, hydraulischer Lenkungsdämpfer, verstellbare Federbasis, Zug- und Druckstufendämpfung, Zweiarmschwinge aus Aluminium, Federbein, direkt angelenkt, verstellbare Federbasis, Zug- und Druckstufendämpfung, Doppelscheibenbremse vorn, Ø 320 mm, Vierkolben-Festsättel, Scheibenbremse hinten, Ø 260 mm, Doppelkolben-Schwimmsattel, Traktionskontrolle, Kurven-ABS.

Speichenräder mit Alu-Felgen	2.50 x 21; 4.50 x 18
Reifen	90/90 21; 150/70 18
Bereifung im Test	Avon AV 53 Trailrider

ABMESSUNGEN + GEWICHTE

Radstand 1509 mm, Lenkkopfwinkel 64,1 Grad, Nachlauf 107,8 mm, Federweg vorn/hinten 200/200 mm, Sitzhöhe* 830–850 mm, Gewicht vollgetankt* 218 kg, Zuladung* 232 kg, zulässiges Gesamtgewicht 450 kg, Tankinhalt 20,0 Liter.

SERVICE-DATEN

Garantie	zwei Jahre
Serviceintervalle	alle 15 000 km
Farben	Orange/Weiß/Schwarz
Preis	13 819 Euro
Nebenkosten	360 Euro

MESSWERTE

Fahrleistungen	
Höchstgeschwindigkeit*	200 km/h
Beschleunigung*	
0–100 km/h	3,5 sek
0–140 km/h	6,2sek
Durchzug*	
60–100 km/h	4,0 sek
100–140 km/h	4,2 sek
140–180 km/h	5,7 sek

VERBRAUCH*

Landstraße	4,3 l/100 km
Theor. Reichweite	465 km
Kraftstoffart	Super

LEISTUNGSDIAGRAMM[2]

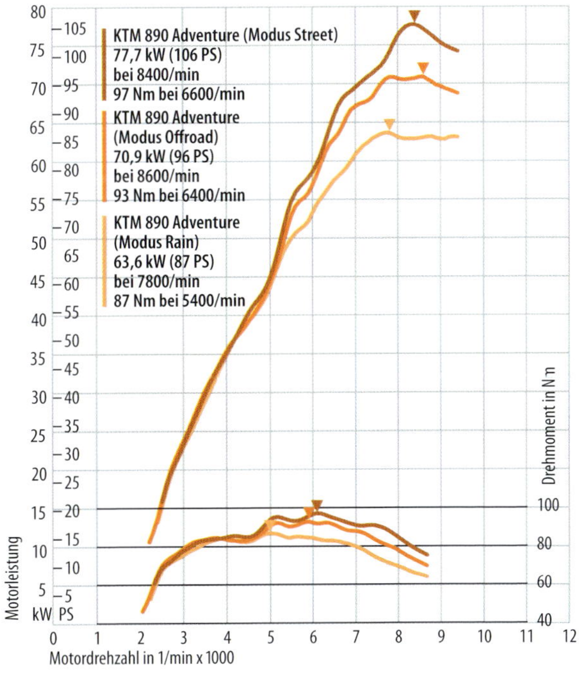

Herstellerangaben; *MOTORRAD-Messungen; 2inkl. Tech Pack (524 Euro) enthält: Rally Pack, Quickshifter Plus, Motorschleppmomentregelung, Tempomat; Diagramm: Leistung an der Kurbelwelle; Messungen auf dem Dynojet-Rollenprüfstand 250, korrigiert nach 95/1/EG, maximal mögliche Abweichung ± 5 %

HUSQVARNA NORDEN 901

TEXT: *Markus Biebricher* **FOTOS:** *Dirk Schäfer, Touratech*

TECHNISCHE DATEN

Wassergekühlter Zweizylinder-Reihenmotor, 889 cm^3, 77 kW (105 PS) bei 8000/min, 100 Nm bei 6500/min, Brückenrahmen aus Stahl, Upside-down-Gabel, Federweg vorn/hinten 220/215 mm, Lenkkopfwinkel 64,0 Grad, Nachlauf 107 mm, Radstand 1513 mm, Länge 2254 mm, Sitzhöhe 854 mm, Reifen vorn 90/90-21; hinten 150/70-18, Scheibenbremsen vorn/hinten, Ø 320/260 mm, Kurven-ABS, Traktionskontrolle, Gewicht vollgetankt 219 kg, Tankinhalt 19 Liter, Preis 15 199 Euro

Endlich darf die Husqvarna Norden mal richtig weit nach Norden, und zwar zum nördlichen Ende von Schottland. Ist das ein Problem? Nein, gar nicht, genauso wenig wie die Tatsache, dass diese individuell gestylte Husqvarna technisch weitestgehend eine KTM 890 Adventure ist. Klar, softere Fahrwerksabstimmung und bequemere Sitzbank sind gnädige Zutaten in Richtung größerer Tourentauglichkeit, die wir hier in Schottland gerne annehmen. Grade wenn Wetter und Außentemperaturen nicht viel zum absoluten Reisegenuss beitragen, ist man für jeden freundlichen Wesenszug seines Motorrades dankbar. Vor allem für eine ordentlich gepolsterte Sitzbank und eine langstreckentaugliche Ergonomie. So was

macht das Leben in der rauen Natur gleich viel entspannter und so ist die Reichweite von deutlich über 350 Kilometer auch ohne Gesäßgeschwüre, Rückenkrämpfe oder Tennisarme zu meistern. Klar, das Windschild wird nicht jedem zusagen, für mich war es okay. Auch die Hitzeentwicklung des 105 PS starken KTM-Reihenzweizylinders im Bereich der Waden tut mir bei Nässe und Kälte eher gut, als dass sie nervt.

Klar, dass das leistungswillige Triebwerk noch viel mehr kann als nur Hitze abstrahlen: Sein bisweilen leicht cholerisches Temperament hält wohl jeden Fahrer erfolgreich von allzu tiefer Relaxation ab. Vitalkraft ist selbst bei voll beladener Maschine wahrlich immer genug da, der (aufpreispflichtige) Quickshifter macht Schaltvorgänge geschmeidiger. Hin und wieder kann man den Motor aufgrund der reduzierten Schwungmassen offroad aber nicht so souverän über Hindernisse treckern lassen, wie das mit gewissen Wettbewerber-Motoren möglich wäre, doch das ist zu verschmerzen. Gewöhnungsbedürftiger hingegen ist das Startverhalten nach nasskalten schottischen Nächten: So richtig rund läuft die Norden 901 erst nach einigen Minuten. Dann allerdings geht ihre Laufkultur in Ordnung, unangenehme Vibrationen gibt es nicht. Zumindest nicht während der auf unserer Reise möglichen Fahrzustände, was zum Beispiel bedeutet, dass keine Autobahn-Exzesse stattfanden. Dafür waren wir gerne abseits des Asphalts unterwegs, denn hier kann die Austro-Schwedin, die sich selbst im Stehen gut dirigieren lässt, mit Handlichkeit, tiefem Schwerpunkt dank untenliegendem Spritvolumen und einstellbarem WP-Fahrwerk brillieren. Die Mattighofener Ingenieure sind so nett und empfehlen auf einem Sticker unter der Sitzbank neben dem Standard-Setup drei weitere manuelle Einstellungen: »Komfort«, »Sport« und »maximale Beladung«. Freundlich ist auch das selbst bei Dauerregen sauber ablesbare 5-Zoll-TFT-Instrument: Die Bedienung über das bewährte Vier-Wege-Steuerkreuz ist intuitiv und während der drei Wochen Schottland lerne ich zu schätzen, was die 901 sonst noch bietet: Kurven-ABS mit Offroad-Modus, drei Riding-Modes, Tempomat, Steckdose, LED-Nebelscheinwerfer, Bluetooth-Modul. Heizung für Griffe und Sitze? Hauptständer? Leider aufpreispflichtig. In Verbindung mit mächtiger Zuladung (231 kg), sicheren Bremsen und dem komfortablen, stabilen Fahrwerk ist die Norden eine spannende Touring-Alternative. Nur Pannen sollte man vermeiden, denn eine Warnblinkanlage hat die ansonsten ziemlich begabte Reiseenduro nicht an Bord. ■

Eine stabile Alu-Koffer-Alternative für die Norden ist das **Zega-Pro-System** von Touratech: Die mit 31/38 bzw. 38/45 Litern Inhalt lieferbaren Koffer sind aus 1,5 mm starkem Aluminium gefertigt. Sie sind wasserdicht, staubdicht und hochwertig verarbeitet. Der Kofferträger besteht aus robustem, 2 mm starkem Rundrohr mit einem Durchmesser von 18 mm. Die Montage erfolgt an vorhandenen Befestigungspunkten. Ab 1049,90 Euro. www.touratech.de

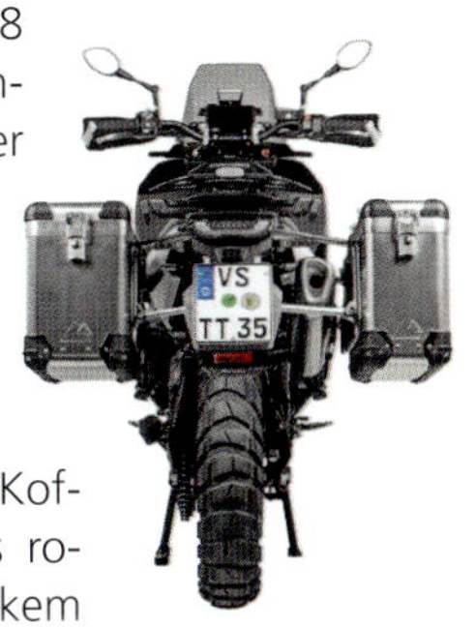

BMW F 900 GS

TEXT: *Christian Hilgefort* **FOTOS:** *BMW/Jörg Künstle, Thorsten Dentges*

TECHNISCHE DATEN

Wassergekühlter Zweizylinder-Reihenmotor, 895 cm³, 77 kW (105 PS) bei 8500/min, 93 Nm bei 6750/min, Brückenrahmen aus Stahl, Upside-down-Gabel, Federweg vorn/hinten 235/215 mm, Lenkkopfwinkel 62,0 Grad, Nachlauf 120 mm, Radstand 1590 mm, Länge 2270 mm, Sitzhöhe 870 mm, Reifen vorn 90/90 R 21; hinten 150/70 R 17, Scheibenbremsen vorn/hinten, Ø 305/265 mm, (Kurven-)ABS, Traktionskontrolle, Gewicht vollgetankt 225 kg, Tankinhalt 14,5 Liter, Preis ab 14 750 Euro

M**eine bisherige BMW-Erfahrung** nach fast 30-jähriger Abstinenz vom Motorradfahren beschränkt sich auf ein Beinahe-schon-Oldie-Bike: eine gebrauchte R 1100 GS. Meine GS. Die Boxer-BMW gefiel mir eigentlich gut: eine relaxte Reiseenduro, gewichtsbedingt zwar etwas behäbig, aber passend für meine Straßen-Touren. Doch seit heute liegt die Betonung auf »gefiel mir«, also Vergangenheit, denn im Vergleich zur neuen 900er, mit der ich jetzt aus einer der zahlreichen Spitzkehren am Izoard herausbeschleunige, ist meine alte GS einfach nur: defizitär.
Ich bin kein Profifahrer, sondern nur ein normaler Motorradfahrer, der mitdurfte auf Test-Tour durch die Westalpen. Und dennoch wage ich nach über 2000 Tour-Kilometern zu behaupten: Die F 900 GS

ist ein unglaublich freches Spaßgerät, sie lenkt präzise ein, verhält sich bei fast jeder Kategorie Straße ausgewogen, neutral und bietet reichlich Reserven. Der Motor ist sehr antrittsstark, dazu liefert der Akrapovic-Auspuff einen kernigen Sound. Der Reihentwin wirkt aber etwas rappelig mit einigen Vibrationen. Da finde ich meine 1100er-GS smoother. Die 900er drückt allerdings trotz 200 Kubik weniger 20 PS mehr raus – 105 PS empfinde ich jedenfalls für eine Mittelklasse-Reiseenduro als eine Ansage. 3,8 Sekunden von null auf hundert. Wow, boah, Hammer! Vorhin hatte ich mal etwas zu forsch beschleunigt, und – uups – das Vorderrad hob sofort ab! Dass der Motor in China gebaut wird, ist mir egal, ich bin kein Traditionalist.

Was mich eher stört: Das Getriebe wirkt eher grob, der Quickshifter als angebliche Schalthilfe ist je nach Drehzahl kaum spürbar, die Gänge müssen mitunter regelrecht »reingetreten« werden. Und auf über 2000 Metern Höhe »verschluckt« sich der Zweizylinder im dritten Gang gelegentlich. Passt das Mapping für solche Höhen, oder ist das nur ein Testmaschinen-Einzelfall? Die recht grobstolligen 50/50-Enduroreifen schlagen sich auf Asphalt einigermaßen gut, sind berechenbar, aber rollen etwas holzig ab. Schade, dass wir für den Galibier nicht einfach umbereifen können; ein Sport-Touring-Pneu wäre dort sicherlich die bessere Wahl. Doch die Testmaschine ist ab Werk mit »Enduro Pro-Paket« (u. a. 45er-Gabel, ZF Sachs-Federbein, 24-mm-Lenkererhöhung) ausgerüstet, und dazu passen die Metzeler Karoo 4 gut, genau wie die schmale Taille, die einen zum Geländefahren im Stehen ermuntert. Wir hatten auf dem Weg hierher nach Frankreich einige Offroad-Ausflüge unternommen, und dort dominierte die auch optimal auf groben Schotter abgestimmte, drahtige Enduro das Geschehen. Mit der Sitzhöhe kam ich als 1,80-Meter-Mann selbst in technisch schwierigeren, verblockten Passagen ordentlich zurecht, auch mit dem für eine Geländemaschine hohen Gewicht. Aber was heißt schon »hohes Gewicht«? Die 900er wiegt etwa 35 Kilo weniger als meine 1100er zu Hause … Doch zurück zur Straße: Die für eine BMW überraschend straffe Abstimmung der Federung erlaubt lässiges wie forsches Roadsurfing gleichermaßen, die Sitzbank wirkt recht schmal, ist aber fest gepolstert und komfortabel genug für stupide Reiseetappen mit stundenlangem Sitzen. Unser Test-Verbrauch: 4,6 Liter. Sparsam – finde ich. Sparen, das Stichwort. Für die Testmaschine müsste man in dieser Vollausstattung fast 19 000 Euro hinlegen … Meine Gebraucht-1100er-GS hingegen kostete weniger als das Koffersystem für die obergeile 900er-GS. Diese BMW wird als Traumbike – zumindest für mich – deshalb zunächst nur ein Traum bleiben. ■

Die **Metzeler Karoo 4** (50 Euro Aufpreis gegenüber Serienbereifung) waren nach 2500 Kilometern fast fällig. Die schwarz eloxierten Alu-Boxen mit 36 bzw. 44 Litern (1199 Euro plus Edelstahl-Halter 515 Euro) haben sich gut bewährt. Allerdings sollte die Verbindung zwischen Koffer und Halter immer per Schlüssel gut verschlossen werden – wir hatten das wohl vergessen und beim wilden Geländeritt einen Koffer verloren. www.bmw-motorrad.de

Die Westalpen ohne Offroad-Anteil zu erforschen, erschien uns unvollständig, daher erlauben sich die von Reihenzweizylindern angetriebenen RIDE-Bikes dieser Ausgabe gewisse Fähigkeiten auch abseits des Asphalts. BMW und Voge zeigen sich als 900er technisch verwandt, doch charakterlich verschieden, die 500er-Honda markiert das Universal-Tool in der A2-Klasse!

HJC
SUZUKI

SUZUKI V-STROM 800 DE

NEUER ANSATZ

Konsequent will die Suzuki V-Strom 800 DE im mittleren Adventure-Touring-Segment Maßstäbe verschieben: mehr Alltags- und Reise-Komfort, mehr Geländekompetenz, mehr Stabilität. Dazu bringt sie ein voll einstellbares Fahrwerk und einen neu entwickelten Reihenmotor ins Spiel. Reicht das für die Krone in diesem heiß umkämpften Markt?

TEXT: *Markus Biebricher*
FOTOS: *Aprilia (1), KTM (1), Arturo Rivas (11), Suzuki (9), Yamaha (1)*

Suzuki-Enduros? Die haben mein Leben mitgeprägt. Bleiben in Erinnerung als robust, offroad-tauglich und motormäßig zuverlässig. Klar, einige frühere DR-Modelle waren liederlich lackiert, es fehlte die Grundierung, Rost griff gnadenlos nach tragenden Teilen. Fakt ist aber: Die DR-Einzylinder mit 350 bis 800 Kubikzentimetern Hubraum waren damals schon so etwas wie die heute hippen, tourentauglichen Adventurebikes, wenn man die sportlichere DR-Z mal ausklammert. Dann kam die Ära der Zweizylinder-V-Maschinen, die sicher einen spannenderen Namen als »V-Strom« verdient hätten. Doch allen Spöttern zum Trotz erlangten die nicht gerade fesch designten Geräte dank ihrer kraftvollen, kultivierten und haltbaren 90-Grad-Twins tatsächlich bald Kultstatus. Geländetauglichkeit spielte keine Rolle mehr, dafür Universalität und Tourenkompetenz.

»Never change a winning name«, muss sich Suzuki gedacht haben, als sie die neue 800er auflegten, die dem Zeitgeist folgend keinen V-Motor mehr, sondern einen Reihenzweizylinder trägt. Warum? Weil der weniger kostet, weniger wiegt, kompakter baut und einfacher in der Herstellung ist. Dank Hubzapfenversatz kann er allerdings ähnlich viel Charakter entwickeln wie ein echter V-Triebling.
Spät kommt sie, die 800er, sortiert sich zwischen den V-Schwestern 650 und 1050 ein und sticht in ein Haifischbecken voll harter Konkurrenz. Aber wir wollen dankbar sein, dass die Mannschaft aus Hamamatsu endlich was richtig Neues geliefert hat, nachdem sie ihre V-Stroms jahrelang nur aufpolierte. Und dass sie diesmal wieder eine echte, eine geländetaugliche Enduro auf die 17 und 21 Zoll großen Räder gestellt hat. Eine, die der momentanen Mode »Adventure-Touring« voll Rechnung trägt und somit zum ersten Mal wieder an ihre ruhmreichen Ahnen anknüpfen kann. Sie ist ein großes, sehr erwachsenes Motorrad geworden, die V-Strom, die, wäre man technisch konsequent, eigentlich R-Strom heißen müsste. Die Sitzbank ist bequem, am Tankübergang schön schmal, im Hauptsitzbereich dann ausladender. Danke für das üppige Platzangebot, Suzuki! Auch die Polsterung wirkt langstreckentauglich. Was aber ist mit dem Bezug? Der scheint nicht ganz dicht zu sein. Nach Nächten mit Dauerregen kann es vorkommen, dass der Besitzer sich morgens auch noch nach längerer Fahrt mit einem feuchten Hintern arrangieren muss. Keine Kritik lässt der breite, gut zur Hand liegende Alu-Lenker zu. Das ergonomische Dreieck Sitzbank-Rasten-Lenker passt Men-

Keine andere Zweizylinder-Suzuki performt so gut auf Schotter wie die V-Strom 800 DE

Das 5-Zoll-TFT-Display gefällt mit viel Information und bester Ablesbarkeit

Unter der Sitzbank gut erreichbar: Batterie, Sicherungen und kleines Fach

Ebenfalls unter der Sitzbank: praxisgerechter Zugang zum Luftfilter

Praktisch: USB-Ladebuchse in der Verkleidung für Navi oder Phone

Serienmäßiger Quickshifter: Leichtes Hochschalten, runter braucht Druck

Gut zugänglich: manuelle Einstellung der Vorspannung am Federbein

Passt für fast alle Ansprüche: voll einstellbare Showa-Gabel an der Front

Einfache Zweikolben-Schwimmsättel genügen für sichere Bremsleistungen

Sichere Funktion im Gelände: gezackter, breiter Bremshebel …

… und Rallye-artige Fußrasten mit herausnehmbaren Gummi-Einsätzen

REIFEN
Dunlop Trailmax Mixtour »B«: Diese als Erstausrüstung montierte Garnitur gefällt mit Grip und Stabilität in leichtem Gelände und auf Asphalt. Vielleicht könnte mit einer anderen Bereifung noch etwas ausgeprägtere Handlichkeit erreicht werden.

VERARBEITUNG
Ein erfreuliches Thema: Fast überall wirkt die Verarbeitung sauber und gut. Auch wenn keine Edelmaterialien verbaut wurden, scheint das Finish gerüstet für die härteren Belastungen im Leben der vielseitigen V-Strom.

TANK
Stabiler Stahlbehälter: Der Tank spreizt die Fahrerbeine nicht allzu stark, lässt Bewegungen nach vorn zu und überzeugt durch tourentaugliche 20 Liter Fassungsvermögen.

LENKER/ARMATUREN
Wenig Kritik: Der Lenker unterstützt durch seine souveräne Breite die Arbeit im Kurvengewühl. Für Offroad-Einsätze im Stehen könnte er minimal höher liegen. Armaturen und Schalter wirken eher einfach, sind aber optisch und haptisch durchaus wertig ausgeführt.

RAHMENHECK
Stabil und stark dimensioniert: Das reparaturfreundlich angeschraubte, schlanke Rahmenheck aus Stahlrohr sorgt für ordentliche Zuladung, gute Kontrolle und viel Platz.

FUSSRASTEN
Ergonomisch sehr günstig positioniert: Rasten wie Bremshebel bieten griffige Zahnoberflächen. In den Rasten klemmt alltagstauglich ein dämpfender Gummi-Einsatz.

MOTOR
Vom Start weg gut: Der neue Reihentwin überzeugt durch innovative Technik-Lösungen, kultivierten Lauf, Geräuscharmut, Elastizität und satte Kraft in der Drehzahlmitte.

INSTRUMENTE/SCHEIBE/LICHT

Passabel: Das 5-Zoll-TFT-Display überzeugt mit intuitiver Bedienung und guter Ablesbarkeit. Der Windschutz durch die knapp geschnittene Scheibe passt nicht allen Piloten, obwohl der Screen mit Werkzeug relativ umständlich dreifach in der Höhe justiert werden kann. Die LED-Scheinwerfer sorgen für gute Ausleuchtung.

FEDERBEIN/GABEL

Showa-Ware: Sowohl Federbein als auch Gabel überzeugen durch ordentliches Ansprechverhalten und einen weiten Einstellbereich von Vorspannung, Druck- und Zugstufe. Mit diesem Fahrwerk ist die V-Strom hervorragend für die meisten Einsatzzwecke gerüstet.

BREMSE

Günstige Arrangements müssen nicht schlecht sein: Im Vorderrad sorgen Zweikolben-Schwimmsättel an 310er-Scheiben gut dosierbar für sichere Bremsleistungen.

schen von 1,75 bis 1,90 Metern Länge hervorragend. Auch ein Passagier sitzt kommod, mit nicht zu engem Kniewinkel in gegenüber dem Fahrer leicht erhöhter Position. Der erste Eindruck: Damit kann ich bequem um die Welt fahren.

Mindestens der zweite gilt dem frischen Antrieb. Der neu entwickelte 776-Kubikzentimeter-Twin mit seinen beiden patentierten Ausgleichswellen (»Cross Balancer«) und der 270-Grad-Kurbelwelle imitiert klassenüblich einen V-Motor, bollert sozialverträglich (84 dB(A) Standgeräusch), läuft eher weich und kultiviert. Nachdem er dank ausgeklügeltem Thermo-Management schnell warm geworden ist und die Standgasdrehzahl abgeschüttelt hat, drückt er gleich ziemlich athletisch voran und überzeugt durch satten Schmalz untenrum und in der Drehzahlmitte.
Hohe Drehzahlen? Nicht gerade die Kernkompetenz des Neuen, aber auch nicht wichtig im Adventure-Touring-Segment. Dass sich ab 6000/min Vibrationen ins Gebälk schleichen? Bei langen Autobahnritten vielleicht ein Thema, aber nicht überzubewerten, denn ansonsten gibt sich das eindrucksvoll elastische Aggregat mechanisch völlig unauffällig und setzt seine Leistung von echten 83 PS und das Drehmoment von 78 Nm gewinnbringend ein. Will heißen: In den meisten Lebenslagen ist genug Kraft vorhanden.

Der kompakte Zweizylindermotor bietet innovative Technik-Features: So sind die beiden Ausgleichswellen im 90-Grad-Winkel zur Kurbelwelle positioniert. Ein smartes Thermo-Management sorgt für schnelleres Erreichen der Betriebstemperatur

Ein toller Motor, der sehr gut in diese Enduro und zu ihren Aufgaben passt. Ob er Kultstatus in Sachen Zuverlässigkeit und Standfestigkeit erreichen wird? Bleibt abzuwarten. Was wir aber gleich sagen können: Zaubern kann er nicht, was den Spritverbrauch angeht. Je nach Fahrweise muss man mit Werten zwischen 4,5 und 5,7 Litern auf 100 Kilometer rechnen. Doch dank 20 Litern Spritvorrat sollte eine expeditionstaugliche Reichweite zusammenkommen. Allerdings: Konkurrentinnen wie Honda Transalp oder Yamaha Ténéré verbrauchen weniger. Das mag auch am hohen Gewicht der Suzuki liegen, die vollgetankt satte 231 Kilogramm auf die Waage stemmt. Mit Protektion und Koffern zeigt das Display dann auch mal knapp 240. Das ist recht pummelig im Umfeld der Wettbewerber. Woran es liegt? An den relativ gewichtsneutralen und klassenüblichen Elektronik-Features wie 5-Zoll-TFT-Display, Schaltautomat und Traktionskontrolle wohl eher nicht.
Es mag vielmehr daran liegen, dass Suzuki mit keinem selbst entwickelten Bauteil ein Risiko eingehen will. Dementsprechend dimensionierten die Japaner viele Elemente relativ stark und verfolgten eine konstruktive Robustheit bei vertretbaren Materialpreisen. Leichtere Hightech-Komponenten hätten die Maschine zu teuer gemacht. Als weitere Gewichtsrechtfertigung verweist Suzuki auf die gediegenen Reisequalitäten der 800er. Denn aller Offroad-Tauglichkeit zum Trotz steht der Name V-Strom auch heute noch besonders stark für hohen Alltags- und Tourenkomfort. Das wird unterstrichen vom extra stabilen, aber nach hinten schmalen Stahlrahmen für ein besseres Kontrollgefühl plus reparaturfreundlich angeschraubtem Rahmenheck. Das voll einstellbare Showa-Fahrwerk mit stabiler Schwinge, 43-Millimeter-Gabel und 220 Millimetern Federweg vorn wie hinten setzt ebenfalls eher auf Robustheit denn auf Leichtbau. Keine andere V-Strom hat derart lange Federwege. Keine andere will so viel können wie die neue 800er. Daher rührt auch ihr Kürzel »DE«, das für »Dual Explorer« steht. Also maximale Entdecker-Kompetenz einerseits auf Asphalt, andererseits in unwegsamem Gelände, das seit dem Aussterben der Einzylinder-Enduros für keine normale Suzuki mehr zugänglich war.

Wie sich das alles anfühlt? Die Extra-Kilos merke ich nur beim Rangieren, Schieben oder Aufheben. Einmal in Fahrt, verflüchtigt sich die Masse, macht einer guten Balance Platz und drängt nur in extrem schnellen und engen Kurven nach außen. Insgesamt benimmt sich die Suzuki auf der Straße aber absolut souverän. Sie folgt den vorgegebenen Radien munter und willig. Al-

KONKURRENZMODELLE

Aprilia Tuareg 660
Leistung: 59 kW (80 PS) bei 9250/min, Drehmoment: 70 Nm bei 6500/min, Gewicht: 204 Kilo, Preis: ab 11 999 Euro

Honda XL 750 Transalp
Leistung: 67,5 kW (92 PS) bei 9500/min, Drehmoment: 75 Nm bei 7250/min, Gewicht: 208 Kilo, Preis: ab 11 090 Euro

KTM Adventure790
Leistung: 70 kW (95 PS) bei 8000/min, Drehmoment: 88 Nm bei 6600/min, Gewicht: 218 Kilo, Preis: ab 11 474 Euro

Yamaha Ténéré 700
Leistung: 54 kW (73 PS) bei 9000/min, Drehmoment: 68 Nm bei 6500/min, Gewicht: 207 Kilo, Preis: ab 11 374 Euro

In Sachen Fahrwerk, Komfort und Platz ist die Suzuki gut gerüstet für Reisen zu zweit

lerdings scheint das letzte Quäntchen wieselflinkes Handling insgesamt weniger ihre Stärke zu sein als eine enorm vertrauensbildende Stabilität in allen Lebenslagen. Die aufgezogenen Dunlop Trailmax Mixtour-Schlauchreifen mit Sonderkennung »B« sind zumindest auf den ersten 3000 Kilometern gripstarke Begleiter.

Wird der Untergrund mal gröber, setzt die V-Strom ihre langen Federwege gekonnt ein. Gabel und Federbeine sind voll einstellbar, sprechen ordentlich an und verfügen über große Dämpfungsreserven. Sie helfen der Suzi nicht nur bei jederzeit wackelfreier Kurvenfahrt, sondern auch sicher und komfortabel über gröbste Schlaglöcher. Selbst ein 80-Kilo-Passagier bringt das Fahrwerk nicht aus der Ruhe. Denn per Handrad vorgespannt, sackt das Federbein trotz solcher Beladung nicht ein und ist daher eine solide Basis für Touren zu zweit und mit Gepäck. So sollte bereits das Serienfahrwerk dank seiner Einstellmöglichkeiten die meisten Ansprüche abenteuerwilliger Touristen bedienen können.

Muss das Abenteuer mal entschleunigt werden, hilft eine wirksame Bremsanlage: Die einfach aufgebauten Doppelkolben-Schwimmsättel pressen ihre Beläge angemessen energisch bei klarem Druckpunkt im Bremshebel auf die 310-Millimeter-Scheiben an der Front. Hinten hilft sauber dosierbar eine 260er-Einzelscheibe samt Einkolben-Schwimmsattel. Eine Kombination, die beweist, dass eine gute Bremsanlage auch 2023 ohne Festsättel, Radialpumpe und Stahlflexleitungen auskommen kann. Auf das einstellbare ABS möchte und muss man aber nicht verzichten. Hier stehen drei Stufen zur Wahl. Auf Stufe »zwei« greift das System recht früh ein. Stufe »eins« macht sportliches Verzögern möglich, wobei das Hinterrad dennoch sicher am Boden bleibt. »Off« deaktiviert den Blockierverhinderer hinten komplett.

Im Gelände sind damit dann auch dank abschaltbarer Traktionskontrolle veritable Drifts und Rallye-mäßige Ritte möglich. Weitere Hilfe im Dreck kommt vom »Gravel«-Modus. Der reduziert alle elektronischen Eingriffe auf ein der Sicherheit zuträgliches Mindestmaß. Stichwort Elektronik: Wer sparsam und reichweitenfördernd unterwegs sein möchte, wählt im intuitiv bedienbaren Menü Mapping »C«. Hier gibt die V-Strom bei leichtem Dreh am Gasgriff weniger Drehmoment frei als im sportlich abgestimmten »B«- oder im fast aggressiven »A«-Modus.

Aggressivität ist aber eigentlich ein Fremdwort im Sattel der Suzuki. Ihr Hauptcharakteristikum müsste lauten: Stressfreiheit. Die wird auch unterstützt durch den weich agierenden Schaltautomaten. Nur beim Runterschalten muss deutlich erhöhte Fußkraft eingesetzt werden.

Und sonst? Der Windschutz ist nicht üppig, aber passabel, bei großen Menschen oder Sitzriesen liegt der Helm frei im Luftstrom, die Scheibe ist nur mit Werkzeug verstellbar. Größere Screens hält das Zubehör bereit. Doch bereits im Serientrimm zeigt sich die V-Strom 800 DE gut ausgestattet mit stabilen Soziusgriffen, Gepäckträger, Schaltautomat, dem voll einstellbaren Fahrwerk, LED-Scheinwerfer wie -Blinker, Handguards, Motorschutz aus Kunststoff oder breiten Fußrasten. Darüber hinaus offerieren Suzuki-Händler eine belastbare Zubehörpalette, die stabile Sturzbügel, Alu-Motorschutz, Zusatzscheinwerfer, dickwandige Alu-Koffer, Topcases samt robusten Trägern, Hauptständer, Griffheizung und vieles mehr umfasst. Ein Tempomat ist nicht für Geld und gute Worte erhältlich – nicht dass ich ihn vermisst hätte.

Fazit: Die Suzuki V-Strom hat nicht umsonst den großen Alpen-Masters-Test von MOTORRAD gewonnen. Sie ist die richtige Wahl für all jene, die auch in der Reiseenduro-Mittelklasse höchsten Touring-Komfort, Robustheit, Stabilität und erkleckliche Offroad-Kompetenz unter einen Hut bringen möchten. Der Basispreis von 11 500 Euro klingt für das Gebotene auch im Vergleich mit der Konkurrenz fair, das höhere Gewicht und die geringen Handlingsdefizite sind noch tolerabel, der Sitzbankbezug sollte aber kontrolliert werden. Trotzdem hat Suzuki mit der neuen 800er das meiste richtig gemacht, da darf man schon mal gratulieren, oder? ■

Die V-Strom 800 DE überzeugt mit Stabilität in allen Radien. Ultrahandlich ist sie nicht

EIGENSCHAFTSWERTUNG
SUZUKI V-STROM 800 DE

KURZTRIP 4,0	Kräftiger, elastischer, kultivierter Reihentwin, gute Ergonomie, bequeme, entspannte Sitzposition, viel Bewegungsfreiheit, komfortables Fahrwerk, starke, gut dosierbare Bremsen, leichte Bedienung	
	Fahrstabitität	★★★★★
	Sicherheitsfeatures	★★★★☆
	Windschutz	★★★½☆
	Ausstattuns	★★★½☆
URLAUBS-REISE 4,5	Koffer, Hauptständer, Heizgriffe, Protektion aufpreispflichtig, Quickshifter und voll einstellbares Fahrwerk Serie. Stabiles Fahrwerk, sichere Bremsen, robuster Gepäckträger, bequeme Sitzbank	
	Gepäcksystem	★★★★☆
	Reichweite	★★★★½
	Autobahn	★★★★½
	Flexibilität	★★★★★
ZU ZWEIT 5,0	Federbein mit viel Dämpfungsreserven, Platz- und Komfort-Angebot sowie Ergonomie sehr gut, langstreckentaugliche Sitzbank, im mittleren Drehzahlbereich starker Motor, gute Bremsen	
	Soziusplatz	★★★★★
	Fahrsicherheit 2 Personen	★★★★★
DAILY USE 4,0	Kräftiger, elastischer Motor, Betriebstemperatur schnell erreichbar, gut dosierbare Bremsen, geschmeidiger Quickshifter beim Hochschalten, passende Ergonomie, Sitzbank bequem	
	Rangieren	★★★½☆
	Stadtverkehr	★★★★☆
	Schließsystem	★★★★½
	Easyness	★★★★☆
HAUS-STRECKE 4,33	Kultivierter Motor mit Druck von unten, spurstabiles, an die meisten Ansprüche anpassbares Fahrwerk, Bremshebel einstellbar, gut dosierbare Bremsen, gelungene Ergonomie	
	Handling	★★★½☆
	Bremsen	★★★★★
	Performance	★★★★½
GARAGE 4,33	Durchweg gute Verarbeitung, robuste, stabile Komponenten, moderate Reifendimensionen, passable Wartungsintervalle, wahrscheinlich geringer Wertverlust und gute Langzeitqualität	
	Inspektionsumfang	★★★★☆
	Reifenkosten	★★★★½
	Werterhalt	★★★★½
GESAMTWERTUNG: 4,36		★★★★½

TECHNIK

SUZUKI
V-STROM 800 DE

MOTOR

Wassergekühlter Zweizylinder-Viertakt-Reihenmotor, zwei Ausgleichswellen, zwei obenliegende, kettengetriebene Nockenwellen, vier Ventile pro Zylinder, Tassenstößel, Nasssumpfschmierung, Einspritzung, 2 x Ø 42 mm, geregelter Katalysator, Lichtmaschine 375 W, Batterie 12 V/8 Ah, mechanisch betätigte Mehrscheiben-Ölbadkupplung (Anti- Hopping), Sechsganggetriebe, O-Ring-Kette, Sekundärübersetzung 50:17.

Bohrung x Hub	84,0 x 70,0 mm
Hubraum	776 cm^3
Verdichtungsverhältnis	12,8:1
Nennleistung	62,0 kW (84 PS)bei 8500/min
Max. Drehmoment	78 Nm bei 6800/min
Standgeräusch	84 dB(A)

FAHRWERK

Brückenrahmen aus Stahl, Upside-down-Gabel, Ø 43 mm, verstellbare Federbasis und Druckstufendämpfung, Zweiarmschwinge aus Aluminium, Zentralfederbein mit Hebelsystem, verstellbare Federbasis, Zug- und Druckstufendämpfung, Doppelscheibenbremse vorn, Ø 310 mm, Doppelkolben-Schwimmsättel, Scheibenbremse hinten, Ø 260 mm, Einkolben-Schwimmsattel, Traktionskontrolle, ABS.

Speichenräder mit Alufelgen	2.15 x 21; 4.00 x 17
Reifen	90/90-21; 150/70 R 17
Bereifung im Test	Dunlop Trailmax Mixtour »B«

ABMESSUNGEN + GEWICHTE

Radstand 1570 mm, Lenkkopfwinkel 62,0 Grad, Nachlauf 114 mm, Federweg vorn/hinten 220/220 mm, Sitzhöhe* 860 mm, Gewicht vollgetankt* 231 kg, Zuladung* 199 kg, Tankinhalt 20,0 Liter.

SERVICE-DATEN

Garantie	zwei Jahre
Garantieverlängerung	
Service-Intervalle	alle 12 000 km
Farben	Gelb, Grau, Schwarz
Preis	11 500 Euro
Nebenkosten	329 Euro

MESSWERTE

Fahrleistungen	
Höchstgeschwindigkeit	190 km/h
Beschleunigung*	
0–100 km/h	4,1 sek
0–140 km/h	7,6 sek
Durchzug*	
60–100 km/h	4,7 sek
100–140 km/h	5,2 sek
140–180 km/h	10,2 sek
Tachometerabweichung*	
Effektiv (Anzeige 50/100)	46/94 km/h

VERBRAUCH*

Landstraße	4,0 Liter/100 km
Theoretische Reichweite	500 km
Kraftstoffart	Super

LEISTUNGSDIAGRAMM[2]

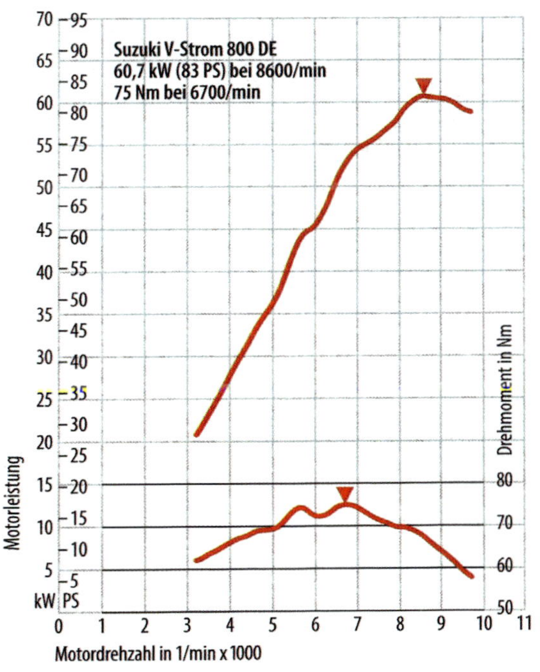

Herstellerangaben; * MOTORRAD-Messungen; Diagramm: Leistung an der Kurbelwelle; Messungen auf dem Dynojet-Rollenprüfstand 250, korrigiert nach 95/1/EG, maximal mögliche Abweichung ± 5 %

GROSSE REISEENDUROS

Große Reiseenduros sind die Königsdisziplin: Langstrecke ohne Müdigkeit, Leistung auf Abruf und Technik, die aus Kilometern Genuss macht. Sie schlucken Gepäck, Wetter und schlechte Straßen – und wirken dabei, als hätten sie noch Reserven für »ein Tal weiter«. Von Ducati Multistrada 1260 und V4 S über BMW R 1300 GS und KTM 1290 Super Adventure R bis Suzuki V-Strom 1050 DE, Moto Guzzi Stelvio, Voge DS 900 X und Honda Africa Twin Adventure Sports: große Bühne fürs große Fernweh.

DUCATI MULTISTRADA 1260

TEXT: *Dirk Schäfer* **FOTOS:** *Dirk Schäfer, Touratech*

TECHNISCHE DATEN

Zweizylinder-V-Motor, 1262 cm³, 116,2 kW (158 PS) bei 9500/min, 129,5 Nm bei 7500/min, Gitterrohrrahmen aus Stahl, 48er-Upside-down-Gabel, Lenkkopfwinkel 65 Grad, Nachlauf 111 mm, Radstand 1585 mm, Federwege v/h 170 mm, drei Scheibenbremsen v/h Ø 330/265mm, ABS, Sitzhöhe 825 mm, Reifen vorn 120/70 ZR 17; hinten 190/55 ZR 17, Gewicht vollgetankt 235 kg, Tank 20 Liter, Zuladung 215 kg, Schaltautomat, TCS, Fahrmodi, Preis 19 390 Euro

Ich habe das große Los gezogen. Während Markus am Monte Bondone mit der 1000er-Versys die gepflegte George-Clooney-Nummer abzieht und Thorsten auf der CB 1100 RS irgendwo auf der Westseite des Gardasees den Retrocharme eines Gregory Peck bemüht, darf ich Bruce-Willis-mäßig auf der rabaukenhaften Multistrada 1260 S über Straßen und Wege aller Art dübeln. Ride hard! Dabei ist Ducatis Allzweckspross nicht zwingend der Ballermann, den er gerne raushängen lässt. Denn er kann auch anders. Dann wird aus dem Adrenalin- Junkie ein besonnener Reisekumpel, der seine überschüssige Potenz nur dort auslebt, wo es Sinn macht. Apropos Potenz: Braucht man 158 superbiketaugliche PS wirklich in einem Reisedampfer?

Die Meinungen darüber gehen so weit auseinander wie die Lenkerenden der Multistrada. Auf der Anreise über die Autobahnen der Republik? Warum nicht? Auch wenn man mit ein paar Pferdchen weniger immer noch bestens zurechtkäme. Denn wer fährt ernsthaft von Flensburg mit Dauertempo 220 nach Österreich? Nein, es sind eher die kleinen Landstraßen, sogar die verwinkelten, auf denen der Spring-ins-Feld-Motor die Trümpfe im Ärmel hält und zur passenden Zeit auftischt: In der Kehrenorgie zum Passo Fittanze wird der Glückshormonfluss durch einen vor sich hin siechenden Lieferwagen ausgebremst. Jetzt ist der große Moment des Katapulttriebwerks. Mit Warp 10 verpufft der Lieferant im Rückspiegel und die Brembos beißen in die Scheiben, denn die nächste Ich-will-nicht-in-den-ersten-Gang-muss-aber-doch-Spitzkehre fliegt heran. Bei all dem bleibt das Fahrwerk selbst auf ruppigem Untergrund unbeeindruckt. Hut ab!
Einen Beitrag dazu leisten sicher die einstellbaren Modi für Fahrwerk, Motor und ABS. Aber so verlockend die Vielzahl der Einstellmöglichkeiten ist, so träge zeige ich mich, wenn es um die dauernde Anpassung an unterschiedliche Strecken geht. Daher bin ich sowohl die Monte-Baldo-Runde als auch die Tour durch die Lessinischen Berge im gleichen Modus gefahren. Motor: Sport, Federung: Medium, Traktionskontrolle: Stufe 1 (Spaß muss sein), ABS: Stufe 1 (nur Vorderrad).

Das Fahrwerk der Ducati beweist beim Kurvenwuseln nach Avio, dass man voll auf das richtige Pferd gesetzt hat. Willig geht das 17-Zoll-Vorderrad in die Kurven und selbst schnelles Wedeln lässt den Gitterrohrrahmen kalt. Vertrauen in die Ducati ist schnell aufgebaut und die Kehren am Lenkanschlag halten den Puls bei Normalnull. Dabei sind die serienmäßigen Koffer mittelschwer beladen. Womit wir zum Reisealltag und zur Ausstattung kommen.

Die Koffer sind mit 2 x 30 Liter für Alleinreisende ausreichend. Sie sind mit dem Zündschlüssel abnehmbar, neigen aber, einmal abgenommen und auf den Boden gestellt, zum Umkippen auf die Lackseite. Die morgendliche Montage funktioniert erfreulich hakelfrei. Das Tourenherz erfreut zudem die langstreckentaugliche Sitzposition in Verbindung mit dem leicht verstellbaren Windschild. Letzterer ähnelt in höchster Position zwar einer klarsichtigen 300-Gramm-Tafel Schokolade, aber dafür bleibt der Sonnenschutz meines Endurohelms zappelfrei im Windschatten. Die Beleuchtungsphalanx in der Verkleidung nimmt dank Kurvenlicht nächtlichem Herumtasten in Serpentinen den Schrecken.
Andere mögen behaupten, sie seien die Alpenkönige. Die Multistrada kann mit Recht behaupten, der Leatherman unter den Reiseenduros zu sein. Ach ja, die Heizgriffe hatte ich vergessen zu erwähnen. Bruce Willis bräuchte die nicht. Aber ich bin ja bekennender Warmduscher. Dusch hard! ■

Lenkerhalterung »iBracket« für Samsung Galaxy S8+ / S9, 99,90 Euro;
Foto-Tankrucksack »Pro-Digital« mit entnehmbarer, gepolsterter Innentasche, 249 Euro, www.touratech.de

DUCATI MULTISTRADA V4 S

VORSPRUNG DURCH TECHNIK

Die mit Desmo-V2 ausgestatteten Vorgänger der Multistrada V4 waren trotz touristischem Anspruch doch eher sportiv angehauchte Draufgänger. Die aktuelle Auflage soll Reisenden mit modernster Elektronik, Kultur und Geschmeidigkeit zu mehr Entspannung verhelfen. Ist das gelungen?

TEXT: *Markus Biebricher*
FOTOS: *BMW (2), Ducati, Kawasaki (1), KTM (1), Jörg Künstle, Triumph (1)*

Jetzt ist sie also da. Die neue Ducati Multistrada V4, die stärker als je zuvor ein Motorrad für alle Anforderungen des Lebens sein will. Ihre verschiedenen Wesenszüge sind die eines Sportmotorrads, einer Tourenmaschine, einer Reiseenduro und eines Urban-Bikes sowie alle Nuancen dazwischen.

Heben wir uns die Sinnfrage für später auf und nähern uns der nun vierzylindrigen Multistrada so objektiv wie nur möglich. Ducati offeriert drei Grundvarianten, wir fahren eine V4 S – die bereits üppig ausgestattete, mittlere Version. Der erste Blick auf die vierte Multi-Generation offenbart wenig Überraschungen, doch der zweite lässt erahnen, dass hier kein Stein auf dem anderen geblieben ist. Die Bodenfreiheit hat zugenommen, das Vorderrad ist von 17 auf 19 Zoll gewachsen, die Bemühungen um aerodynamischen Feinschliff sind am kunststoffbestückten Körper der Multi überall zu sehen.

Wie von selbst gleitet man in den Sattel und registriert sofort die im Vergleich zur Vorgängerin schlankere Taille, die angenehm passende Ergonomie und den erweiterten Bewegungsraum zum Vorderrad hin. Dem Zeitgeist entsprechend setzt sich am Lenker der Ducati ein 6,5 Zoll großes, scharf auflösendes, auf Wunsch sechssprachiges TFT-Display in Szene. Dann wird es aktiviert, das neue Multi-Herz: der Gran Turismo getaufte V4-Motor, abgeleitet vom 220 PS starken und 16 000/min drehenden Panigale-V4-1100-Supersport-Antrieb. Im neuen Monocoque-Rahmen der Multistrada darf das Kraftpaket »nur noch« 170 PS bei 10 500/min leisten. Dafür wuchsen im Sinne einer alltagstauglicheren Nutzung der Hubraum auf 1160 Kubikzentimeter und dank einer neuen Abstimmung das Drehmoment im unteren und mittleren Drehzahlbereich.

Ducati-Fans dürften dennoch enttäuscht sein: Die 16Ventile des 90-Grad-V4 werden von Federn geschlossen und nicht mehr per Desmodromik zwangsgesteuert wie in den rennsportorientierten Modellen der Bologneser Audi-Tochter. Doch die Italiener bieten zum Ausgleich ein Bonbon, das jeden Zweifel an der Robustheit dieses Ducati-Motors ausräumen möchte. Vorhang auf für eine Ventilspielkontrolle alle 60 000 Kilometer! Das ist rekordverdächtig und entspricht anderthalb Erdumrundungen. Jetzt müssten alle Tourenfahrer jubeln, denn man hat mehr Zeit zum Fahren und spart Geld. Zumal Ölwechsel-Intervalle von 15 000 Kilometern (oder alle zwei Jahre) ebenfalls auf mechanische Ausdauer hindeuten.

Eindrucksvoll ist auch die Tatsache, dass der Vierzylinder-Kraftwürfel niedriger und kürzer baut als sein 1260er- V2-Vorgänger. In der Breite wuchs er nur um 22 Millimeter, was angesichts der doppelten Zylinderzahl wenig ist, zumal der Gran Turismo auch noch 1,2 Kilogramm Gewicht eingespart hat. So konnte das Motorrad massenzentrierter gebaut werden. Mit all diesen Fakten im Kopf lauschen wir dem Klangbild und sind schon wieder überrascht, denn der Sound wirkt sinnlich. Dank 70 Grad Hubzapfenversatz der rückwärtsdrehenden Kurbelwelle erhält sich dieser V4 ein dezentes Quantum Puls, ohne dass er aufdringlich bollern würde. 92 dB(A) Standgeräusch machen ihn zu einem der leisesten Motoren aus Bologna.

Jetzt aber los! Schon nach wenigen Kilometern wird klar, dass Ducati hier eine neue Dimension des Tourenfahrens realisiert hat. Bleiben wir zunächst beim Motor: Seine Laufkultur ist schlicht ergreifend, zumindest in touristisch relevanten Drehzahlregionen gibt es keine Vibrationen oder störende mechanische Geräusche. Weich geht er ans Gas, ab 2500/min drückt der V4 die Multi respektabel nach vorne, ab 4000 gibt es Gänsehaut-Schub, ab 6000 prickelt Adrenalin, und ab 8000 werden die Arme erschreckend lang. Leistung im Überfluss, obwohl wir »nur« 165 statt der angegebenen 170 PS messen können. Die paar Pferde weniger merkt keiner. Wichtiger ist, dass die brachiale Beschleunigung derart geschmeidig serviert wird, dass die Desmo-V4-Motoren (und erst recht die Zweizylinder) in den sportiveren Ducati-Schwestern im Vergleich fast ungehobelt wirken. Fazit: Der Gran Turismo ist ein Musterknabe. Er wirkt nie aggressiv und stellt bei Bedarf immense Power bereit.

Dazu agiert der Quickshifter, seinem Namen gerecht werdend, schnell und nahezu ruckfrei. Wer

Der Multi-Passagier sitzt leicht erhöht, aber komfortabel mit offenem Kniewinkel

Aufgeräumt: Arbeitsplatz mit Totwinkel-Warnung in den Spiegeln

Radar: in der schwarzen Box unter den Scheinwerfern. Stark: Brembo-Stopper

Brillant: multifunktionales 6,5-Zoll-TFT-Display, Staufach auf 22-Liter-Tank

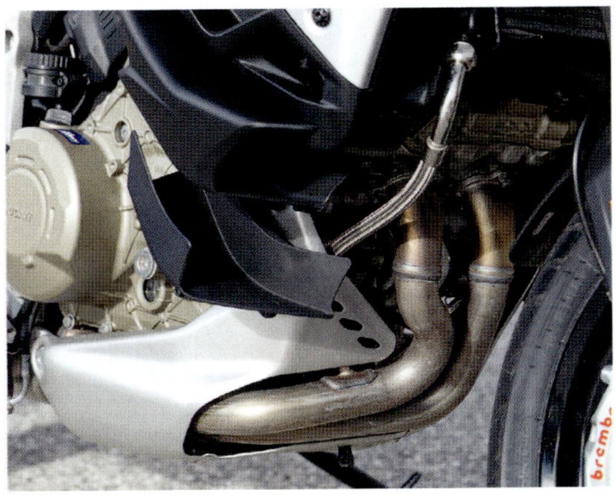

Bemüht: Blech-Krümmerschutz, Luftströmungs-Hilfen aus Plastik

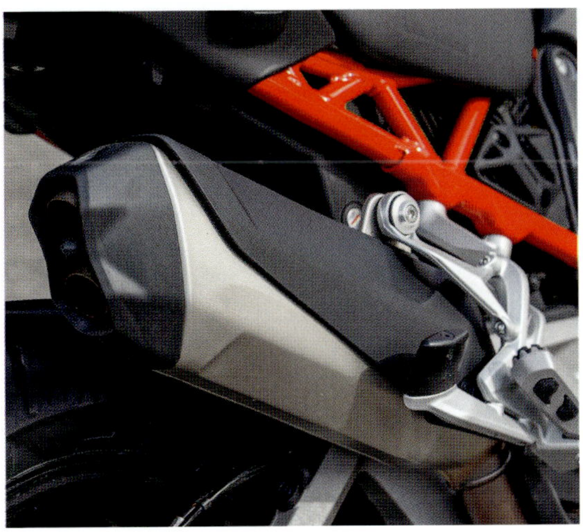

Dezent: Optik und Lautstärke des kompakten Endschalldämpfers

Passabel: Koffer links mit 35 Litern, Koffer rechts mit 25 Litern Inhalt

LENKER/ARMATUREN

Ergonomisch angenehm geformter Lenker, nicht zu breit wie an der Multistrada 1260 Enduro. Wertige Armaturen-Anmutung, lediglich An/Aus-Knopf für Zündung wirkt billig. Beleuchtete Schalter.

INSTRUMENTE

Hochauflösendes, gut ablesbares 6,5-Zoll-TFT-Display mit integrierter Navigation und vielen weiteren Funktionen. Bei ungünstigem Sonnen-Einstrahlwinkel sogar per Hand zu verstellen.

TANK

Satte 22 Liter Inhalt, für 300 Kilometer Reichweite darf man aber nur ganz zart am Gas drehen. Gut: ergonomisch günstige Form und kleines Staufach.

FEDERBEIN

Hochwertiges Marzocchi-Teil, das dank mechanischem Aufwand und elektronischer Kontrolle von sportlich straff bis hin zu sänftenartigem Komfort alles kann.

BREMSE

330er-Scheiben, Brembo-Vierkolben-Monobloc-Stylema-Bremszangen: In der Praxis ist die hochwertige Anlage gut zu dosieren und brachial in der Wirkung.

VERKLEIDUNG

Zu viel Plastik für puristische Enduro-Fans? Ja, aber dafür toller Wind- und Wetterschutz, gute Wärmeableitung, klasse Knieschluss im Sitzen und sogar im Stehen.

SCHWINGE

Die Einarmschwinge wurde zugunsten einer modernen Zweiarm-Lösung geopfert. Warum? Um effizienter auch robuste Enduro- Speichenräder möglich zu machen.

REIFEN

Die Pirelli Scorpion Trail II haften gut, darüber hinaus sind bis dato der Pirelli Scorpion Rally STR und der Scorpion Rally für Offroad-Einsätze homologiert.

SITZHEIZUNG

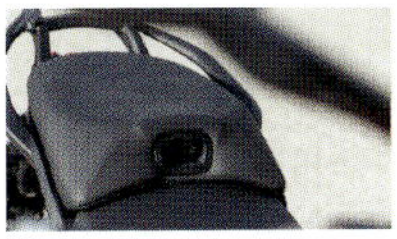

Ab S-Variante effektive Sitzheizung für Fahrer und Beifahrer. Schalter in Front der Soziusbank. Bedienung mit Handschuhen etwas fummelig.

SITZBANK

Zweiteilige Sitzbank mit gutem Komfort und einer werkzeuglosen Verstellmöglichkeit für den Fahrerteil zwischen moderaten 840 und passablen 860 Millimetern Sitzhöhe.

zu forsch am Gas dreht, spürt nicht nur extreme Längsdynamik, sondern auch die Eingriffe von Traktions- und Wheeliekontrolle in Form von Blinklichtern im Cockpit. Dessen Anzeigen sollte man im Blick behalten, denn der neue Motor verführt mit seiner lässigen linearen Kraftentfaltung zügig in gesetzlich unzulässige Geschwindigkeitsbereiche, ohne dass man davon so viel mitbekommt wie auf anderen Motorrädern.

Kritiker mögen nörgeln, dass das V4-Kraftpaket unter seiner elektronischen Vollkontrolle zu synthetisch wirke, ja dass der ganze Ritt auf der Multi von den Gesetzen der Fahrphysik entkoppelt rüberkäme. Ganz unrecht hätten sie nicht, denn die Multi beschenkt ihre Piloten mit einem bis dato bei Ducati unbekannten Wohlfühlpaket. Alle Fahrer, die funktionelle Perfektion schätzen, werden die Talente der neuen Ducati begrüßen und den Zweizylinder kein bisschen vermissen.
Dessen etwas höheres Drehmoment kompensiert die Multi mit einer etwas kürzeren Gesamtübersetzung, die dank höherer Drehzahlreserve möglich wird. Fakt ist, dass selbst vernunftorientierte Tourenfahrer gerne am verführerischen Kraftangebot nippen. Während man auf einer 1250er-BMW-GS niedertourig auf einer Drehmomentwelle surft, gleitet man mit der Ducati bei nur moderat höheren Drehzahlen auf einer imposanten Leistungswelle. Beides braucht man nicht zum Tourenfahren, beides macht aber Spaß. Doch Spaß kostet gerne Geld. Auch deshalb haben Ducatis Inge-

Unterm Sitz zugänglich: Batterie und Regeltechnik, herausnehmbares Staufach

nieure dem Gran Turismo zum Sparen eine Zylinderabschaltung mitgegeben: Die hintere Bank wird bei niedrigen Drehzahlen und wenig Last deaktiviert. Vergebliche Liebesmüh, denn kaum jemand möchte im straffen, aber bequemen Sattel der Multi langsam rumeiern.
Obwohl sie auch das kann. Der erste Gang ist für schwierigeres Terrain noch mal kürzer übersetzt, die Kupplung ist gut dosierbar, und man ist überrascht, was die teure Maschine alles wegsteckt, insbesondere wenn grobstolligere Reifen wie der Scorpion Rally aufgezogen sind. Doch bevor Missverständnisse entstehen: In Sand, Schlamm oder Geröll kommt die in dieser Ausstattung 254 Kilogramm schwere Multistrada schneller an ihre Grenzen als eine gleich schwere Africa Twin Adventure Sports mit mehr Federweg und 21-Zoll-Vorderrad.

Womit wir beim Fahrwerk wären. Das ist im Falle der hier getesteten Multistrada V4 S eine semiaktive Konstruktion von Marzocchi, welche sportliche Präzision mit gutem Komfort zu verbinden weiß. Mithilfe von Tastern und Menü entsprechend eingestellt, schlucken Dämpfer und Federn mit 170 Millimetern Arbeitsweg vorne und 180 hinten fieseste Verwerfungen von Asphalt und Piste. Das Fahrwerk beinhaltet vier dem jeweiligen Modus angepasste Grundkennlinien und lässt sich dabei in fünf Stufen Richtung soft oder straff justieren. Dazu bietet es eine Auto-Levelling-Funktion, welche die Federbasis an den Beladungszustand anpasst. Klappt richtig gut! Auch das Handling der Multi wird Euphorie auslösen, denn ihre Kilos sind so gut wie nie zu spüren. Man neigt zu der Überzeugung, auf einem leichteren Motorrad unterwegs zu sein.

KONKURRENZMODELLE

BMW R 1250 GS
Leistung: 100 kW (136 PS)
bei 7750/min, Drehmoment:
143 Nm bei 6250/min,
Gewicht: 249 Kilo,
Preis: ab 16 450 Euro

BMW S 1000 XR
Leistung: 121 kW (165 PS)
bei 11 000/min, Drehmoment:
114 Nm bei 9250/min,
Gewicht: 226 Kilo,
Preis: ab 16 950 Euro

Kawasaki Versys 1000 SE Tourer
Leistung: 88 kW (120 PS)
bei 9000/min, Drehmoment:
102 Nm bei 7500/min,
Gewicht: 257 Kilo,
Preis: 17 054 Euro

KTM 1290 Super Adventure S
Leistung: 118 kW (160 PS)
bei 8750/min, Drehmoment:
140 Nm bei 6750/min,
Gewicht: 245 Kilo,
Preis: ab 17 695 Euro

Triumph Tiger 1200 XCA
Leistung: 104 kW (141 PS)
bei 9350/min, Drehmoment:
122 Nm bei 7600/min,
Gewicht: 257 Kilo,
Preis: 19 950 Euro

Auch deshalb, weil Kurven jeder Art so agil und wieselflink durcheilt werden. Sobald du nur an eine Kurve denkst, winkelt die Ducati leichtfüßig ab und folgt fast wie von selbst präzise der angepeilten Linie. All das wird von der gegen die Rad-Drehrichtung rotierenden Kurbelwelle begünstigt, und dank des elastischen Gran Turismo lässt sich dieses Motorrad notfalls noch im dritten Gang auf eine Spitzkehre ein.

Der Kontrast ist die Autobahn. Hier zeigt die Maschine eindrucksvolle Stabilität bei jeder Geschwindigkeit, läuft sauber geradeaus und kann sich auf eine äußerst kräftige Bremsanlage verlassen. Selbst im ABS-Regelbereich bleibt das Topmodell der Bologneser Reise-Abteilung eisern in der Spur.

Thema Sicherheit: Das Paket aus Kurven-ABS, Traktions- und Wheeliekontrolle, aus Kurvenlicht, Quickshifter, Berganfahrhilfe und den Verbindungsmöglichkeiten fürs Smartphone ist eindrucksvoll. Auch das exklusive Radarsystem, das einen adaptiven Tempomaten möglich macht und gut funktioniert. Braucht man nicht, mögen Kritiker einwenden. Denn die beste Geschwindigkeits-Regelanlage ist rechts am Lenker und nennt sich Gasgriff. Dennoch, wenn man auf der Bahn im dichteren Verkehr Kolonne fährt, wenn das Motorrad beim Auffahren auf den Vordermann selbsttätig Gas wegnimmt und bremst, um anschließend wieder auf die justierte Geschwindigkeit zu beschleunigen, dann kann man sich daran gewöhnen. Auch an das Radarauge im Heck, das erkennt, was hinter einem los ist: Dichtauffahrer, Kfz im toten Winkel oder Rechtsüberholer zum Beispiel, die durch ein Lichtsignal in den Rückspiegeln vermeldet werden.

Wem das nicht geheuer erscheint, der freut sich vielleicht über die ohne Werkzeug in der Höhe zu verstellende Sitzbank oder über das kleine Fach auf dem 22-Liter-Tank fürs Smartphone mit der USB-Buchse zum Laden. Auch der Transponder des Keyless-Systems sowie ein Autobahnticket finden dort Platz. Der Windschild lässt sich mit nur einem Finger lässig nach oben oder unten ziehen, und vom Fahrtwind kommt im Sattel der Multi wenig an.

Das gefällt Tourenfahrern genauso wie vier Jahre Garantie und 216 Kilo Zuladung. Weniger schön ist, dass man jenes Geld, das man durch lange Wartungsintervalle einsparen wollte, teils für Benzin ausgeben muss. Wer die Multi streichelt,

Mit Grobstollern, Motorschutz und Gelände-Setup ist die Multi V4 offroad erstaunlich gut

braucht 6,8 Liter, wer ihre Power oft nutzen möchte, sollte mit acht Litern Super auf 100 Kilometer rechnen; das sind gut zwei Liter mehr, als sich eine 1250 GS genehmigt.

Thema Geld: Ducatis Ausstattungsphilosophie scheint sich am Autobereich zu orientieren, umfasst jede Menge Möglichkeiten, doch die Basisvariante V4 für 17 990 Euro ist eine Mogelpackung: Sie verfügt praktisch über kein Zubehör und ist auch sonst spartanischer bestückt als die S-Modelle. So gibt es zum Beispiel keine 330er-Bremsscheiben oder Brembo-Stylema-Zangen, kein Kurvenlicht, keinen Quickshifter up/down, keinen Funkschlüssel, kein 6,5-Zoll-TFT-Display mit Connectivity und keine beleuchteten Schaltereinheiten.

Vorsprung durch Technik kommt erst ab der S-Variante, und die kostet als Basis 20 990, in unserem Fall gar 23 755 Euro. Ducatis Konfigurator erlaubt noch deutlich höhere Preise. Wer so viel ausgeben soll? Ausstattungshörige Tourenfahrer, die zu schätzen wissen, dass man mit der Multi V4 S derart dynamisch und doch spielerisch touren und sich dabei von pfiffigen Sicherheitslösungen umsorgen lassen kann. Wenn Elektronik und Mechanik jetzt noch ihre Langzeitversprechen einlösen, könnte dieses erste wirklich grundharmonische Bologna-Bike trotz höherem Verbrauch tatsächlich die »Eine für alles« sein und BMW-Kunden ins Grübeln bringen. ■

TECHNIK

DUCATI
MULTISTRADA V4 S

MOTOR

Wassergekühlter Vierzylinder-Viertakt-90-Grad-V-Motor, je zwei obenliegende, zahnrad-/kettengetriebene Nockenwellen, vier Ventile pro Zylinder, Schlepphebel, Semi-Trockensumpfschmierung, Einspritzung, 4 x Ø 46 mm, geregelter Katalysator, Lichtmaschine 560 W, Batterie 12 V/10 Ah, hydraulisch betätigte Mehrscheiben-Ölbadkupplung (Anti-Hopping), Sechsganggetriebe, Kette, Sekundärübersetzung 42:16.

Bohrung x Hub	83,0 x 53,5 mm
Hubraum	1158 cm³
Verdichtungsverhältnis	14,0:1
Nennleistung	125,0 kW (170 PS) bei 10 500/min
Max. Drehmoment	125 Nm bei 8750/min
Standgeräusch	92 dB(A)

FAHRWERK

Monocoque aus Aluminium, Upside-down-Gabel, Ø 50 mm, mechanisch verstellbare Federvorspannung und elektronisch verstellbare Dämpfung, Zweiarmschwinge aus Aluminium, Federbein, direkt angelenkt, elektronisch verstellbare Federbasis und Dämpfung, Doppelscheibenbremse vorn, Ø 330 mm, Vierkolben-Festsättel, Scheibenbremse hinten, Ø 265 mm, Zweikolben-Festsattel, Traktionskontrolle, Kurven-ABS.

Alu-Gussräder	3.00 x 19; 4.50 x 17
Reifen	120/70 ZR 19; 170/60 ZR 17
Bereifung im Test	PirelliScorpion Trail II

ABMESSUNGEN + GEWICHTE

Radstand 1565 mm, Lenkkopfwinkel 65,5 Grad, Nachlauf 103 mm, Federweg vorn/hinten 170/180 mm, Sitzhöhe*845–865 mm, Gewicht vollgetankt* 254 kg, Zuladung* 216 kg, Tankinhalt 22,0 Liter.

SERVICE-DATEN

Gewährleistung	vier Jahre
Serviceintervalle	alle 15 000 km
Farben	Rot, Grau
Preis	20 990 Euro
Preis Testmotorrad[1]	23 775 Euro
Nebenkosten	335 Euro

Herstellerangaben; *MOTORRAD-Messungen; 1 inkl. Paket Travel und Radar (2150 Euro), bestehend aus: Seitenkoffer, Hauptständer, Griffheizung, Sitzheizung und Radarsystem

MESSWERTE

Höchstgeschwindigkeit	250 km/h
Beschleunigung*	
0–100 km/h	3,4 sek
0–140 km/h	5,1 sek
0–200 km/h	10,3 sek
Durchzug*	
60–100 km/h	3,2 sek
100–140 km/h	3,2 sek
140–180 km/h	3,7 sek

VERBRAUCH*

Landstraße	6,8 l/100 km
Autobahn bei 130 km/h	6,4 l/100 km
theor. Reichweite Landstraße	324 km
Kraftstoffart	Super

LEISTUNGSDIAGRAMM[2]

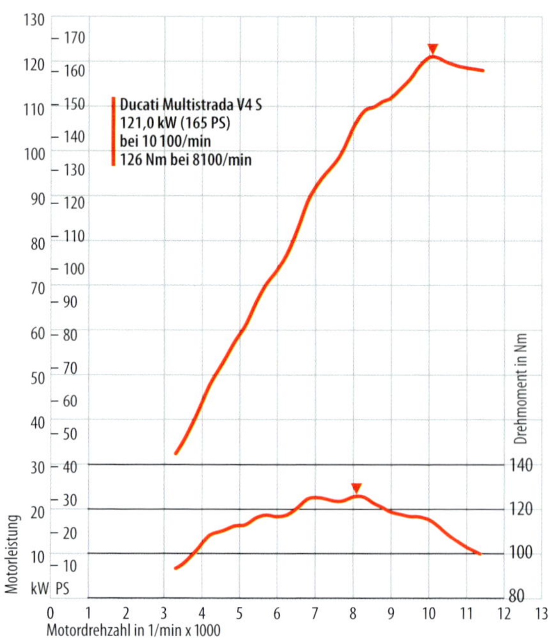

Leistung an der Kurbelwelle. Messungen auf Dynojet-Rollenprüfstand 250, korrigiert nach 95/1/EG, maximal mögliche Abweichung ±5%

BREMSEN*

= Bereich des schlechtesten und besten jemals gemessenen Messergebnisses; *MOTORRAD-Testparcours, Werte vom Bremsentest aus den drei besten Fahrversuchen gemittelt

330-Millimeter-Doppelscheibe, Brembo-Stylema-Bremssättel: *Angesichts dieser Macht bestimmt in erster Linie die Applikation des ABS den Bremsweg. Und die ist durch alle drei Modi auf der defensiven Seite. Stufe drei regelt bei trockenen Bedingungen deutlich vor Erreichen der Haftgrenze. Modus zwei regelt nur leicht schärfer, hält so das Hinterrad unter allen Bedingungen am Boden. Stufe eins (nur Vorderrad) dürfte lediglich für radikale Sportfahrer noch bissiger sein.*

Wohlfühl-Würfel: Der V4 der Multistrada wird Ducati neue Kunden bescheren. Er ist niedriger, kürzer und leichter als der zweizylindrige Vorgänger, zeigt tolle Laufkultur, weiche Gasannahme, harmonische Leistungsentfaltung. Nur sparsam ist das Meisterstück nicht.

EIGENSCHAFTSWERTUNG
DUCATI MULTISTRADA V4 S

KURZTRIP 5	Hohe Sicherheit dank aufwendigem Elektronikpaket, sehr guter Windschutz durch leicht verstellbare Scheibe, üppige Ausstattung mit Koffern, stabiles, komfortables und handliches Fahrwerk.	
	Fahrstabitität	★★★★★
	Sicherheitsfeatures	★★★★★
	Windschutz	★★★★★
	Ausstattuns	★★★★★
URLAUBS-REISE 4,25	Bequeme Sitzbank, Fahrwerk an alle Straßenzustände anpassbar, robustes Koffersystem mit 60 Litern Gesamtinhalt, ausgezeichneter Wind- und Wetterschutz, etwas erhöhter Verbrauch.	
	Gepäcksystem	★★★★☆
	Reichweite	★★★☆☆
	Autobahn	★★★★★
	Flexibilität	★★★★★
ZU ZWEIT 4,5	Angenehmer Soziusplatz mit komfortablem Kniewinkel, Fahrwerk passt sich automatisch der höheren Beladung an, hohe Leistungsreserven für Überholvorgänge, gute Schräglagenfreiheit.	
	Soziusplatz	★★★★☆
	Fahrsicherheit 2 Personen	★★★★★
DAILY USE 3,75	Vergleichsweise leicht zu rangieren, fein ausbalanciert, gute Übersicht, sehr handlich, geschmeidige Gasannahme, kultivierter, leiser Motor, Staufach auf dem Tank, gute Connectivity.	
	Rangieren	★★★★☆
	Stadtverkehr	★★★★☆
	Schließsystem	★★★☆☆
	Easyness	★★★★☆
HAUS-STRECKE 5	Perfekter Motor zum dynamischen Fahren, hohe Leistungsreserven, kultivierter Lauf, starke Bremsanlage, elektronisches Schutzpaket, extrem handliches, vielfach einstellbares Top-Fahrwerk.	
	Handling	★★★★★
	Bremsen	★★★★★
	Performance	★★★★★
GARAGE 4	Ölwechsel alle 15 000 Kilometer, Ventilspielkontrolle alle 60 000 Kilometer. Vier Jahre Garantie, Technologieträger mit wenig Wertverlust. Reifen werden von sanftem Leistungseinsatz geschont.	
	Inspektionsumfang	★★★★★
	Reifenkosten	★★★☆☆
	Werterhalt	★★★★☆
GESAMTWERTUNG: 4,42		

Mxsport LS2
GS

BMW R 1300 GS

FÜHRUNGS-ANSPRUCH

Eine frische Boxer-GS bedeutet im Motorradkosmos den Beginn einer neuen Zeitrechnung. Die R 1300 GS wurde komplett neu konstruiert und rüttelt mit dynamischerer Auslegung an jahrzehntelang zelebrierten Werten. Das ist mutig, könnte den typischen Kundenkreis verändern. Vorhang auf für Generation sechs!

TEXT: *Markus Biebricher*
FOTOS: *BMW (9), Ducati (1), KISKA GmbH (1), Jörg Künstle (11), Triumph (1)*

Pünktlich zum einhundertjährigen Geburtstag von BMW begann die Legislaturperiode der R 1300 GS. Der Rummel war groß, die Message aus München klar: Liebe Wettbewerber, zieht euch warm an, hier kommt die neue Benchmark in der Klasse voluminöser Reiseenduros. Die seit 2018 produzierte Vorgängerin R 1250 GS näherte sich dem Ende ihrer Lebenssequenz, der Wettbewerb holte auf, auch wenn Königin GS in Sachen Zulassungszahlen zumindest in Deutschland unerschütterlich

Varianten von links nach rechts: Pure: Basismodell in Weiß und serienmäßig kein Hauptständer. Triple Black: Was geht, ist Schwarz und teuer. Trophy: Kreuzspeichenräder und Rally-Lackierung zeigen die Offroad-Orientierung. Option 719/Tramuntana: viel Ausstattung, grüner Lack, goldene Felgen

führend blieb. Dennoch, jetzt erfolgt ein Wachwechsel. Erstaunlich, dass beim Technologie- und Ideologieträger der Bayern kein Stein auf dem anderen blieb. Die Ingenieure begannen bei null und konstruierten ein völlig neues Motorrad. Der Shiftcam-Boxer kam auf den OP-Tisch, seine Bohrung wurde vergrößert, der Hub verkleinert, sodass jetzt genau 1300 Kubikzentimeter Brennraumvolumen im Datenblatt stehen. Was noch? Höhere Verdichtung, größere Ventile, neue Positionierung der Steuerketten und ein Getriebe, das nun unter dem Motor statt dahinter positioniert ist. Genau dort, wo sich bei den Vorgängerinnen die Ausgleichswelle drehte. Die gibt es nicht mehr. Echt? Und was ist mit den Massenkräften? Die sollen mittels Unwuchten auf der Kurbelwelle und Gewichten im Generator in Schach gehalten werden. Übrigens: Die Bodenfreiheit bleibe auf den Millimeter gleich, sagt Thomas Ziemendorf, Projektleiter Antrieb R 1300 GS.

Der Vorteil dieses Layouts: Man kann eine längere Schwinge verbauen, kann Massen wie den Vorschalldämpfer stärker in den Schwerpunkt rücken und so die Handlichkeit steigern. Zudem konnte man das Gewicht senken: Allein die Antriebseinheit wiegt 6,5 Kilo weniger. Weitere Neuerungen? Klar, die elektronische Serienausstattung wurde erweitert: Es gibt serienmäßig vier Fahrmodi, Motorschleppmomentregelung, einen dynamischen Bremsassistenten, Berganfahrhilfe, Traktionskontrolle, Tempomat, Reifendrucküberwachung, Keyless Ride, Heizgriffe und eine neue Multifunktionswippe an der linken Lenkerarmatur. In Sachen Fahrwerk sticht der Hauptrahmen aus Stahlblechschalen und der Heckrahmen aus Alu-Druckguss ins Auge. Warum auf den Rohrrahmen verzichtet wurde? Weil man so die Dimensionen verschlanken und die Steifigkeit erhöhen konnte, erläutert Jochen Beck, Projektleiter R 1300 GS. Die überarbeitete Frontverkleidung mit traditionellem Schnabel, aber symmetrischem Matrix-LED-Licht (Kurvenlicht gegen Aufpreis) wirkt schlank, reduziert, fast futuristisch. Sie umfasst die Gabelrohre weniger bauchig und gewährt Einblicke in den neuen Evo-Telelever, bei dem jetzt ein Flexelement an der oberen Gabelbrücke für Kippentkoppelung sorgt. Zudem ist die längere Einarmschwinge mit verstärkter Lagerung und durchgehender Schwingenachse versehen. Bleibt der Tank. Er wurde für mehr Bewegungsfreiheit abgeflacht, im Volumen von 20 auf 19 Liter reduziert. Oh, und die Blinker sind nun in den Handprotektoren. Ob das bei Umfallern von Vorteil ist? Haben wir nicht ausprobiert, alles andere schon: Der neue Boxer mit auf 145 PS gestiegener Leistung und auf 149 Newtonmeter gewachsenem Drehmoment klingt weniger kernig als sein Vorgänger. Das ist gut. Ab Standgas läuft er turbinenartig, kurz darüber stellt er schon gut 100 Newtonmeter zur Verfügung. Dennoch fühlt es sich so an, als warte die 1250er untenrum mit mehr Druck auf. Ein Nebeneffekt der etwas längeren Übersetzung der 1300er und dem drohenden

Hervorragend ausbalanciert, behauptet sich die neue GS vor allem als Trophy auch im Gelände

Über dem Cockpit thront gegen Aufpreis das BMW-Navi. Pfeilnavigation via Smartphone-App funktioniert auch ohne dieses Extra

Großes Tankfach: In das praktische Fach auf dem Tank passen auch große Smartphones problemlos hinein. Das ist bei so mancher Konkurrentin anders

Bissige Brembo-Stopper: weniger Bremsweg dank Vollintegralsystem

Die vorderen Blinker wanderten in die Handprotektoren

Winkelverstellung: Die Komfortsitzbank kann um vier Grad gekippt werden, was das Sitzgefühl leicht verändert – angenehme Abwechslung auf Touren

Ventildeckel und Innereien des 1300er-Motors sind komplett neu

Die Bedienung wurde durch die neue Multifunktionswippe modifiziert

Härtere Sitze, sportlichere Ergonomie, straffere Auslegung und reduzierte Koffervolumen kosten Reisekomfort. Dennoch überzeugt die neue GS auf Tour

REIFEN

Beste Traktion: Die Metzeler Tourance Next 2 »B« harmonieren mit dem handlichen, aber stabilen Konzept der 1300er-GS und überzeugen bei trockenen wie nassen Konditionen mit satter Haftung sowie sicherem Beschleunigungs- und Bremsverhalten

VERARBEITUNG

Durchweg gut fällt die Verarbeitung zumindest im Sichtbereich aus. An einigen Stellen zeigen ein paar Plastik-Parts keine Premiumqualität, insgesamt aber gibt es wenig zu meckern

TANK

Angepasst: Das Spritfass wurde flacher, schlanker und verlor einen Liter Volumen. Spielt aber beim immer noch günstigen Verbrauch der 1300er keine Rolle, ihre Reichweite liegt bei weit über 350 Kilometern

LENKER/ ARMATUREN

Ergonomisch gut: Der tiefer angebrachte, kipp- entkoppelte Lenker ermöglicht eine dynamischere Fahrhaltung. Das Lenken geht jetzt präziser und leichter. Die Multifunktionswippe braucht eine gewisse Gewöhnungsphase

RAHMENHECK

Schlanker und kürzer: Das Rahmenheck aus Alu-Druckguss ist steifer und schmaler als jenes der Vorgängerin. Das bedeutet etwas weniger Platz für Passagier und Gepäck

FUSSRASTEN

Gut positioniert: Stabil und ergonomisch korrekt sorgen die Rasten für satten Halt. Das Enduropaket bringt einen verstellbaren Fußbremshebel und Rally-Rasten mit

MOTOR

Bullig: Mehr Kraft, mehr Drehmoment, aber untenrum kein kräftigerer Antritt als bei R 1250 GS. Höhere Laufkultur und Drehfreude, weniger Vibrationen, aber mechanisch lauter

INSTRUMENTE/SCHEIBE/LICHT

Brillant: Das TFT-Cockpit gefällt durch Schärfe und gute Ablesbarkeit, die auf Wunsch elektrisch verstellbare Scheibe punktet mit besserem Wind- und Wetterschutz sowie weniger optischer Verzerrung. Der innovative Matrix- LED-Scheinwerfer erhellt die Fahrbahn besser als das 1250er-Licht, bei Fernlicht wird die Nacht zum Tag. Top!

FEDERBEIN/GABEL

Einzigartig: Zwar wird der sänftenartige Federungskomfort der 1250er nicht mehr erreicht, doch Einstellmöglichkeiten und Präzision haben gewonnen. Auch dank Zusatzfeder im Ausgleichsbehälter des neuen SAF-Next-Federbeins und des transparenter funktionierenden Telelevers. Das Ansprechverhalten ist sensationell

BREMSE

Kraftvoll: Die Brembo-Vierkolben-Festsättel ankern gigantisch. Gewöhnungsbedürftig ist lediglich der Einfluss des Vollintegral-Systems auf den Druckpunkt des Bremshebels

Wheelie. Deswegen kann die Neue ihre Extrapower erst ab gut 100 km/h wirklich ausspielen. Von hier bis 200 km/h erarbeitet sie sich einen Vorsprung auf die 1250er, der im Landstraßenbetrieb aber völlig irrelevant ist. Hier zeigt sich vielmehr, dass die 1300er kultivierter läuft und ab 2500/min weniger vibriert, auch wenn ihre mechanischen Geräusche hin und wieder befremden. Dazu kommt, dass das Getriebe eher zäh bleibt. Zwar wurden die Schaltwege kürzer, doch es bleiben die knochige Betätigung und im Vergleich etwa mit einer Honda Africa Twin der hohe Kraftaufwand im Schaltfuß.

Dennoch: Immer wieder ist Boxerfahren ein hochdynamisches Erlebnis. Einfach unglaublich, wie bullig die Maschine aus den Kurven losmarschiert oder am Ortsausgang im sechsten Gang den Horizont heranzoomt. Das ist herkulische Kraft, die der neu konstruierte Bolide nun auch noch bis in höhere Drehzahlen als zuvor bereithält. Was bedeutet, dass sich der GS-Charakter bereits auf der Antriebsseite zusätzlich zu gemütlichen Touring-Eigenschaften in Richtung Sportlichkeit erweitert hat. Wer auf der Landstraße engagiert am Kabel zieht, wird kaum Gegner zu fürchten haben. Auch, weil der bullige Boxer hinsichtlich Leistung und Drehmoment die Werksangaben noch übertrifft. Klar, dass bei derartiger Kraftmeierei das Fahrwerk mitmachen muss. Egal auf welchen Straßen, die neue BMW liegt so satt und sicher, dass man geneigt ist, das Prädikat »traumhaft« zu verleihen. Beim flotten Kurvenwedeln und ambitionierten Abwinkeln hilft

Leichteres, sportlicheres Layout: Der Boxer baut kürzer, die Schwinge länger, mehr Massen sitzen in Schwerpunktnähe, die Kombi aus Stahlblech-Hauptrahmen und Alu-Druckguss-Heckrahmen bietet mehr Steifigkeit, das Telelever mehr Feedback

die fahraktiver gewordene Ergonomie: Der Lenker sitzt tiefer, der Kniewinkel ist sportlich spitzer. Das Beste ist das ungewohnt klare Feedback des Vorderrads, das dank des neuen Telelevers transparenter ausfällt als bei der 1250er. Zudem fällt das Lenken leichter.

Auch die Bremse, die jetzt mit Brembo- statt Hayes-Zangen aufwartet, wurde knackiger. Ihre Dosierung wäre noch präziser, würde nicht das neue Integralsystem die Bremskraft beim Betätigen der Hinterradstopper immer auch auf das Vorderrad wirken lassen. So beeinflusst der Fußhebel den Druckpunkt im Handhebel. Gewöhnungsbedürftig. Dafür gibt es nun beim Bremsen in Kurven so gut wie kein Aufstellmoment mehr. Damit schafft die R 1300 GS auf kehrenreichen Strecken ein grandioses Urvertrauen, an dem auch die Metzeler Tourance-Next-2-Reifen beteiligt sind. Kaum ist die Garnitur auf Betriebstemperatur, finden die Pneus immer enormen Grip und ermuntern den Piloten, die üppige Schräglagenfreiheit auch zu nutzen. Zudem baut die 1300er jetzt beim Beschleunigen dank der längeren Schwinge spürbar mehr Traktion auf. Was auf trockener Piste schon gut zu spüren ist, offenbart sich bei Nässe noch klarer. Insgesamt liegen Agilität, Präzision und Stabilität bei der Neuen auf einem sensationell hohen Niveau. Das gilt allerdings nicht mehr für den Komfort. Auch wenn unterschiedliche Optionen von Sitzbank, Lenker und Rasten es ermöglichen, das Sitzdreieck der 1250er in die 1300er zu konfigurieren, fällt auf, dass die Sitze nicht mehr ganz so sofamäßig ausfallen. Was vor allem für den Soziussitz gilt, auf dem Passagiere jetzt auch nicht mehr ganz so feudale Platzverhältnisse vorfinden. Dafür wurde der Windschutz verbessert, die optional elektrisch verstellbare Scheibe verzerrt die Sicht nicht mehr, die Handprotektoren leiten Luftströme effektiver an den Händen vorbei als bisher, und der Matrix-Pro-Scheinwerfer leuchtet nachts grandios gut.

Schlanker und fahraktiver ist die neue GS. Beim Reisekomfort gibt es dafür leichte Abstriche

Das elektronische Fahrwerk zeigt sich wandlungsfähig. Fiese Buckel schluckt es bravourös fein ansprechend. Im Modus »Road«, der die niedrigere Federrate der ausgeklügelten SAF-Next-Konstruktion nutzt, gelangen so gut wie keine Schläge

KONKURRENZMODELLE

Ducati MultiSTRADA V4 S
Leistung: 125 kW (170 PS)
bei 10 500/min, Drehmoment:
125 Nm bei 8750/min,
Gewicht: 254 Kilo,
Preis: ab 26 990 Euro

KTM 1290 Super Adventure S
Leistung: 118 kW (160 PS)
bei 9000/min, Drehmoment:
138 Nm bei 6500/min,
Gewicht: 247 Kilo,
Preis: ab 21 599 Euro

Triumph Tiger 1200 GT
Leistung: 110 kW (150 PS)
bei 9500/min, Drehmoment:
130 Nm bei 7000/min,
Gewicht: 245 Kilo,
Preis: ab 22 945 Euro

in Handgelenke oder Bandscheiben. Wechselt man auf das »Dynamik«-Setting mit härterer Federrate und justiert die Dämpfung straff, wird das Fahrgefühl direkter. Weniger sportlich agieren die Modi »Rain« und »Enduro«, den aufpreispflichtigen Modus »Dynamic Pro« kann man selbst programmieren. Die Navigation durch das toll ablesbare 6,5-Zoll-Display bleibt intuitiv, nur die neue Multifunktionswippe am Lenker links bedarf einer Eingewöhnung. Aber: Insgesamt steigt die Benutzerfreundlichkeit. Beispiele? Das große Fach auf dem Tank, die elektronische Zentralverriegelung des optionalen Koffersystems oder die Höhenanpassung des Fahrwerks (Absenkung im Stand um drei Zentimeter, ab 50 km/h fährt das Niveau auf Wunsch wieder hoch) sind im Alltag praktisch. In Sachen Offroad-Tauglichkeit verliert die neue GS nur minimal gegenüber der alten, deren Motor untenrum noch treckerartiger antritt und deren Fahrwerk etwas schluckfreudiger scheint. Beide machen gemessenam19-Zoll-Vorderrad im Gelände einen achtbaren Job. Der konstruktive Gewichtsvorteil der 1300er kann durch bisher nicht erhältliche Ausstattungsdetails wieder aufgehoben werden, aber vielleicht gibt es ja Kunden, die mal nicht Vollausstattung wollen? Die neue GS spricht mit weniger Biederkeit und Opulenz jetzt einen erweiterten Interessentenkreis an. Eine nackte Basis startet bei 19 690 Euro, je nach Ausstattung sind auch weit über 30 000 drin. Bleibt zu hoffen, dass die Phase der Kinderkrankheiten das tolle Bild nicht allzu lange trüben. ■

Der GS-Schnabel bleibt, die Tanklinie der 1300er (rechts) wurde flacher, die Verkleidung schlanker, insgesamt wirkt die Neue weniger opulent

EIGENSCHAFTSWERTUNG
BMW R 1300 GS

KURZTRIP 4,875	Grandiose Fahrstabilität auf allen Straßen, bulliger Boxer, gute Bremsen mit Integralsystem. Guter Windschutz, umfangreiche, aber teure Ausstattungsliste, hervorragende Sicherheitsfeatures.	
	Fahrstabitität	★★★★★
	Sicherheitsfeatures	★★★★★
	Windschutz	★★★★½
	Ausstattuns	★★★★★
URLAUBS-REISE 4,5	Fahrwerk variabel einstellbar, Reisekomfort gegenüber Vorgängermodell etwas gesunken, aber immer noch ein sehr gutes Fernreise-Bike mit hohen Sicherheitsreserven, hervorragendes Licht.	
	Gepäcksystem	★★★★☆
	Reichweite	★★★★☆
	Autobahn	★★★★★
	Flexibilität	★★★★★
ZU ZWEIT 4	Starker Boxer, souveränes, absenkbares Fahrwerk, sichere Bremsen, höchste Fahrstabilität mit Passagier, allerdings im Vergleich zur 1250 GS weniger Platz und Sitzkomfort für Sozia oder Sozius.	
	Soziusplatz	★★★☆☆
	Fahrsicherheit 2 Personen	★★★★★
DAILY USE 4,25	Das optional absenkbare Fahrwerk erleichtert Handling und Aufstieg enorm. Gute Übersicht, KeylessGo, Tankfach, Zentralverriegelung des aufpreispflichtigen Koffersystems, leichte Bedienung.	
	Rangieren	★★★★☆
	Stadtverkehr	★★★★☆
	Schließsystem	★★★★★
	Easyness	★★★★☆
HAUS-STRECKE 5	Extrem drehmomentstarker Antrieb, kaum Kardanreaktionen oder Aufstellmoment in Kurven, Getriebe knochig, aber mit Schalthilfe passabel, sehr handliches, stabiles Fahrwerk, gute Bremsen.	
	Handling	★★★★★
	Bremsen	★★★★★
	Performance	★★★★★
GARAGE 4,5	Größtenteils anständige Verarbeitung, breites Reifenangebot zu erträglichen Preisen, sehr guter Wiederverkaufswert, Inspektionen und Intervalle knapp im Rahmen des Üblichen.	
	Inspektionsumfang	★★★★½
	Reifenkosten	★★★★☆
	Werterhalt	★★★★★
GESAMTWERTUNG: 4,52		★★★★½

BMW
R 1300 GS

MOTOR
Luft-/wassergekühlter Zweizylinder-Viertakt-Boxermotor, je zwei obenliegende, kettengetriebene Nockenwellen mit variabler Einlass-Nockenwellensteuerung, vier Ventile pro Zylinder, Schlepphebel, Nasssumpfschmierung, Einspritzung, 2 x Ø 52 mm, geregelter Katalysator, Lichtmaschine 650 W, Batterie 12 V/10 Ah, hydraulisch betätigte Mehrscheiben-Ölbadkupplung (Anti-Hopping), Sechsganggetriebe, Kardan.

Bohrung x Hub	106,5 x 73,0 mm
Hubraum	1300 cm³
Verdichtungsverhältnis	13,3:1
Nennleistung	106,5 kW (145 PS)bei 7750/min
Max. Drehmoment	149 Nm bei 6500/min
Standgeräusch	90 dB(A)

FAHRWERK
Brückenrahmen aus Stahl, Motor mittragend, längslenkergeführte Telegabel (DSA: elektronisch verstellbare Dämpfung), Ø 45 mm, hydraulischer Lenkungsdämpfer, Zweigelenk-Einarmschwinge aus Aluminium, Zentralfederbein, direkt angelenkt, verstellbare Federbasis (DSA: elektronisch verstellbare Dämpfung), Doppelscheibenbremse vorn, Ø 310 mm, Vierkolben-Festsättel, Scheibenbremse hinten, Ø 285 mm, Doppelkolben-Schwimmsattel, Traktions- kontrolle, Vollintegral-Bremssystem, Kurven-ABS.

Alu-Gussräder	3.00 x 19; 4.50 x 17
Reifen	120/70 R 19; 170/60 R 17
Bereifung im Test	Metzeler Tourance Next 2 »B«

ABMESSUNGEN + GEWICHTE
Länge/Breite/Höhe1 2225/1010/1500 mm, Lenkerbreite1900 mm, Wendekreis1 4950 mm, Gewicht vollgetankt1 255 kg, Zuladung1 210 kg, zulässiges Gesamtgewicht 465 kg, Radlastverteilung vorn/hinten1 51,6/48,4 %, Lenkkopfwinkel 63,8 Grad, Nachlauf 112 mm, Federweg vorn/hinten 190/200 mm, Tankinhalt 19,0 Liter

SERVICE-DATEN

Service-Intervalle	10 000 km
Öl- und Filterwechsel	alle 10 000 km, 5,0 Liter
Motoröl	SAE 5W 40
Telegabelöl	Type S SABFS89
Zündkerzen	NGK LMAR8AI-10
Leerlaufdrehzahl	1050± 50/min
Reifenluftdruck	(mit Sozius)
vorn/hinten	2,5/2,9 (2,5/2,9) bar
Gewährleistung	drei Jahre
Farben	Weiß, Blau/Rot/Weiß, Schwarz, Grün/Gold
Preis	19690 Euro
Preis Testmotorrad*	25 400 Euro
Nebenkosten	450 Euro

MESSWERTE

Höchstgeschwindigkeit[2]	225 km/h
Beschleunigung	
0–100 km/h	3,6 sek
0–140 km/h	5,4 sek
0–200 km/h	10,9 sek
Durchzug	
60–100 km/h	3,2 sek
100–140 km/h	3,2 sek
140–180 km/h	3,8 sek
Tachometerabweichung	
Effektiv (Anzeige 50/100)	48/97 km/h
Drehzahlmesserabweichung	
Anzeige roter Bereich	9000/min
Effektiv	9100/min

VERBRAUCH*

Landstraße	4,7 Liter/100 km
Autobahn bei 130 km/h	5,8 Liter/100 km
Theor. Reichweite Landstraße	404 km
Kraftstoffart	Super
Fahrwerk-Setup	

FAHRWERK-SETUP
Modus Road, Einstellung –2 (weich)

[1]MOTORRAD-Messungen; [2]Herstellerangaben. *inkl. Dynamik-Paket (1610 Euro), es beinhaltet: Schaltassistent Pro, DSA Dynamic Suspension Adjustment, Fahrmodi Pro, Sportbremse; Innovations-Paket (1115 Euro) beinhaltet: Riding Assistant, Headlight Pro; Touren-Paket (710 Euro) beinhaltet: Zentralverriegelung, Handschutzerweiterung, Kofferhalter, Vorbereitung für Navigationsgerät, Krümmer verchromt; Komfort-Paket (480 Euro) beinhaltet: Sozius-Paket, Windschild elektrisch verstellbar, Hauptständer; adaptive Fahrzeughöhenregelung (500 Euro), ConnectedRide-Navigator (695 Euro), Komfortfahrersitz (50 Euro), Sitzheizung (150 Euro), Variokoffer (990 Euro). [3]Messungen auf Dynojet-Rollenprüfstand 250, korrigiert nach 95/1/EG, maximal mögliche Abweichung ±5 %

MOTOR[3] Leistung an der Kurbelwelle

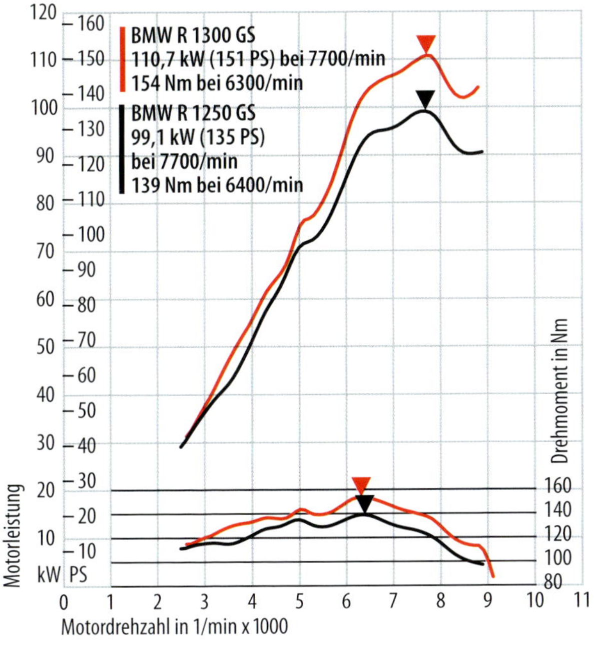

Leistung am Hinterrad

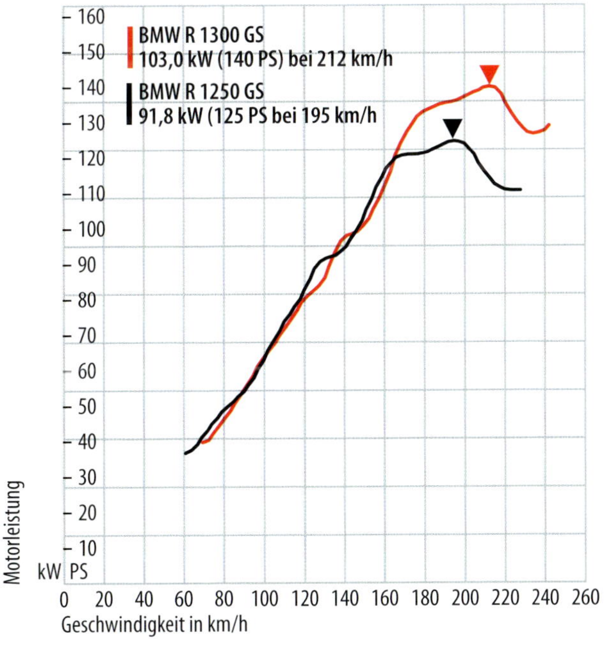

GETRIEBE

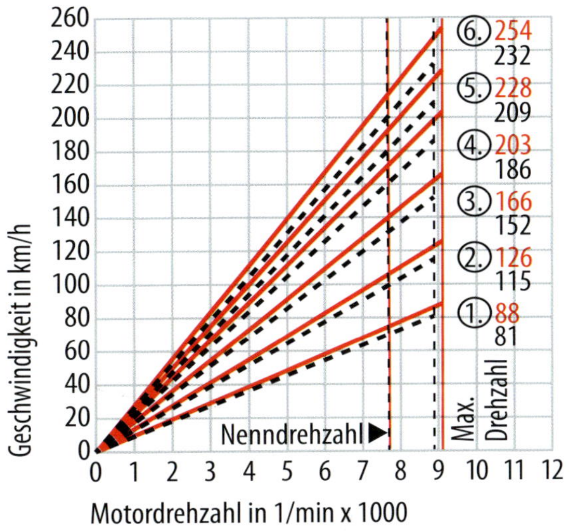

Auch wenn es für Tourenfahrer kaum relevant sein dürfte: Der 1300er-Shift-Cam-Boxer übertrifft die Drehmomentkurve der 1250er-Vorgängerin nochmals sehr deutlich. Über 150 Newtonmeter schieben die Neue bei 6300/min vorwärts. Damit liegt die zum Test aus München gelieferte Maschine auffällig deutlich über den eigenen Werksangaben. Die Leistungsentfaltung wurde sichtbar linearer, und über den gesamten Drehzahlbereich entwickelt die neue R 1300 GS kaum Vibrationen. Dass ihre Fahrleistungen bis 140 km/h trotzdem nicht maßgeblich über jenen der R 1250 GS liegen, ist auf die längere Übersetzung (siehe Diagramm links) zurückzuführen. Durch sie übersteigt die tatsächlich an das Hinterrad der 1300er übertragene Leistung im sechsten Gang erst ab 160 km/h jene der 1250er. Die erzeugt beim Beschleunigen aus dem Drehzahlkeller sogar kurz ein kräftigeres Gefühl, bevor dann das 1300er-Kraftpaket übernimmt.

Fällt kaum auf: Platz und Komfort für einen Passagier haben deutlich abgenommen. Eine gute Option ist hingegen die Absenkung des Fahrwerks, die der Sozia beim Aufsteigen und dem Fahrer beim Rangieren hilft

KTM 1290 SUPER ADVENTURE R

TEXT: *Markus Biebricher* **FOTOS:** *Claudia Werel/Touratech GmbH*

TECHNISCHE DATEN

Zweizylinder-75-Grad-V-Motor, 1301 cm^3, 119 kW (160 PS) bei 9000/min, 138 Nm bei 6500/min, Gitterrohrrahmen aus CrMo-Stahl, 48er-Upside-down-Gabel, Federweg vorn/hinten 220/220 mm, Lenkkopfwinkel 64 Grad, Nachlauf 112,8 mm, Radstand 1577 mm, Länge 2353 mm, Sitzhöhe 880 mm, Reifen vorn 90/90-21, hinten 150/70-18, Scheibenbremsen vorn/hinten, Ø 320/267 mm, Kurven-ABS, Traktionskontrolle, Gewicht vollgetankt 242 kg, Zuladung 208 kg, Tankinhalt 23 Liter, Preis ab 22 990 Euro

Es ist Leidenschaft. Mit der ersten 50-Kubikzentimeter-KTM schleicht sich die Begeisterung ins Herz unseres Protagonisten. Ein Enthusiasmus, der sich als motorradaffine Geisteshaltung durch Stephans Leben zieht und nach dem Besitz etlicher KTM-Modelle heute in Nutzung und Pflege einer 1290er Super Adventure R gipfelt. Das mächtige Motorrad wurde 2019 gebaut und vom überzeugten Besitzer mit Augenmaß und Engagement optisch wie technisch aufgewertet. Stephans Statur gleicht der seines Austro-Bikes: groß und kräftig. Das bedeutet, weder die beträchtliche Sitzhöhe noch das Gewicht oder die üppige Leistung sind Gründe für übertriebenen Respekt vor dem Offroad-Monster.

Die 1290er Super Adventure R ist für Stephan ein Multitool, das alles kann, was man im Alltag von einem Motorrad erwartet: abendliche Genussrunde, sportliche Zwischensprints, touristische Langstrecke mit Gepäck, gerne auch mit Sozia oder Ausflüge ins Gelände, die auch mal gröber ausfallen dürfen. Braucht man 160 PS jenseits des Asphalts? Nicht wirklich. Stören sie denn? Nicht wirklich. Zumal sich die Leistung im Offroad-Modus auch auf 100 PS begrenzen lässt. Wichtiger ist, dass sich die Super Adventure R gut ausbalanciert zeigt und von einem etwas erfahreneren Piloten schnell souverän beherrscht werden kann. Stephan ist auf jeden Fall immer wieder erfreut, wie handlich sich sein Bolide gemessen an Gewicht und Höhe im Alltag anstellt.

Der KTM-Rahmen ist extrem steif gebaut, was wichtig ist, wenn man auf der Straße 250 km/h schnell sein will. Für Stephan ist diese für ein »Stelzenkrad« fast unmoralische Höchstgeschwindigkeit unwichtig. Entscheidender ist, dass in jeder Lebenssituation (auch zu zweit und mit Gepäck) genug Kraft da ist und dass das Fahrwerk für Reserven und Stabilität sorgt. Stephan hat es so eingestellt, dass es einen guten Kompromiss aus Komfort und Sportlichkeit bietet. Auch bei schnellen Schräglagenwechseln oder harten Anbremsmanövern kommt keine Schaukelei auf und genau das bringt für den Besitzer jede Menge Fahrspaß.
Der mächtige V2 drückt ab etwa 3500/min brachial an und schiebt das Motorrad auf Wunsch mit der Wucht einer Abrissbirne nach vorne. Aber es geht auch viel moderater und sanfter, wie unsere Tour durch das Weserbergland gezeigt hat. Kultiviert, geräusch- und vibrationsarm in mittleren Drehzahlbereichen durch die wellige Landschaft surfen, mit schöner Schräglage präzise die Kurven goutieren, all das geht auch mit dieser martialisch anmutenden KTM, die sich hier als eine echte Genussmaschine darstellt. Mit den besonderen Fähigkeiten dieses Motorrades haben die Bremsen keine Probleme, auch die Elektronik macht zumindest an Stephans Exemplar kein Theater. Reifen? Stephan schätzt den Dunlop Trailmax Raid. Tolle Performance, hält aber nicht ewig.
Einer von vielen Gründen, warum Stephan die Marke KTM und ihren adrenalinfördernden Slogan »Ready to Race« gut findet, liegt in der recht guten Schrauberfreundlichkeit der Bikes. Falls also irgendwelche Nickeligkeiten (von denen man in den Foren immer mal wieder liest) auftauchen, kann sich ein durchschnittlich interessierter Selbermacher hier besser helfen als bei komplizierter aufgebauten Bikes. Optik? Muss nicht jeder gut finden. Entscheidender ist der Marken-Nimbus. Der schüttet bei Fans Glückshormone aus und verspricht eine leidenschaftliche, temperamentvolle Art Motorrad zu fahren. Manche möchten den KTM-Spirit für immer bei sich tragen. So wie Stephan, der sich den Slogan auf den Arm hat tätowieren lassen. ■

Stabile Gepäcklösung: Touratech-Koffersystem. Kofferkorpus aus 1,5 mm starkem Aluminium, extrem belastbar, erhältlich mit 31, 38 oder 45 Liter Volumen. Hochwertige, abschließbare Edelstahlbeschläge, ergonomisch geformte Befestigungsräder im Kofferinneren, wasser- und staubdicht, verwindungssteif, spielfreier Sitz auch nach Tausenden Pistenkilometern. Schnelle Montage, automatische Verriegelung, Einbauschlösser nachrüstbar. Kompatibel mit ZEGA-Zubehör. www.touratech.de

SUZUKI V-STROM 1050 DE TRAVEL EDITION

TEXT: *Markus Biebricher* **FOTOS:** *Suzuki, Claudia Werel*

TECHNISCHE DATEN

Wassergekühlter Zweizylinder-V-Motor, 1037 cm³, 79 kW (107 PS) bei 8500/min, 100 Nm bei 6000/min, Brückenrahmen aus Aluminium, Upside-down-Gabel, Federweg vorn/hinten 170/169 mm, Lenkkopfwinkel 62,5 Grad, Nachlauf 126 mm, Radstand 1595 mm, Länge 2390 mm, Sitzhöhe 880 mm, Reifen vorn 90/90-21, hinten 150/70-17, Scheibenbremsen vorn/hinten, Ø 310/260 mm, Kurven-ABS, Traktionskontrolle, Gewicht vollgetankt 269 kg, Zuladung 198 kg, Tankinhalt 20 Liter, Preis ab 16 700 Euro

Es ist vor allem der traditionsreiche 90-Grad-V2-Motor, der unsere Suzuki V-Strom im Zeitalter kompakter, leichter Reihentwins zum Exoten macht. In seiner aktuellen Version leistet der Antrieb 107 PS und drückt 100 Nm. Mehr als genug für die kleinen Sträßchen des Piemont und Liguriens. Äußerst geschmeidig kommt der charismatische 1050er von der Kupplung, zwischen 2000 und 4000/min stellt er saftige Kellerkraft bereit und singt das Lied von unzerstörbarer Mechanik. Angenehm weich verläuft der Übergang zwischen Last und Schiebebetrieb, Getriebe und Quickshifter funktionieren unauffällig. Gleichmäßig erfolgt die Leistungsabgabe beim Erklettern der Drehzahlleiter, das Geboller und ein paar »good Vibrations« nehmen zu, lästig werden sie

aber nie. Antriebsmäßig ist die gelbe Suzi also ein würziger Begleiter, ein echtes Langstreckenmotorrad. Das untermauert auch die äußerst strapazierfähige Sitzbank, deren Polsterung für Marathon-Etappen ausgelegt ist.
Die Ergonomie passt gut, allerdings empfindet zumindest der lange Testlulatsch eine etwas inaktive Sitzposition: für seinen Geschmack etwas zu wenig vorderradorientiert und fahraktiv, obwohl über den breiten Lenker Impulse effektiv weitergereicht werden können. Dennoch: Insgesamt scheint die Suzuki zumindest bei Beladung trotz vorgespanntem Federbein »hintendrin zu hängen«. Das macht sie nicht grade zu einem Handlingwunder. Eine Eigenschaft, die von der neuen, verlängerten Schwinge noch verstärkt wird. Vorteil dieser Auslegung: sehr hohe Stabilität in allen Lebenslagen.

Stabilität und Solidität setzen sich durch das ganze Motorrad fort. Alle Bauteile wirken solide, es scheppert und wackelt nichts. Gute Voraussetzungen für das Befahren der ligurischen Grenzkammstraße. Dafür hat Suzuki einigen Aufwand betrieben: 21-Zoll-Vorderrad mit Schlauchreifen (der Hinterreifen ist schlauchlos!), Motorschutz, Sturzbügel und ein klein wenig mehr Federweg. Der ist immer noch nicht üppig, aber man bekommt das Fahrwerk so eingestellt, dass es sowohl auf Asphalt als auch auf leichterem Schotter ordentlich funktioniert und ein paar Rauheiten einsteckt. Mit einer KTM sollte man aber weder on- noch offroad konkurrieren wollen. Wir lassen es lieber ruhig angehen, und hier liegt klar die Kompetenz der Suzuki: komfortorientiertes, aber nicht weichgespültes Touring, gerne über große Distanzen. Zu klein sollte der Mensch am Lenker nicht sein, denn der Maschinenschwerpunkt liegt hoch, das Gewicht inklusive Touringvollausstattung mit 269 Kilo ebenfalls. Ein Zugeständnis an die stabile Auslegung aller Teile. Was beim Passfahren im Gebirge nervt, ist der geringe Lenkeinschlag, der unserer Suzi einen Hauch von Supertanker verleiht. Gar nicht nervig ist das neue Fünf-Zoll-TFT-Farbdisplay, das nicht nur hervorragend ablesbar, sondern über die Schaltereinheit am linken Lenkerende auch intuitiv zu bedienen ist. Eine Sechs-Achsen-IMU von Bosch liefert die Daten für Kurven-ABS und schräglagenabhängige Traktionskontrolle, die bei unserer V-Strom nicht in fixe Fahrmodi münden, sondern sich einzeln justieren und miteinander kombinieren lassen. Mit drei »Power-Modi« lässt sich die Intensität der Gasannahme steuern, der mittlere taugt für alle Fälle des Lebens.
20 Liter Sprit an Bord sorgen für eine Reichweite von gut 350 Kilometern, die Zuladung ist nicht riesig, genau wie der knappe Windschild, der nur mit Werkzeug verstellt werden mag. Sein Schutz geht aber für Normalgewachsene in Ordnung. Fazit: Die solide V-Strom 1050 DE ist die richtige Maschine für all jene Menschen, die Ruhe in der Reise suchen. ■

Die V-Strom 1050 DE Travel Edition kommt mit Träger, Seitenkoffern und Rallye-Fußrasten. Wer nicht dieses Topmodell besitzt, kann nachrüsten: Die **Alukoffer** sind eloxiert, es gibt sie auch in pulverbeschichtetem Schwarz. Sie fassen je 37 Liter und kosten als Set 900 Euro. Dazu braucht man den Träger (516 Euro) und den Schlosssatz (33,13 Euro). Gut zum Touringcharakter der V-Strom 1050 passt der stabile **Nylon-Tankrucksack**, der bis 15 Liter fasst und inklusive Regenschutz und Schultergurt 189 Euro kostet. Nützlich für Großgewachsene ist auch die 80 mm höhere Touringscheibe für 116,34 Euro. Weiteres Reisezubehör gibt es unter: https://motorrad.suzuki.de

MOTO GUZZI STELVIO PFF

TEXT: *Hermann Becher* **FOTOS:** *Klaus H. Daams, Moto Guzzi*

TECHNISCHE DATEN

Wassergekühlter Zweizylinder-90-Grad-V-Motor, 1042 cm³, 84,6 kW (115 PS) bei 8800/min, 105 Nm bei 6750/min, Brückenrahmen aus Stahl, Upside-down-Gabel, Federweg vorn/hinten 170/170 mm, Lenkkopfwinkel 64,4 Grad, Nachlauf 116 mm, Radstand 1520 mm, Länge 2265 mm, Sitzhöhe 830 mm, Reifen vorn 120/70-19; hinten 170/60-17, Scheibenbremsen vorn/hinten, Ø 320/280 mm, Kurven-ABS, Traktionskontrolle, Gewicht vollgetankt 256 kg, Tankinhalt 21 Liter, Preis 17 498 Euro

An der Stelvio hat mich sofort ihr großartiger Motor begeistert. Mit 115 PS ist er zwar nicht der stärkste seiner Zunft, aber er bietet sattes Drehmoment, ein breites nutzbares Drehzahlband, gutes Ansprechverhalten, einen kernigen, doch unaufdringlichen Auspuffsound, wenig mechanische Geräusche – er ist cool, aber keineswegs charakterlos: Der V2 läuft nämlich ein wenig rau und entwickelt unter Last niederfrequente Vibrationen, die aber nie lästig werden. Einziger Nachteil des Triebwerks ist seine Bauhöhe. Die verleiht der Stelvio einen hohen Schwerpunkt, mit den bekannten Nachteilen beim Handling und Rangieren. Auf schmalen Straßen wenden? Nicht gerade die Paradedisziplin der Guzzi, aber immer-

hin ist die Sitzhöhe nicht so extrem wie bei manch anderen Artgenossen.
Sehr gut gefallen hat mir auch der Sitzkomfort: Die Sitzbank ist angenehm gepolstert, ergonomisch passt mir das Motorrad mit meinen 1,90 Metern wie angegossen, und die höhenverstellbare Scheibe bietet guten Wind- und Wetterschutz. Kleiner gebaute Fahrer könnten den Lenker vielleicht als ein bisschen zu hoch und zu breit monieren.
Das Fahrwerk ist zielgenau. Es funktioniert tadellos, gibt sich in der serienmäßigen Einstellung allerdings etwas straff. Leider war ich auf der Tour durch den Thüringer Wald abends derart müde und hungrig, dass ich versäumt habe, auszuprobieren, ob sich über die Fahrwerkseinstellungen Besserung erzielen lässt. Viel Gutes kann ich über den Kardanantrieb berichten. Er läuft leise, zeigt sich reaktionsarm und wartungsfrei.

Der große Schwachpunkt der Stelvio ist aus meiner Sicht das Getriebe. Beim Einlegen des ersten Ganges tut es jedenfalls einen Schlag, als sei ein Kleinlaster aufgefahren, und beim Schalten in den zweiten und dritten Gang kracht es wie bei einer alten Harley. Wirklich schade! Beim Wechsel zwischen den Ride Modes habe ich dagegen kaum etwas gespürt, in den ABS-Regelbereich bin ich nie gekommen, eine Antriebsschlupfregelung halte ich bei einem so gut am Gas hängenden Motor für überflüssig, und Dinge wie Konnektivität sind mir egal. Ganz und gar nicht gleichgültig ist hingegen, dass das TFT-Display im Cockpit nur sehr schwer abzulesen ist. Die meisten Symbole sind so klein, dass sie spätestens dann nicht mehr erkennbar sind, wenn bei Regenfahrten Sprühnebel seinen Weg auf das Display findet. Bei direkter Sonneneinstrahlung tendiert der Informationsgehalt endgültig gegen null. Dieser Mangel führt aus meiner Sicht auch den durchaus nützlichen Abstandsradar der Stelvio ad absurdum: Die Warnsignale im Display sind so unauffällig, dass ich sie nur bei genauem Hinsehen bemerkt habe. Die praktischen Totwinkel-Warnleuchten in den Spiegeln hingegen sind so hell, dass sie im Dunkeln blenden.
Und sonst? Die Bremsen sind gut dosierbar und kräftig genug für die Ausnutzung der Zuladung von 207 Kilo. Mit meinen Stiefeln Größe 45 hatte ich Probleme, die Gänge hochzuschalten, obwohl der Schalthebel längenverstellbar ist. Mit dicken Handschuhen habe ich oft unbeabsichtigt das Fernlicht eingeschaltet. Die Blinker sind bei Sonnenschein zu unauffällig, der Scheinwerfer samt Kurvenlicht hingegen ist hell genug für Nachtfahrten durch den Thüringer Wald. Die Winkelventile erleichtern die Reifendruckkontrolle, der schwarze Messstab erschwert den Ölstands-Check.
Die Stelvio kostet voll ausgestattet über 17 000 Euro und bietet dafür alles, was gut und teuer, mitunter aber auch entbehrlich ist. Aber: Bis ich mal 17 Riesen übrig habe, werde ich mich mit meiner 15 Jahre alten Buell Ulysses begnügen – die fährt auch ganz ordentlich und ist noch viel seltener als bis dato die Moto Guzzi Stelvio. ■

Aus dem Guzzi-Zubehör: wasserdichte **Rolltasche** mit Guzzi-Logo und einem Fassungsvermögen von 45 Litern. Hermetischer Verschluss durch integriertes Entleerungsventil (119 Euro). Außerdem: maßgeschneiderte **Seitenkoffer** für die Stelvio. Beide Koffer bieten Platz für einen Integralhelm und ein Gesamtvolumen von 59 Litern sowie einen praktischen Tragegriff.
Die knapp 1000 Euro kostenden Koffer können an den integrierten Halterungen montiert und mit dem Zündschlüssel der Guzzi geöffnet werden. www.moto-guzzi-onlineshop.de

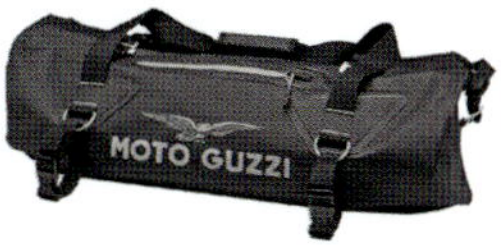

VOGE DS 900 X

TEXT: *Markus Biebricher* **FOTOS:** *Hepco & Becker, Shad, Voge, Claudia Werel*

TECHNISCHE DATEN

Wassergekühlter Zweizylinder-Reihenmotor, 895 cm^3, 70 kW (95,2 PS) bei 8250/min, 95 Nm bei 6000/min, Brückenrahmen aus Stahl, Upside-down-Gabel, Federweg vorn/hinten 205/220 mm, Lenkkopfwinkel 62,7 Grad, Nachlauf k. A., Radstand 1580 mm, Länge 2325 mm, Sitzhöhe 850 mm, Reifen vorn 90/90-21; hinten 150/70-17, Scheibenbremsen vorn/hinten, Ø 305/265 mm, ABS, Traktionskontrolle, Gewicht vollgetankt 238 kg, Tankinhalt 17 Liter, Preis ab 10 299 Euro

Auf den hohen Pässen der Westalpen sonnt sich die Voge im Interesse anderer Biker: »Was ist das für eine Firma?« Voge ist die Premium-Marke von Loncin, dem großen chinesischen Motorenhersteller, der auch für BMW die Antriebe der F-Reihe herstellt. »Lass mal Probe sitzen.« Sensationell, was in der DS 900 X serienmäßig alles verbaut ist, der Kollege ist sichtlich beeindruckt: LED-Beleuchtung, Tempomat, Keyless-Go, Lenkungsdämpfer, einstellbare Hebeleien, vier Fahrmodi, Hauptständer, Gepäckträger, Nebelscheinwerfer mit Abbiegelichtfunktion, Connectivity, Totwinkelassistent, Dash-Cam, Notbremsfunktion der Rückleuchten, Reifendruck- und Temperaturanzeige, Griff- und Sitzheizung, Sturzbügel, Motorschutz, Handschützer, Quickshifter, abgewinkelte

Ventile, gute Bosch-Elektronik, wertiger Edelstahl-Auspuff, da haben die Chinesen zum Komplettpreis von gut 10 000 Euro tatsächlich all das reingebaut, was bei anderen Herstellern teure Zusatzausstattung ist. Zwar fehlt zur absoluten Premium-Vollausstattung Schräglagensensorik und Radar, aber das wäre bei diesem Preis nun wirklich illusorisch.
Auf den ersten Blick sieht das ganze Motorrad richtig gut aus, auf den zweiten bemerkt man ein paar Rustikalitäten, doch darüber lässt sich hinwegsehen. Auch dass die Sitzbank zunächst hart erscheint. Denn dieser Eindruck verflüchtigt sich auf den weiteren Pässen, es wird klar, dass die Bank Langstreckenqualitäten hat. Und dass die Voge über tolle Bremsen verfügt: die Brembo-Stopper lassen sich prima dosieren und agieren kraftvoll. Das schafft ein sicheres Gefühl bei den zahlreichen Steilabfahrten. Und weil wir für Foto-Aufnahmen zahlreiche Wendemanöver auf den engen Sträßchen wagen, fällt sehr angenehm der kleine Wendekreis auf. Insgesamt spürt man auch von den gut 240 Kilogramm Maschinengewicht erfrischend wenig, die DS 900 X wirkt im Kurvenkarussell agil und die serienmäßig montierten Pirelli Scorpion Trail haften souverän.

Schade, dass der Hauptständer oft aufsetzt, oder sind wir einfach nur schon sehr schräg unterwegs? Also wird per Handrad die Vorspannung voll aufgedreht, was das Heck höher kommen lässt. Jetzt mag das direkt angelenkte Federbein aber die Frostaufbrüche, Dellen und Löcher der Hochstraßen gar nicht mehr wegfiltern und leitet kurze Stöße direkt in die Bandscheiben. Wir probieren einige Einstellungen, doch ein Komfortwunder wird das von Kayaba zugelieferte Bein nicht. Besser agiert die voll justierbare Gabel, doch es dauert, bis wir hier eine passende Einstellung finden.

Und was macht der Motor? Puh, Anfahrschwäche und unwillige Gasannahme unterhalb von 3000/min, ruckeliges Cruising-Verhalten, das sorgt vor allem beim Umrunden von Haarnadelkurven für Verdruss. Das gleiche Aggregat funktioniert in der BMW F 900 GS besser. Kann es sein, dass Voge hier weniger Geld für eine ordentliche Abstimmung des Reihenzweizylinders bezahlt? Kann es ebenfalls sein, dass man dem DS 900 X-Triebling mit einem anderen Mapping diese Schwächen austreiben könnte? Auch die Funktion des Quickshifters ist noch nicht der Weisheit letzter Schluss. Genau wie die Tatsache, dass man trotz Keyless-Ride-Funktion für das Öffnen des Tankdeckels einen Notschlüssel aus dem Transponder herausfummeln muss, oder dass sich das Krad nur schwer auf den Hauptständer hieven lässt.
Apropos Soziuskomfort: Abgesehen vom stößigen Federbein kamen keine Klagen von der zweiten Reihe, Sitzbank-Komfort und Ergonomie wurden als gut beurteilt. Fazit: Die Voge DS 900 X hat enorm tolle Anlagen, aber vor allem bei Federbein und Motor-Abstimmung herrscht Verbesserungsbedarf. ■

Die Hecktasche **Drybrid** von Hepco Becker hat sich auf unseren Touren bewährt. Sie bietet: 30/50 Liter Volumen, breite Öffnung mit Rolltopverschluss, Kompressionsventil, seitliche Clips, wasserdichte, verschweißte Nähte, Kompressions- und Schlaufengurte (55/65 Euro). www.hepco-becker.de
Weitere Transportlösungen für die 900er gibt es bei Voge oder z. B. in Form des **Shad SH38X** Koffersets inkl. System-Halter für 730 Euro, gesehen bei https://motorcycle-soul.com/de

YAMAHA TÉNÉRÉ 700 RALLY

TEXT: *Markus Biebricher* **FOTOS:** *Claudia Werel, Hepco & Becker*

TECHNISCHE DATEN

Wassergekühlter Zweizylinder-Reihenmotor, 689 cm³, 54,4 kW (74 PS) bei 9000/min, 68 Nm bei 6500/min, Doppelschleifenrahmen aus Stahlrohr, Upside-down-Gabel, Federweg vorn/hinten 210/200 mm, Lenkkopfwinkel 63 Grad, Nachlauf 105 mm, Radstand 1595 mm, Länge 2370 mm, Sitzhöhe 895 mm, Reifen vorn 90/90-21; hinten 150/70-18, Scheibenbremsen vorn/hinten, Ø 282/245 mm, ABS abschaltbar, Gewicht vollgetankt 204 kg, Zuladung 190 kg, Tankinhalt 16 Liter, Preis 11 365 Euro

Schon wieder eine 700er-Ténéré? Ja, denn das Modell steht nach wie vor hoch in der Publikumsgunst, und die von uns gefahrene Rally-Version fordert zusätzliche Gedanken ein. Das attraktive Äußere des Sondermodells scheint die Leute magisch anzuziehen. Yamaha will mit dieser Edition samt blau-gelber Sonderlackierung jene Rennmaschinen ehren, die von Serge Bacou bei der Paris–Dakar in den Jahren 1983 und 1984 gefahren wurden. Ist es die Optik, die den Geist historischer Heldentaten beschwört? Nicht nur, es ist ein veritables Ausstattungspaket, das unser RIDE-Bike aufwertet: massiver Alu-Motorschutz samt Befestigungspunkten für eine Werkzeugbox, Alu-Kühler- und Kettenschutz, LED-Blinker, Gummi-

protektoren an den Flanken für mehr Halt an Knien und Oberschenkeln, goldeloxierte Felgen und ein gewichtsreduzierender Akrapovic-Auspuff. Das für mich beste Feature ist die einteilige Rallye-Sitzbank, die sich mit 895 Millimeter Sitzhöhe an länger geratene Menschen wendet. Oder solche, die mangelnden Bodenkontakt mit Fahrkönnen wettmachen. Alles Weitere entspricht der Standard-Ténéré. Und doch gaukelt mir die Psyche ein neues Motorrad vor.

Die höhere Sitzbank führt nicht nur zu einer anderen Ergonomie, sondern erstaunlicherweise auch zu mehr Reisekomfort. Dem schmalen Brötchen sieht man das nicht an, doch selbst längere Trips zu zweit lassen sich abreiten, ohne dass der Allerwerteste zwickt. Der straffe Schaum sitzt sich nicht durch, und wenn es doch mal kneift, steht man kurz auf und das Gesäß ist beruhigt. Ruhe ist überhaupt ein Thema auf dieser Ténéré: Das Fahrwerk bügelt fast alle Unebenheiten glatt, die Laufkultur des CP2-Motors entspannt zusätzlich. Lediglich in Drehzahlregionen über 6500/min schleichen sich feine Vibrationen durchs Gebälk, ansonsten verwöhnt Yamahas kompakter 700er-Kraftwürfel mit bulligem Antritt aus unteren Lagen, mit homogener, aber unterhaltsamer Leistungsentfaltung, Drehfreude und niedrigen Spritverbräuchen. Der montierte Akrapovic-Dämpfer wirkt akustisch noch leiser als das Original. Alles in allem fühlt sich dieser Antrieb nach deutlich mehr als 74 Pferden an.

Ténéré-Terrain sind nicht nur Wüsten, sondern auch die Schwäbische Alb: Von legalen Offroad-Passagen über kleinste Asphaltbänder bis hin zu breiteren, gripstarken Trassen bietet die Region alles. Dazu werden alle denkbaren Arten von Kurvenradien gereicht. Die leichte, handliche 700er tanzt hier spielerisch durchs Geläuf. Dabei garantieren Pirellis STR-Rallye-Serien-Pneus trotz des groben Profils auch auf Asphalt besten Grip.

Regen, Schlamm, Rennstrecke? Einfach weiterfahren, denn die Ténéré bietet außer dem Können ihres Fahrers keine elektronischen Helferlein für solche Fälle. ABS ist an Bord, klar. Kann man komplett wegschalten. Aber sonst? Nichts. In Zeiten wie diesen, wo neue Modelle oft an der Vielzahl innovativer, elektronischer Features gemessen werden, ein mutiger, aber durchaus sympathischer Akt.

Gar keine Kritik? Doch: Der schöne Lack ist kratzempfindlich, Schrauben und Speichen korrosionsanfällig, der Wendekreis größer als der einer Africa Twin. Mitunter geht der Reihentwin etwas härter ans Gas. Das sei aber nicht immer so, könnte einer Serienstreuung unterliegen, behaupten andere Ténéré-Treiber. Sollen wir solche Sachen ernsthaft unter »Charakter« verbuchen? Ausnahmsweise, weil das Gesamtpaket verdammt begehrenswert und gemessen an den ganzen Ausstattungsfeatures auch noch fair eingepreist ist. ■

Mit diesen Gepäck- und Protektionslösungen von **Hepco & Becker** kann die Ténéré Rally auf weite Reisen: **Royster Tankbag** (164,74 Euro), **Tankring Lock-it** (60,39 Euro), **Minirack** (154,95 Euro), Soft-Seitentaschenset **Xtravel Basic** (535,15 Euro), **Kofferträger** festverschraubt (253,40 Euro), www.hepco-becker.de

Tankschutzbügel Rally (280 Euro), Bügeltaschen (126,67 Euro), www.hepco-becker.de

HONDA
CRF 1100 AFRICA TWIN
ADVENTURE SPORTS DCT 2024

TRÄUME-TRANSPORTER

Die neue Honda Africa Twin Adventure Sports hebt die universellen Fähigkeiten der Baureihe auf ein neues Level. Sie spricht jetzt auch Menschen an, die mit dem Thema »Abenteuer-Motorrad« gefremdelt haben. Sind Motor, Fahrwerk und DCT eine Klasse für sich? Die Antwort liefern 5000 Testkilometer!

TEXT: *Markus Biebricher*
FOTOS: *Biebricher (14), Honda (1), Tyson Jopson (4), Claudia Werel (4)*

E**s ist eine Erfolgsgeschichte sondergleichen:** Seit 36 Jahren beeindruckt Hondas Abenteuer-Motorrad mit hoher Güte in Sachen Verarbeitung, Fahrwerk, Ergonomie und robuster Technik. Jede Generation hat ihren eigenen Charakter und ihre Fangemeinde. Allein von der Reihenmotor-Twin, die seit 2016 auf dem Markt ist, wurden weit über 100 000 Einheiten verkauft, was für die Akzeptanz des Konzepts und den unzerstörbaren Weltreise- und Abenteuer-Nimbus spricht, den sich Hondas Träume-

Transporter erarbeitet hat. Auch dank der unermüdlichen Entwicklungsarbeit des Mutterkonzerns.
Und jetzt fahre ich die aktuelle Evolutionsstufe dieses Motorrades, das seit 2018 in zwei Ausführungen angeboten wird: als »normale« Africa Twin und als Adventure Sports-Version mit theoretisch maximierter Offroad-Kompetenz, aber auch gestiegenem Gewicht, größerem Tank und höherem Schwerpunkt. Damit war die Adventure Sports zumindest in härterem Gelände nur ein Fall für Profis oder für Zwei-Meter-Typen mit Zehnkämpfer-Statur. Honda überlegte neu und kam zu dem Schluss, dass es sinnvoller sei, der »normalen« Africa Twin die Rolle des Dreckwühlers zu überlassen und der Adventure Sports eine stärkere Touring-Prägung für die Straße einzuräumen. Weil es auf der ganzen Welt, sogar in Afrika, immer mehr Asphalt gibt und weil die Mehrheit der Kunden im Endeffekt eher selten in grobem Geröll oder tiefem Sand unterwegs ist. Die Boxer-BMW GS macht es vor: Auch sie ist ein anerkanntes Universalgenie, das selbst mit 19-Zoll-Vorderrad noch ausreichend Offroad-Spirit transportiert. Deswegen gilt ab sofort auch im Honda-Imperium: Die normale Africa Twin behält das im Gelände führungsstarke 21-Zoll-Vorderrad, die neue Adventure Sports bekommt vorn einen 19-Zöller, gekürzte Federwege, einen tieferen Schwerpunkt und weitere Features, die ihre Tourentauglichkeit auf der Straße erhöhen und das Motorrad interessant machen für einen stark erweiterten Käuferkreis. Beide Africa Twin-Versionen sind mit Hondas einzigartigem Doppelkupplungsgetriebe DCT lieferbar, das aktuell 64 Prozent aller Kunden ordern, obwohl auch das manuelle Getriebe zu den besten der Welt gehört. Egal, Hondas »Dual Clutch Transmission« wurde seit Jahren weiterentwickelt, ist tatsächlich abwürgsicher, hat einen Gelände-Modus und einen Reifegrad erreicht, der fast keine Wünsche mehr offenlassen soll.

Fakt ist, dass der Aufstieg auf die Adventure Sports sofort gute Laune macht, weil jetzt auch kleiner gewachsene Menschen locker drauf- und mit beiden Füßen auf den Boden kommen. 835 Millimeter Sitzhöhe, auf Wunsch sogar nur 795 Millimeter, das ist die Hürde, die es zu nehmen gilt, bevor man es sich auf der neu geformten Sitzbank bequem machen kann. Die ist für die gesamte Besatzung langstreckentauglich, nicht zu weich, aber komfortabel und für den Fahrer vorne schön schmal geschnitten, wenn er sich mal im Stehen

Tiefer Schwerpunkt, niedrige Sitzhöhe, weniger Bodenfreiheit, dennoch genug Schräglagenfreiheit dank der Möglichkeit, das Heck mit EERA schnell anzuheben

oder sehr nahe am Tank jenseits der Straße versuchen will. Asphalt ist klar die Domäne der 2024er-Adventure Sports. Sie transportiert die Reputation ihrer dreckerprobten Vorläufer so stark auf komfortables Reisen wie noch nie zuvor. Modifikationen an Verkleidung und Scheibe sorgen dafür, dass der Luftstrom jetzt noch eleganter um Motorrad und Besatzung herumgeleitet wird, die fünffach leicht per Hand verstellbare Scheibe zeigt verbesserten, sehr guten Windschutz. Das weiterhin 6,5 Zoll große Touchscreen-Cockpit bietet bestechende Ablesbarkeit und hohe Informationsdichte. Die Steuerung erfolgt über Berührung oder über die zahlreichen Schalter und Wippen vor allem am linken Lenkerende. Das System ist kein Muster an intuitiver Bedienung. Trotzdem gewöhne ich mich zügig an die Denkstruktur japanischer IT-Profis und bediene die Klaviatur nach kurzer Zeit selbst mit dickeren Handschuhen mehrheitlich fehlerfrei. Dennoch: Hätte ich einen Wunsch frei, würde ich mir in Zukunft weniger Schalter wünschen. Zum Trost werden mir schon heute sechs Fahrmodi serviert, von denen ich zwei individuell programmieren kann: Leistungsentfaltung, Traktionskontrolle, Wheeliekontrolle, Schleppmomentregelung, Vorspannung, Dämpfung sowie der Modus des Kurven-ABS sind schnell und wirkungsvoll auf meine persönlichen Bedürfnisse konfigurierbar. Handys lassen sich per Bluetooth koppeln und liefern klassenübliche Bordunterhaltung samt anschaulicher Kartennavigation.

Jetzt aber los: Danke, Honda, dass ich noch einen Schlüssel ins Zündschloss stecken darf. Nach dem Dreh braucht der Bildschirm etwa 15 Sekunden, bis die Typen-Folklore abgeschlossen ist, ich die übli-

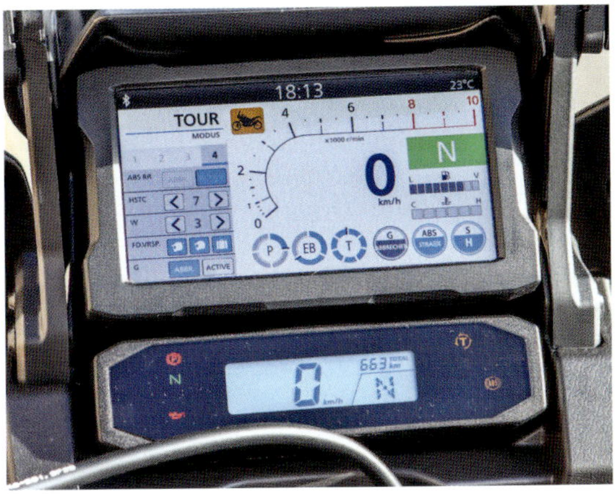

Der hochinformative 6,5-Zoll-Touchscreen ist nach kurzer Lernzeit reell bedienbar und bietet zahllose Interaktionsmöglichkeiten

Hondas abwürgsicheres DCT arbeitet jetzt mit noch mehr Sensoren, glänzt mit höchstem Schaltkomfort und reichlich Eingriff-Optionen

Grenzwertige Schaltervielfalt, aber gut erlernbar: Klaviatur am linken Lenker- ende (links oben). Rechts ist mit DCT-Kontrolle und Tempomat alles easy

Dickes Ende: Die üppig dimensionierte Aluminium-schwinge trägt einen stabilen Kettenspanner, der das Justieren der Sekundärkette einfach macht

Top: Das elektronisch gesteuerte Federbein ist vielfältig einstellbar

Vorbildlich: Winkelventile in den Kreuzspeichenr-ädern

Im Heck: Sicherungen, Steuergeräte. Batterie und Tools an den Flanken

Vierkolben-Festsättel samt gut regelndem ABS sorgen für sichere Stopps

REIFEN

Bridgestone Battlax Adventure A41: Die Schlauchlos-Garnitur gefällt mit gutem Grip und Stabilität auf Asphalt. Passt auch noch auf leichten, trockenen Feldwegen. Tiefe Temperaturen in Kombination mit Nässe mögen die Pneus nicht so gerne.

VERARBEITUNG

Echte Stärke: Africa Twins waren nie schlecht verarbeitet. Die neue Adventure Sports macht hier keine Ausnahme, gefällt mit hoher Materialgüte. Nur die Handschützer sind nicht so stabil, werden bei Umfallern beschädigt.

TANK

Stabiler Stahlbehälter: Der Tank spreizt durch eine günstige Form die Fahrerbeine nicht allzu stark, ermöglicht noch eine gewisse Dynamik während Offroad-Einsätzen. 24,8 Liter Kapazität sorgen für 500 und mehr Kilometer Reichweite.

LENKER/ ARMATUREN

Gute Kontrolle: Der 870 Millimeter breite, ergonomisch gut geformte Lenker ermöglicht beste Kontrolle in allen Fahrsituationen. Das links mit 16 Schaltern überfrachtete Lenkerende (rechts nur 6 Schalter) braucht etwas Eingewöhnung. Feinmotorische Präzision hilft beim Betätigen.

RAHMENHECK

Stabil: Das Rahmenheck aus Alu-Profilen ist reparaturfreundlich angeschraubt, solide konstruiert und für reisetaugliche Zuladungen bis 218 Kilogramm ausgelegt.

FUSSRASTEN

Ergonomisch wertvoll: Bremshebel wie Rasten punkten mit guter Positionierung und Grip, der dämpfende Gummi-Einsatz kann für Offroad-Trips entfernt werden.

MOTOR

Gewonnen: Die Modifikationen samt Drehmomenterhöhung und Drehzahlsenkung haben dem bulligen, elastischen und bassig tönenden Euro-5-Plus-Twin gutgetan.

INSTRUMENTE/SCHEIBE/LICHT

Informativ: Das 6,5-Zoll-Display überzeugt: gute Ablesbarkeit, hohe Info-Dichte. Die Bedienung braucht aber etwas Übung. Die fünffach justierbare Scheibe sorgt für guten Windschutz, das LED-Licht inklusive Kurvenlicht macht jede Nachtfahrt mit guter Ausleuchtung sicherer. Die Blinker verfügen über Notbrems-Anzeige-Funktion.

FEDERBEIN/GABEL

Bestnoten: Das EERA-Fahrwerk ist vielfältig vorkonfigurierbar und individuell einstellbar. Sein Spektrum reicht von extremer Schluckfreude, die an einen fliegenden Teppich erinnert, bis hin zu einer gewissen Straffheit. Sportliche Härte wird nicht geboten, das Bike behält einen Grundkomfort und stets ein schön sensibles Ansprechverhalten.

BREMSE

Unauffällig gut: Die 310er-Doppelscheibe mit Vierkolben-Festsattel und die 256er-Assistenz im Heck gefallen mit guter Dosierbarkeit, satter Verzögerung und feinem ABS.

che Sicherheitsbelehrung bestätigen und die Anzeigen sehen kann. Vorher starten und losfahren geht auch, aber dann sieht man die Anzeigen noch nicht. Und die sind wichtig. Fix kann ich die Schaltmodi anwählen, meistens ist das »S1« oder »S2«. Warum? Weil der normale »D«-Modus, der beim ersten Tippen auf den Drücker eingelegt wird, echt was für Fans von Kellerdrehzahlen ist. Die Honda-Ingenieure werden schon wissen, was sie ihrem dicken Twin zumuten können, aber diese zwanghafte Neigung zu tiefsten Touren ist mir persönlich zu viel Drehzahl-Demut. Das auf 112 Nm gewachsene Drehmoment bei 5500/min lässt den Twin zwar willig vorwärtstreckern, aber ob das so guttut? Robust ist er auf jeden Fall, denn selbst mit gestiegener Verdichtung verträgt er immer noch mäßige Spritqualitäten im Ausland.

Zurück zum DCT: Wenn es erst mal in tiefen Drehzahlen angekommen ist, lässt es sich Zeit mit dem Runterschalten. Da ist Eingreifen über die komfortablen manuellen Bedienungsschalter am linken Lenkerende gefragt. Das geht immer sehr schnell und supergeschmeidig. Deswegen an dieser Stelle auch ein dickes Lob an das verfeinerte DCT! Fast alle Schaltvorgänge werden extrem verschliffen und weich absolviert. Aus dem Maschinenraum ist mitunter ein feines Klacken zu hören, gerade unter Last erfolgt der Vortrieb aber geräuschlos, nahezu ohne Zugkraftunterbrechung, samtig und ruckelfrei. Der mechanische und elektronische Aufwand ist gewaltig, das DCT eine großartige Ingenieursleistung. Ist das System damit perfekt? Nicht ganz, denn es gibt Fahrsituationen, vor allem in Spitzkehren, da agiert das

Die Africa Twin Adventure Sports bietet auch zu zweit Platz, Komfort und langstreckentaugliche Ergonomie

DCT übereifrig und legt die erste Fahrstufe mitten in der Kurve ein, obwohl man gerne im zweiten Gang verblieben wäre. Zudem wird der erste Gang harscher als gewohnt serviert und kann dann die Linie stören. In den drei »S«-Stufen, die den Twin höher drehen, das DCT später hochschalten und früher runterschalten lassen, erfolgt das Runterschalten dann meistens vor der Kurve. Dennoch: Auch das tollste Doppelkupplungsgetriebe ist nicht mit dem Fahrerhirn verknüpft und muss daher in gewissen Situationen mit manuellen Eingriffen zur Perfektion animiert werden. Wer mag, kann auch komplett manuell schalten. Übrigens: Das DCT-Mehrgewicht von zehn Kilo verschwindet unauffällig in der Gesamtmasse der 1100er, die damit 253 kg wiegt.

KONKURRENZMODELLE

BMW F 800 GS
Leistung: 77 kW (105 PS) bei 8500/min, Drehmoment: 93 Nm bei 6750/min, Gewicht: 225 Kilo, Preis: ab 13 750 Euro

Ducati DesertX
Leistung: 83,1 kW (113 PS) bei 9250/min, Drehmoment: 92 Nm bei 6500/min, Gewicht: 228 Kilo, Preis: ab 16 790 Euro

KTM 890 Adventure
Leistung: 77 kW (105 PS) bei 8000/min, Drehmoment: 100 Nm bei 6500/min, Gewicht: 216 Kilo, Preis: ab 15 190 Euro

Triumph Tiger 900
Leistung: 79,5 kW (108 PS) bei 9500/min, Drehmoment: 90 Nm bei 6850/min, Gewicht: 234 Kilo, Preis: ab 16 395 Euro

Der überarbeitete Motor macht seine Sache richtig gut. Erfahrene Twin-Treiber werden den Zuwachs an Schmalz in der Drehzahlmitte spüren. Längere Ansaugschnorchel, höhere Verdichtung, modifizierter Schalldämpfer, neue Steuerzeiten und eine abgestimmte ECU füttern die Drehmomentkurve des Twins. Seine Elastizität ist groß, der Klang schön bassig, sein Puls beglückend. Auch wenn die Konkurrenz höhere Leistung anbietet, gibt es wenig Situationen, in denen ich mehr Druck herbeisehne. Die Domäne aller Africa Twins war noch nie überbordende Power, sondern Wertigkeit, Top-Fahrwerk, gute Ergonomie und bestechende Zuverlässigkeit auf allen Pisten dieser Welt. Daran hat sich auch beim 2024er-Jahrgang nichts geändert. Was im Falle der Adventure Sports anders ist, ist die Größe des Vorderrades: 19 Zoll bedeuten weniger Kreiselkräfte, der breitere 110er-Bridgestone Battlax A 41 bringt spürbar mehr Gummi auf die Straße, Grip und Komfort sind satter als beim Pendant mit 21 Zoll. Die Rückmeldung vom Vorderrad profitiert auch von der anderen Geometrie. Weil das Hinterrad weiterhin 18 Zoll misst, neigt sich die Twin minimal nach vorn, dem 19-Zöller entgegen, was Handlichkeit und Einlenkverhalten verbessert. Außerdem werden so auch höhere Bremskräfte übertragen. Die auf 210 und 200 Millimeter reduzierten Federwege zeitigen etwas weniger Schräglagenfreiheit, was aber tolerabel ist, weil ich das semiaktive Fahrwerk hinten auf Knopfdruck anheben kann.

Thema Fahrwerk: Seine Infos erhält das serienmäßige Showa-System von einer Sechsachsen-IMU, dem Tacho und dem Gabelsensor sowie einem superschnellen Rechner. Alle 15 Millisekunden stellen sich die Dämpfer auf die aktuelle Fahrsituation ein und verhelfen dem »EERA« (Electronically Equipped Ride Adjustment) genannten Fahrwerk zu einer perfekten Performance. Unter

Für die meisten Offroad-Anwendungen auf Reisen genügt der 19-Zöller locker, zumal man auch in diesem Format gröber profilierte Reifen bekommt

einer derart cleveren elektronischen Verwaltung reicht der kompaktere Federweg auf Wunsch für traumhaften Komfort, aber auch robuste Reserven. Wer in den User-Modi herumexperimentiert, wird feststellen, dass die softe Adventure Sports sogar überraschend sportliches Potenzial bietet. Auf der Straße, aber auch im Gelände, wo es immer noch verdammt viel zu bestellen gibt. Nur wenn der Untergrund richtig ruppig oder sandig wird, spielt das 21-Zoll-Rad der »normalen« Africa Twin seine besseren Führungsqualitäten aus. Auch die 20 Kilo Mindergewicht helfen dem Standardmodell hier weiter. Dennoch: Die Gesamtauslegung der neuen Adventure Sports wird vielen Menschen die Angst vor Schotter nehmen. Hier helfen niedrige Sitzhöhe und hervorragende Balance viel stärker als maximale Bodenfreiheit und großes Vorderrad. Zumal sich das Motorrad gut im Stehen fahren lässt und generell über den breiten Lenker eine souveräne Kontrolle auf Straße und Schotter ermöglicht. Spürt man das Gewicht? Selten, vielleicht mal in sehr zügig angegangenen Wechselkurven. Selbst schieben und (dank Mini-Wendekreis) rangieren lässt sich die 1100er leicht.

Halten wir also fest: Tourentauglichkeit, Komfort, Reserven, Lenkpräzision, Handlichkeit, Bremsstabilität und Fahrsicherheit insgesamt sind gestiegen, auch die Bremsen machen einen Top-Job. Das knapp 25 Liter fassende Spritfass ermöglicht gut 500 Kilometer Reichweite, der kultivierte Reihentwin, die modifizierte Form von Verkleidung und Sitzbank sowie eine für die meisten Menschen gelungene Ergonomie sorgen für eine im Africa Twin-Kosmos bislang unerreichte Langstreckenperformance. Das serienmäßig mit Kurvenlicht, Tempomat, Heizgriffen und mehr ausgestattete Bike lässt sich über Zubehör-Pakete weiter an individuelle Bedürfnisse anpassen. Mein Eindruck nach 5000 Kilometern: Die Adventure Sports ist eine brillante Reisemaschine! Mehr Flexibilität, mehr Fahrwerkskompetenz, mehr Tour- und Schaltkomfort, mehr Verarbeitungsgüte bietet selbst die Top-Liga nicht. Nur bei Radarsystemen ist die absolute Oberklasse voraus. Noch!

Leistung ist nicht alles: Dank ihrer herausragenden Touring-Qualitäten erreicht die luxuriöse Adventure Sports jetzt die Top-Liga der Reiseenduros

TECHNIK

HONDA
CRF 1100 AFRICA TWIN ADVENTURE SPORTS DCT 2024

MOTOR

Wassergekühlter Zweizylinder-Viertakt-Reihenmotor, zwei Ausgleichswellen, eine obenliegende, kettengetriebene Nockenwelle (SOHC), vier Ventile pro Zylinder, Kipphebel/Tassenstößel, Semi-Trockensumpfschmierung, Einspritzung, 2 x Ø 46 mm, geregelter Katalysator, Lichtmaschine 490 W, Batterie 12 V/6 Ah (Lithium-Ionen), mechanisch betätigte Mehrscheiben-Ölbadkupplung (Anti-Hopping), Sechsganggetriebe/DCT, Kettenantrieb, Sekundärübersetzung 2,625.

Bohrung x Hub	92 x 81,5 mm
Hubraum	1084 cm^3
Verdichtungsverhältnis	10,5:1
Nennleistung	75 kW (102 PS) bei 7500/min
Max. Drehmoment	112 Nmbei 5500/min

FAHRWERK

Semi-Doppelschleifenrahmen aus Stahl, angeschraubtes Alu-Rahmenheck, elektronisch einstellbare Upside-down-Gabel, Ø 45 mm, verstellbare Federbasis, Druck- und Zugstufendämpfung, Zweigelenk-Einarmschwinge aus Aluminium, elektronisch einstellbares Pro-Link-Zentralfederbein, verstellbare Federbasis, Druck- und Zugstufendämpfung, Doppelscheibenbremse vorn, Ø 310 mm, Vierkolben-Festsättel, Scheibenbremse hinten, Ø 256 mm, Einkolben-Schwimmsattel, Kurven-ABS, TCS, WC, RLC, Fahrmodi.

Alu-Gussräder	2.50 x 19; 4.00 x 18
Reifen	110/80 R 19; 150/70 R 18
Bereifung im Test	Bridgestone Battlax A 41

ABMESSUNGEN + GEWICHTE

Radstand 1570 mm, Lenkkopfwinkel 62,5 Grad, Nachlauf 106 mm, Federweg vorn/hinten 210/200 mm, Sitzhöhe 835 bis 855 mm (795 mm für 179 Euro), Gewicht vollgetankt 253 kg, Zuladung 218 kg, Tankinhalt/Reserve 24,8/4,0 Liter

SERVICE-DATEN

Gewährleistung	zwei Jahre
Serviceintervalle	alle 12 000 km
Farben	Mattschwarz, Weiß Tricolor (plus 300 Euro)
Preis (inkl. Nebenkosten)	ab 19 550 Euro

MESSWERTE*

Fahrleistungen	
Höchstgeschwindigkeit	200 km/h
Beschleunigung*	
0–100 km/h	3,9 sek
0–140 km/h	6,7 sek
0–200 km/h	18,2 sek
Durchzug*	
60–100 km/h	4,2 sek
100–140 km/h	4,8 sek
140–180 km/h	6,4 sek

VERBRAUCH*

Landstraße	4,9 l/100 km
Theor. Reichweite	510 km
Kraftstoffart	Super

Herstellerangaben; Hersteller-Pakete: Rally-Paket: Fußrasten, Motorschutzbügel, Quickshifter, DCT-Fußschalthebel, Felgendekor (949 Euro), Adventure-Paket: Verkleidungssturzbügel, Nebelscheinwerfer, 45-Liter-Tankrucksack, Tankpads (989 Euro), Urban-Paket:Topcase, Hauptständer (Alu 899 Euro, Kunststoff 945 Euro), Travel-Paket: Koffer, Fußrasten (Kunststoff 1149 Euro, Alu 1559 Euro), DCT (1100 Euro), rLeistung an der Kurbelwelle, *RIDE-Messungen (»53«)

LEISTUNGSDIAGRAMM[1]

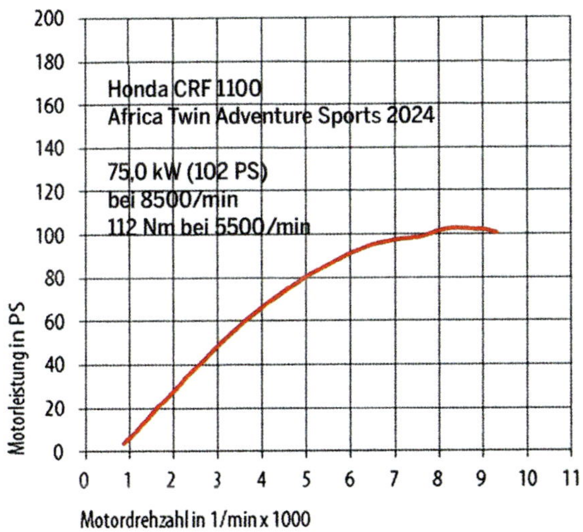

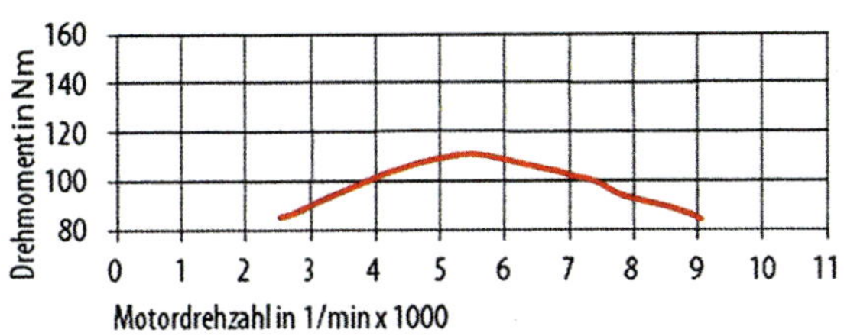

EIGENSCHAFTSWERTUNG
HONDA CRF 1100 AFRICA TWIN ADVENTURE SPORTS DCT 2024

KURZTRIP 4,75	Kräftiger, elastischer, kultivierter Reihentwin, erfreuliche Ergonomie, entspannte Sitzposition, komfortables Fahrwerk, gut dosierbare Bremsen, mannigfaltige Einstellmöglichkeiten, feines DCT	
	Fahrstabitität	★★★★★
	Sicherheitsfeatures	★★★★½
	Windschutz	★★★★½
	Ausstattuns	★★★★★
URLAUBS-REISE 4,62	Koffer, Protektion, Hauptständer aufpreispflichtig, Heizgriffe, Gepäckträger, Tempomat, Top-Kurvenlicht und vielfältig einstellbares Fahrwerk serienmäßig. Guter Windschutz, bequeme Sitzbank	
	Gepäcksystem	★★★★☆
	Reichweite	★★★★★
	Autobahn	★★★★½
	Flexibilität	★★★★★
ZU ZWEIT 4,5	Komfortables Fahrwerk mit zahlreichen elektronischen Einstellmöglichkeiten, bequeme Plätze vorn und hinten, guter Windschutz, stabiler Gepäckträger, bulliger Motor, geschmeidiges DCT	
	Soziusplatz	★★★★☆
	Fahrsicherheit 2 Personen	★★★★★
DAILY USE 4,6	Bulliger, elastischer Motor, gut dosierbare Bremsen, flexibel bedienbares DCT, hochkarätiges, handliches semiaktives Fahrwerk, leichtes Rangieren, kleiner Wendekreis, niedrige Sitzhöhe	
	Rangieren	★★★★½
	Stadtverkehr	★★★★½
	Schließsystem	★★★★★
	Easyness	★★★★½
HAUS-STRECKE 4,17	Dank User-Modi sportliches Potenzial, vielfältig nutzbares, auch manuell bedienbares DCT, sichere Bremsen, hohe Fahrpräzision und Stabilität, dennoch handlich. Passable Schräglagenfreiheit	
	Handling	★★★★½
	Bremsen	★★★★☆
	Performance	★★★★☆
GARAGE 4,67	Klasse Verarbeitung, wertige Komponenten, moderate Reifendimensionen, hohe Wartungsintervalle, geringer Wertverlust und gute Langzeitqualität, leichte, starke Batterie, Schlauchlos-Reifen	
	Inspektionsumfang	★★★★½
	Reifenkosten	★★★★½
	Werterhalt	★★★★★
GESAMTWERTUNG: 4,55		★★★★½

LEICHTE ADVENTURES

Sehr ähnlich den leichten Reiseenduros sind diese Spaßbringer die Einladung, einfach loszufahren: klein genug für Stadt und Alltag, wach genug für Pässe, Feldwege und das »mal sehen, was dahinter kommt«. Sie machen aus kurzen Ausritten kleine Reisen – und aus Reisen oft Umwege, weil's so leicht fällt. Honda CRF 300 Rally, Honda NX 500 und KTM 390 Adventure stehen für genau dieses Gefühl: unkompliziert aufbrechen, spielerisch ankommen, weiterfahren wollen.

HJC
HONDA

HONDA CRF 300 RALLY

ABENTEUER ASKESE

Ist es noch seriös, eine 300er als ausgewachsene Reiseenduro zu bezeichnen? Bedeutet weniger Motorrad mehr Freiheit? Diese und andere Fragen plus Stärken-Schwächen-Analyse bewegten RIDE auf einer herausfordernden 5000-Kilometer-Reise mit der Honda CRF 300 Rally.

TEXT: *Markus Biebricher*
FOTOS: *Biebricher (3), BWM (1), Markus Esser (1), Rossen Gargolov (7), Honda (3), Royal Enfield (1), Voge (1), Claudia Werel (2)*

Bringen wir es auf den Punkt: Powerfetischisten sollten diesen Test gar nicht erst lesen! Weil 27PS, 27 Newtonmeter und 286 Kubikzentimeter Hubraum aus einem Zylinder in unserer leistungsverwöhnten Zeit doch ziemlich defizitär anmuten, oder nicht? Kommt drauf an, weil Leistung an sich relativ ist und 27 PS objektiv betrachtet ja nicht gar nichts sind. Stellt euch 27 Pferde nebeneinander vor, das ist schon eine beachtliche Herde. Fakt ist, man muss sich kurz eingewöhnen, wenn man von dickeren Bikes umsteigt, aber je länger die Zeit auf der kleinen Honda dauert, desto mehr Freude bereitet sie und desto stärker wirft sie die Frage auf, ob man wirklich mehr braucht für einen glücklichen Motorrad-Alltag. Bereits mit der CRF 250 Rally hatte Honda anno 2017 einen Gegenentwurf zu modernen Reiseenduros auf die Stollen gestellt, die ja alle mit satter Leistung, massig Elektronik, Hightech und Kampfgewichten von meist weit jenseits der 200 Kilo ins Rennen um die Käufergunst gehen. Die 250er (25 PS, 23 Nm) war konzipiert als leicht beherrschbares »Weltmotorrad«, bei dem Einfachheit und Geländetauglichkeit im Vordergrund standen. Unsere aktuelle 300er nimmt diesen Ansatz in verbesserter Form auf. Ihr Motor punktet mit überarbeitetem Lufteinlass, geänderten Einlassnocken und neuer Abgasanlage, was die Leistung des Einzylinders auf dem Prüfstand immerhin auf 27,7 PS und die angegebenen 27 Nm erhöhte. Kein Quantensprung, aber ein reizvoller, nutzwertiger Zugewinn.

Vor allem, wenn diese Verbesserungen kombiniert sind mit neuem Sechsganggetriebe, Anti-Hopping-Kupplung und einem um vier Kilogramm auf 153 Kilo reduzierten Gesamtgewicht, inklusive gefülltem 12,8-Liter-Tank. Damit nicht genug: Honda modifizierte zusätzlich noch Sitzbank, Schwinge, Rahmen, Lenker, Fußrasten, Blinker und das Cockpit-Display. Die Federwege wurden auf 250 und 265 Millimeter raufgesetzt, was auch der Bodenfreiheit zugute kommt. Wer jetzt Angst vor dem Aufsteigen bekommt, sei beruhigt. Die CRF ist in der Serienabstimmung so weich, dass sie nach dem Aufsitzen selbst bei leichtgewichtigen Menschen erst mal ordentlich in die Federn sinkt und ihren Bezwingern damit auch bei weniger ausgeprägten Beinlängen wieder Bodenkontakt ermöglicht. Bereits auf den ersten Kilometern registrieren Fahrerinnen und Fahrer ein schier konkurrenzloses Komfort-Level: Die kleine Abenteuer-Enduro bügelt wirklich alles glatt, was Straßen oder

CRF voll in ihrem Element: Gepäckfreie, spaßbeladene Tagesabenteuer auf dem Jafferau

Klar aufgebaute Kommandozentrale, gutes Display, leichte Bedienung

Gut: Windschutz, Lichtausbeute, flexible Blinker der Africa Twin, Rallye-Optik

Praktisch: abschließbare Box für Bordwerkzeug (Tools sollten getauscht werden, Platz ist da). Soziusrasten für Notfälle, Gummis der Hauptrasten abnehmbar

Federbein mit Umlenkung, Plastikmotorschutz: ist erstaunlich schlagzäh

Stabile Alu-Schwinge, Schlitz in Kettenschutz zur Messung des Durchhangs

REIFEN

Interdisziplinär: Die Erstbereifung IRC Trails GP-21/22 ist talentiert. Sie unterstützt das quirlige Handling der CRF, liefert Feedback und Abrollkomfort, kann hohe Schräglagen auf Asphalt und bietet Grip auf Schotter, in Schlamm, Sand und Schnee. Bestnote!

VERARBEITUNG

Licht und Schatten: Lackierung an Tank und Verkleidungsteilen gut, durchgefärbte Plastikteile robust, Qualität einiger Schrauben mies, LC-Display sitzt etwas schief, billiger Bremshebel, Stiefel scheuern Lack am Rahmen durch.

TANK

Aus Blech: Der 12,8-Liter-Tank bietet viel Bewegungsfreiheit, der gleiche gute Tankdeckel ziert auch die Africa Twin; die Lackqualität ist erstaunlich, die Dekore sind überlackiert. Für eine derart leichte Enduro sind enorme Reichweiten drin.

LENKER/ ARMATUREN

Steuer-Einheit: ausreichend breiter, zierlich dimensionierter Lenker mit Mittelstrebe. Eine Erhöhung würde das Fahren im Stehen noch leichter machen (z. B. 20 bis 30 mm durch https://voigt-mt.de). Sehr leicht bedienbare, leider nicht einstellbare Hebeleien, Handschützer nicht geschlossen.

RAHMENHECK

Zierlich: Nicht zuletzt aus Gewichtsgründen dünnes Rohrwerk am Heck. Zuladung 162 Kilogramm. Soziusmitnahme auch aus Platzgründen schwierig. Gepäckträger nicht Serie.

FUSSRASTEN

Gut gelöst: Für den Offroad-Einsatz können Fußrastengummis rausgenommen werden, dann guter Grip auch in Schlamm, Schnee und bei Wasserdurchfahrten. Qualität okay.

MOTOR

Tapferer Geselle: gemessen am Hubraum durchaus elastisch. Vibrations-, verbrauchs-, wartungs- und geräuscharm (86 dB Standgeräusch). Drehwillig, leichte Lastwechsel.

INSTRUMENTE

Gute Basis: Das scharfe LC-Display bleibt auch bei Sonneneinstrahlung bestens ablesbar. An ihm befindet sich der Abschaltknopf für das Straßen-ABS. Korrekte Infos über Verbrauch, Schaltanzeige, Speed, Drehzahl etc. Einfache Bedienung, gut sichtbare Kontroll-Leuchten, inklusive variabel blinkender Überdreh-Warnung ab 7200/min.

FEDERBEIN/GABEL

Fliegender Teppich: unerreichter Komfort durch butterweiche Abstimmung. Motorrad taucht weit in die Federn. Geringe Dämpfungsreserven, nur Federbasis ist justierbar. Personen unter 70 Kilogramm Gewicht, die entspannt wandern wollen, können die Serienware drin lassen. Alle anderen sollten in das Fahrwerk investieren.

BREMSE

Ordentlich: Die 296-mm-Doppelkolben-Schwimmsattelbremse verzögert befriedigend, das ABS regelt fein. Die Mehrleistung gegenüber der »L«-Bremse ist spürbar.

Pisten an Verwerfungen und Löchern aufzubieten haben. Ginge es nach ihr, bräuchten nirgendwo mehr Wege instand gehalten werden. Wer allerdings im Gelände richtig schnell sein will und die gutmütige Thai-Honda mit einer Sport-Enduro verwechselt, bringt das supersofte Grundsetting schnell an seine Grenzen, weil es kaum Reserven bietet, wenn Stöße allzu schnell hintereinander erfolgen oder aufgrund höherer Geschwindigkeit zu hart rüberkommen. Also einfach etwas Gas rausnehmen, in einen zügigen Wander-Modus schalten, und schon wird die Reise wieder zum Hochgenuss. Dann schwebt die CRF sänftenartig über Wurzeln, Steine, Trails, Schlaglöcher, Bordsteinkanten oder Querrillen und hebt mit ihrem unfassbar flinken, fahrradähnlichen Handling jegliche Reise auf ein so noch nicht gekanntes Spaßniveau. Zumal der kleine Einzylinder ein erstaunlich laufruhiger, leiser und kultivierter Antrieb ist. Am wohlsten fühlt er sich zwischen 4000 und 6000/min, da läuft er wie eine Turbine, nahezu vibrationsfrei. Der erste Gang des extrem leicht schaltbaren Getriebes ist so kurz übersetzt, dass man glaubt, fast senkrecht überall hochzukommen; auch der zweite und dritte macht mutige Steilanstiege mit, weil die Kraft des Motors ausreicht und er sich in den ersten drei Gängen tapfer auch von unterhalb 3000/min

Auch wenn es nicht so scheint: Die CRF 300 ist ein Abenteuer-Motorrad für alle Fälle

hochackert. Auch hier ist der Vergleich mit Sport-Enduros unfair, doch das Steigvermögen liegt weit über dem der üblichen Reiseboliden. Der Pilot einer 700er-Ténéré behauptete zwar beim gemeinsamen Erobern des Col de Sommeiller, auch er gelänge überall dorthin, wo die CRF 300 hinkäme. Wenn dem denn so sein sollte, kostet es ihn definitiv deutlich mehr Energie, wetten?

Bleiben wir beim Motor: Der mit zwei obenliegenden Nockenwellen, vier Ventilen und einer Ausgleichswelle modern konstruierte Single mutet nur auf den ersten Kilometern mager motorisiert an. Klar, auf Autobahnen und großen Landstraßen muss man ihn drehen, um geschmeidig im Verkehr mitfließen zu können. Doch der quirlige Kerl ist Drehzahlen nicht abgeneigt und sorgt für sanften Vortrieb mit forscher Note, sobald die 4000 Umdrehungen überschritten sind. Zwischen 5000 und 7000 packt er noch mal ein Schippchen drauf, doch über 8000 bringt das Ausquetschen nicht mehr viel. Will sagen, man spürt das gemessene Drehmoment-Maximum bei 6400 weitaus deutlicher als den Leistungspeak bei 8300. Womit auch klarer wird, dass die CRF 300 für das Schnellfahren nicht nur offroad, sondern auch auf der Straße das falsche Motorrad ist, obwohl der Sechste extra lang übersetzt wurde. Bei 100 km/h dreht sie z. B. 6000/min, 7000 bedeuten etwa 117 km/h, bei 8000 läuft sie dann 130. Topspeed? Angegebene 135, der Tacho zeigt bei günstigen Bedingungen auch schon mal 144 an. Doch das macht wenig

Hohe Schotterpässe mag die CRF 300. Einige Abenteurer sind mit ihr aktuell auf Fernreisen unterwegs

Freude, zumal der Single ab 7000 seine akustische Zurückhaltung gegen ein kerniges Böllern eintauscht und ein Kribbeln in die Rasten schickt. Immer noch wenig im Vergleich zu anderen Einzylindern, doch selbst die haben keine Lust auf lange Autobahn-Etappen, egal, wie viel Hubraum sie besitzen mögen. Auch hier kommt also wieder zum Tragen, dass unsere 300er sich umso wohler fühlt, je kleiner und kurviger die Straßen sind. Stichwort Kurven: Keine andere Reiseenduro lässt sich so leicht und spielerisch abwinkeln, keine andere reagiert derart flink auf Fußrastendruck, keine andere hat einen Wendekreis von unter vier Metern! Das sorgt für enorme Freiheiten beim Manövrieren, beim Befreien aus schwierigem Gelände. Nicht zu vergessen das geringe Gewicht. Sollte die Rally mal umfallen, ist sie mit vergleichsweise wenig Kraft wieder aufzurichten. Auch wenn sie mal auf groben Steinen versetzt wird und schräg kommt: Druck auf die Raste oder Bein raus, und die Kleine ist wieder auf Kurs.

Der kann ruhig mutig gewählt werden, denn Reifen und Fahrwerk machen das meiste mit und aus der moderaten Motorleistung richtig viel. Schnelle Wechselkurven? Da wippt die Honda gerne mit dem Heck und schaukelt schon mal wie eine Schaluppe bei viel Seegang, vor allem, wenn die Steuereingaben harsch sind. Das bedeutet: In der Serienabstimmung sollte man bergab am Pass vielleicht nicht andere Motorräder herausfordern. Gönnt man sich jedoch ein Fahrwerks-Update, wird aus der kleinen Roten ein GS-Jäger. Ich sagte: nur bergab und in engen Kurven. Das liegt auch daran, dass die werksseitig montierten IRC-Trails-Reifen so souveräne Allroundqualitäten an den Tag legen. Auf Asphalt grippen sie bis in erstaunlich freche Schräglagen, im Gelände meistern sie Schotter, Schlamm und Schnee respektabel. Das müssen andere Stollen-Pneus erst mal in dieser Bandbreite und mit diesem Abrollkomfort hinbekommen. Während 5000 Kilometer harter Beanspruchung baute der Hinterreifen etwa zwei Drittel, der vordere gut ein Drittel ab.

Übrigens: Auf 3500 Kilometern der Testdistanz fuhr eine CRF 300 L mit. Diese ist das Schwestermodell der Rally und richtet sich an preisbewusste Puristen. Die »L« kostet 1000 Euro weniger, hat keine Verkleidung, den schwächeren Scheinwerfer, eine schmalere, kürzere Sitzbank, nur 7,8 Liter

Unterwegs mit der leichteren Schwester »L«. Rolle und Rucksack reichten für mehrere Wochen

KONKURRENZMODELLE

BMW G 310 GS
Leistung: 25 kW (34 PS)
bei 9250/min Drehmoment:
28 Nm bei 7500/min,
Gewicht: 175 Kilo
Preis: ab 6180 Euro

Voge 300 Rally
Leistung: 21 kW (29 PS)
bei 9000/min Drehmoment:
25 Nm bei 6500/min,
Gewicht: 158 Kilo,
Preis: ab 4299 Euro

Royal Enfield Himalayan
Leistung: 18 kW (24 PS)
bei 6500/min Drehmoment:
32 Nm bei 4500/min,
Gewicht: 199 Kilo,
Preis: ab 4699 Euro

Zusatzbemerkung: Die A2-taugliche Reiseenduro Honda CRF 300 Rally bekommt erst 2023 mit der Voge 300 Rally echte Konkurrenz. Die 310er-BMW GS, KTM 390 Adventure und Himalayan sind schwerer, haben weniger Federweg. Zum Commutern oder Enduro-Wandern eignen sie sich auch, Geländegängigkeit, Flexibilität und Komfort der Honda werden aber nur von der deutlich günstigeren Voge erreicht.

Tankvolumen, die kleinere Bremsscheibe, billigere Blinker, dafür aber noch mal zehn Kilo weniger Gewicht und etwa 0,3 Liter weniger Verbrauch zu verzeichnen. Insgesamt ist die »L« quirliger und handlicher, im Gelände eine Spur unabhängiger, aber für längeres Reisen fast ein wenig zu zappelig und unbequem. Die Sitzbank ihrer satter liegenden Rally-Schwester ist überraschend komfortabel, auch wenn sich der Industrie- schaum irgendwann leicht durchsitzt. Dennoch: Vier bis fünf Stunden Dauerfahrt mit kurzem Aufstehen zwischendurch sind realistisch, denn die 12,8 Liter Tankvolumen genügen der Rally je nach Fahrweise für mindestens 430 Kilometer, bei sanfter Gashand auch deutlich mehr. Die Verbräuche bewegten sich von 2,3 bis drei Liter auf 100 Kilometer, konkurrenzlos im Reiseenduro-Business. Und wer den Tourkomfort seiner Rally noch erhöhen will, hat viele Optionen. Eine Maßnahme wäre das Fahrwerk. Hier lockt z.B. das Angebot von Benny Wilbers, der für beide Versionen der CRF 300 passende Lösungen von rund 500 Euro für ein günstiges Federbein bis etwa 1400 Euro für ein Paket aus voll justierbarem Bein, Gabelfeder, Öl etc. anbietet (www.wilbers.de). Bereits ein anderes Federbein bringt eine deutliche Verbesserung der Fahrdynamik, mit der großen Lösung fährt die CRF dann noch harmonischer, hat mehr Reserven, taucht weniger ein, liegt satter, fährt präziser und erfüllt höhere Ansprüche im Gelände. Auf Tour sehr bewährt haben sich zudem Heizgriffe (https://daytona-europe.com) vor allem auf den hohen Pässen. Weitere Optimierungsangebote hinsichtlich Gepäcktransport, Protektion und Optik gibt es z. B. bei www.sw-motech.com, www.hepco-becker.de, https://bikerzbits.com, https://outback motortek.de

Für einen Preis von 7299 Euro hätte Honda Thailand allerdings zumindest einen Gepäckträger springen lassen können. Fazit: Die CRF 300 Rally ist teuer, schwer zu bekommen, doch sie ergibt Sinn für all jene, denen die größere Freiheit, Unabhängigkeit und Lebensfreude durch geringes Gewicht, wenig Verbrauch und Entschleunigung einen Mehrwert bedeutet. ■

*** Zur Ehrenrettung der Honda CRF 300 Rally sei festgestellt, dass sie hier im Verhältnis zu voluminöseren Motorrädern bewertet wird. Konzeptionell kann sie nicht die Tourentauglichkeit oder Performance einer GS 1250 liefern, bietet dafür aber Qualitäten wie geringes Gewicht, wenig Verbrauch und höchste Unabhängigkeit vom Straßenzustand.**

EIGENSCHAFTSWERTUNG
HONDA CRF 300 RALLY

KURZTRIP 2,75	Kultivierter, drehfreudiger Einzylinder, kleiner Wendekreis, wieselflinkes, leichtes Handling, passabler Windschutz, bequeme Sitzposition, hochkomfortables Fahrwerk, ordentliche Bremsen.	
	Fahrstabitität	★★★½☆
	Sicherheitsfeatures	★★☆☆☆
	Windschutz	★★★½☆
	Ausstattuns	★★☆☆☆
URLAUBS-REISE 2,75	Bequeme, gummigelagerte Sitzbank, softes Fahrwerk, passabler Windschutz, bei mittleren Drehzahlen kaum Vibrationen, geringer Verbrauch, extreme Reichweite, gutes Licht, kein Gepäckträger.	
	Gepäcksystem	☆☆☆☆☆
	Reichweite	★★★★★
	Autobahn	★★☆☆☆
	Flexibilität	★★★★☆
ZU ZWEIT 1,75	Soziusfußrasten vorhanden, aber für zwei Personen wenig Platz auf der Sitzbank. Dazu kommt eine Zuladung von nur 162 Kilogramm. Ein Sozius sollte nur auf Kurzstrecken an Bord kommen.	
	Soziusplatz	★☆☆☆☆
	Fahrsicherheit 2 Personen	★★½☆☆
DAILY USE 4,75	Extrem leichtgängiger Kupplungshebel, weiches, präzises Getriebe, gefälliges LC-Display, sehr kleiner Wendekreis, ultraleichtes Handling, bequeme Sitzbank, wenig Gewicht, geringer Verbrauch.	
	Rangieren	★★★★★
	Stadtverkehr	★★★★★
	Schließsystem	★★★★☆
	Easyness	★★★★★
HAUS-STRECKE 3,17	Drehfreudiger Einzylinder, bei höheren Drehzahlen ausreichende Fahrleistungen, hohe Schräglagenfreiheit, sehr komfortables, extrem handliches Fahrwerk, leichtgängiges Getriebe.	
	Handling	★★★★★
	Bremsen	★★★½☆
	Performance	★☆☆☆☆
GARAGE 4,67	Inspektionsintervalle alle 12 000 Kilometer, die Verkleidung wird nur von wenigen Schrauben gehalten. Insgesamt geringe Werkstattkosten und erstaunlich hoher Werterhalt.	
	Inspektionsumfang	★★★★★
	Reifenkosten	★★★★☆
	Werterhalt	★★★★★
GESAMTWERTUNG: 3,31*		★★★★★

TECHNIK

HONDA
CRF 300 RALLY

MOTOR

Wassergekühlter Einzylinder-Viertakt-Motor, eine Ausgleichswelle, zwei obenliegende, kettengetriebene Nockenwellen, vier Ventile, Kipphebel, Nasssumpfschmierung, Einspritzung, 1 x Ø 36 mm, geregelter Katalysator, Lichtmaschine 340 W, Batterie 12 V/7 Ah, mechanisch betätigte Mehrscheiben-Ölbadkupplung, Sechsganggetriebe, Kette.

Bohrung x Hub	76,0 x 63,0 mm
Hubraum	286 cm^3
Verdichtungsverhältnis	10,7:1
Nennleistung	20,1 kW (27 PS) bei 8500/min
Max. Drehmoment	27 Nm bei 6500/min
Standgeräusch	86 dB(A)

FAHRWERK

Doppelschleifenrahmen aus Stahl, Upside-down-Gabel, Ø 43 mm, Zweiarmschwinge aus Aluminium, Zentralfederbein mit Hebelsystem, verstellbare Federbasis, Scheibenbremse vorn, Ø 296 mm, Doppelkolben-Schwimmsattel, Scheibenbremse hinten, Ø 220 mm, Einkolben-Schwimmsattel, ABS.

Speichenräder mit Alu-Felgen	1.60 x 21; 2.15 x 18
Reifen	80/100-21; 120/80-18
Bereifung im Test	IRCTrails GP-21/22

ABMESSUNGEN + GEWICHTE

Radstand 1455 mm, Lenkkopfwinkel 62,5 Grad, Nachlauf 109 mm, Federweg vorn/hinten 250/265 mm, Sitzhöhe* 900 mm, Gewicht vollgetankt* 153 kg, Zuladung* 162 kg, Tankinhalt 12,8 Liter.

SERVICE-DATEN

Gewährleistung	zwei Jahre
Serviceintervalle	alle 12 000 km
Farben	Rot/Blau/Weiß/Schwarz
Preis inkl. Nebenkosten	7240 Euro

MESSWERTE

Fahrleistungen	
Höchstgeschwindigkeit[1]	135 km/h
Beschleunigung	
0–100 km/h	8,9 sek
Durchzug	
60–100 km/h	8,9 sek
Tachometerabweichung	
Effektiv (Anzeige 50/100)	47/93 km/h

VERBRAUCH*

Landstraße	2,9 l/100 km
Theoretische Reichweite	441 km
Kraftstoffart	Super

LEISTUNGSDIAGRAMM[2]

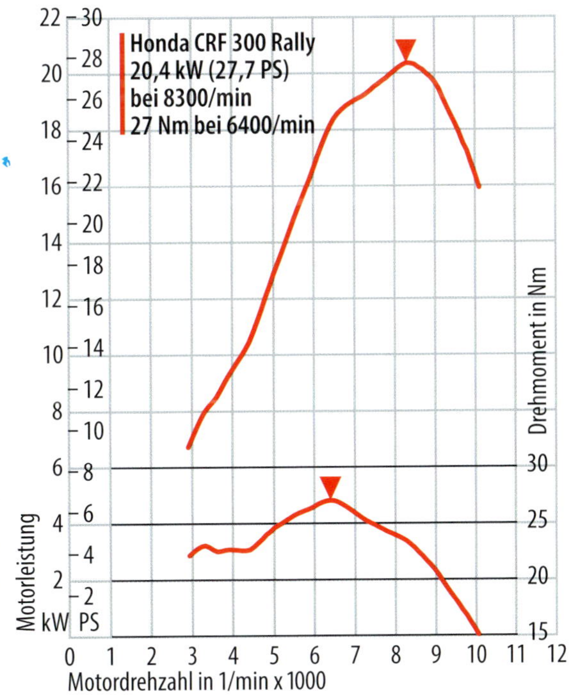

*MOTORRAD-Messungen; [1]Herstellerangabe; Diagramm: [2]Leistung an der Kurbelwelle; Messungen auf dem Dynojet-Rollenprüfstand 250, korrigiert nach 95/1/EG, maximal mögliche Abweichung ± 5 %

HONDA NX 500

TEXT: *Thorsten Dentges* **FOTOS:** *Thorsten Dentges, Patrick Gasior, Honda, Wunderlich*

TECHNISCHE DATEN

Wassergekühlter Zweizylinder-Reihenmotor, 471 cm³, 35 kW (48 PS) bei 8600/min, 43 Nm bei 6500/min, Brückenrahmen aus Stahl, Upside-down-Gabel, Federweg vorn/hinten 135/135 mm, Lenkkopfwinkel 62,5 Grad, Nachlauf 108 mm, Radstand 1445 mm, Länge 2165 mm, Sitzhöhe 830 mm, Reifen vorn 110/80 R 19; hinten 160/60 R 17, Scheibenbremsen vorn/hinten, Ø 296/240 mm, ABS, Traktionskontrolle, Gewicht vollgetankt 196 kg, Tankinhalt 17,5 Liter, Preis 8240 Euro

Darf man ein Motorrad bewusst missverstehen? Ich mache es einfach, schließlich gibt der Hersteller eine Steilvorlage dazu, positioniert er doch dieses Modell unter der Kategorie »Adventure«. Zudem lässt das Kürzel »NX« Geländefahrer aufhorchen, die sich noch erinnern: Die NX 650 Dominator war ein Neunziger-Jahre-Hit, eine reisetaugliche Einzylinder-Enduro mit recht langen Federwegen, 21-Zoll-Vorderrad und Offroad-Ergonomie, sehr tauglich (selbst als betagte Gebrauchte) für alle Schotterstrecken Europas und auch darüber hinaus. Eine richtige Geländemaschine eben. Also lenke ich auch unsere NX 500-Testmaschine bei der Anfahrt zu Pass-Größen in den französischen Westalpen über Schotter-Klassiker wie Som-

meillier, Finestre, Jafferau und Assietta im italienischen Piemont. Wohlwissend: Das ist keine echte Enduro. Bereits die Vorgängerin CB 500 X sollte als Crossover-Bike in erster Linie als Straßen-Tourenmaschine in der A2-Kategorie Führerschein-Ein- und Wiedereinsteiger catchen.

Dem seit Baujahr 2024 auf »NX« umgetauften, fast baugleichen Motorrad fehlen nach wie vor die Anlagen, um ernsthaft durchs Gelände zu stürmen. Die CB, äh, NX kann nämlich nur mit 135 Millimetern Federweg vorn wie hinten aufwarten – zu wenig, wenn es auf den Trails ruppiger wird und etwa dicke Steinbrocken, Wurzelwerk und tiefe Rinnen einen geschmeidigen Fahrfluss verhindern.

Engagierte Offroad-Ritte sind sowieso kaum möglich, denn möchte man oder frau im Stehen fahren, passen recht weit hinten platzierte Fußrasten ergonomisch nicht wirklich. Die Kombination aus 19-Zoll-Vorder- und 17-Zoll-Hinterrad – in unserem Fall mit Continental TKC 70 (70/30 On-/Offroad-Reifen) besohlt – bewirkt allerdings, dass die Honda selbst auf anspruchsvolleren Schotterstrecken souverän die Spur halten kann. Auch auf trockenen Waldwegen scheitert die Fahrt nicht an mangelnder Traktion. Bleibt man also gechillt sitzen und schottert mit weiter Voraussicht, ist die NX ein prima Kraxler. Zweiten Gang eingelegen und quasi im Automatik-Modus easy den Berg hochklettern, das geht gut!

Denn der Zweizylinder-Motor ist sehr geschmeidig und elastisch und für solche Schotter-Bergfahrten mit 48 PS auch potent genug. Doch Vorsicht bei Fahrten abseits von Asphalt: Der Ölfilter liegt sehr exponiert und ungeschützt – ein Motorschutz aus dem Zubehör (z. B. SW-Motech) würde sich empfehlen. Honda hatte die Testmaschine nur mit Schutzbügeln (340 Euro) aus dem eigenen Zubehör ausgerüstet. Eine gute Entscheidung, denn zumindest einen Sturz im Gelände konnte unsere Maschine ohne größere Schäden an der Verkleidung wegstecken.

Die Design-Nähe zur großen Schwester Transalp weckt zwar Abenteuergefühle, charakterlich bleibt die NX aber ein Straßenmotorrad. Auf Asphalt wuselt sie spielerisch, die 296er-Doppelscheibenbremse packt gut zu und lässt sich gut dosieren, der Twin ist sehr sparsam. Unser Testverbrauch trotz schonungslosem Ausquetschen bei Hochgebirgs-Passfahrten über Galibier, Izoard und Col de l'Iseran: 3,6 Liter/100 km. Reichweite: fast 500 Kilometer! Zudem klasse auf Tour: Traktionskontrolle, LED-Scheinwerfer (ordentliche Strahlkraft bei Nachtfahrten!), Connectivity, TFT-Display sowie eine gelungene Langstrecken-Ergonomie selbst für größere Piloten um 1,85 Meter. Um jeglichen Missverständnissen vorzubeugen: Die NX ist kein Dominator, aber eine herrlich unkomplizierte, vielseitige und preisgünstige Reisemaschine. ■

Click & Go! Die leichten Textil-Koffer **»Satteltaschen Easy Paket«** (jeweils 16,5 l, mit Halterungen 1040 Euro), ergänzt durch eine **Gepäckrolle** von Wunderlich (30 l, 59,90 Euro), bieten genügend Platz für eine komplette Urlaubsausstattung. www.honda.de www.wunderlich.de

KTM 390 ADVENTURE

TEXT: *Diana Richarz* **FOTOS:** *Dirk Schäfer, KTM*

TECHNISCHE DATEN

Wassergekühlter Einzylindermotor, 373,2 cm^3, 32 kW (44 PS) bei 9000/min, 37 Nm bei 7000/min, Gitterrohrrahmen aus Stahl, Upside-down-Gabel, Federweg vorn/hinten 170/177 mm, Lenkkopfwinkel 63,5 Grad, Nachlauf 98 mm, Radstand 1430 mm, Länge 2100 mm, Sitzhöhe 855 mm, Reifen vorn 100/90-19; hinten 130/80-17, Scheibenbremsen vorn/hinten, Ø 320/230 mm, ABS, Traktionskontrolle, Gewicht vollgetankt 172 kg, Zuladung 203 kg, Service-Intervalle 7500 km, Tankinhalt 14,5 Liter, Preis 6695 Euro

Sechster Gang, der Drehzahlmesser ist am Anschlag. Ich rase über die A 1 Richtung Eifel. Mit bescheidenen 373 Kubikzentimetern Hubraum ist es allerdings mehr ein Gefühl als tatsächliche Raserei. Aber die 44 PS der KTM schieben die Mandarine unter den Orangen flott an den Lkw vorbei. Nicht schlecht, die Kleine. Und die bescheidene Scheibe hält tatsächlich den gröbsten Winddruck ab. Blankenheim, Autobahnende. Die Einscheibenbremse im Vorderrad wird mit dem schnell rotierenden 19-Zöller problemlos fertig. Beim Tankstopp ist keine lange Pause nötig. Dank der komfortablen Sitzbank hat sich a) der Po noch nicht gemeldet und b) sind die elf Liter flott nachgetankt. 330 Kilometer gefahren, macht 3,3 l/100 km. Nominell passen 14,5 Liter in den

Gepäckraum. Kleiner Makel an den Koffern: Die Fassung der Tragegriffe setzt schnell Flugrost an.

Am Morgen bringt mich das hubraumstärkere Motorrad vor mir ins Schwitzen. Dranbleiben geht, wenn man den Gasgriff ordentlich knetet und schaltet, schaltet, schaltet. Bis zur Offroad- Einlage über Feldwege: Wie soll man mit einer Körpergröße von 170 cm auf der 390er im Stehen fahren? Da bräuchte ich zumindest am Ende der Fahrt dringend einen Termin beim Physiotherapeuten, der einen wieder in den aufrechten Gang bringt. Straße super, offroad, na ja, Schulnote ausreichend. Auch wenn der Motor ein wenig wie Mainzelmännchen klingt, die kleine KTM ist ein sehr gut ausgestattetes Reisemotorrad. Nicht nur für Einsteiger, sondern auch für jene, denen die elefantösen Alternativen schlicht zu fett sind. 6695 Euronen kostet das Abenteuerchen und ist damit fair eingepreist. ■

Tank. Das reicht rechnerisch für 440 Kilometer durch das Kurvenland der Eifel. Hier sollte die Gashand schön locker sein. Vor allem auf dem KTMchen. Das möchte aktiv durch die Kurve gezogen werden. Mit Schwung hinein und mit frühem Beschleunigen wieder raus. Schalten und wieder schalten gehört da zum Programm. Abbremsen! Hoppla, da grippt's ja richtig am Vorderreifen. Ich liebe ABS! Nächste Kurve, dritter Gang. Die Hand wird ein wenig müde vom Kuppeln. Da ist doch auch noch dieser Quickshifter …

Auf dem übersichtlichen Display surfe ich hoch und runter, klick, klack, um das – Zitat – »geschmeidige, kupplungslose Hoch- und Herunterschalten unter Last« zu aktivieren. Aha, da ist es! Und wie ist es? Etwas gewöhnungsbedürftig. Bis zum Abend habe ich mich ein wenig gewöhnt. Nein, nicht wirklich. Vielleicht, weil ich einfach gerne kuppele, mit dem Bike arbeite. Noch ein paar Details für die Technikfraktion: Das Fahrwerk kommt von WP und ist voll einstellbar. Das Kurven-ABS ist für Offroad-Passagen umschaltbar, die Traktionskontrolle funktioniert auch in Schräglage, TFT-Display, einstellbare Hebel … Machen wir es kurz: Die Ausstattung ist üppig!

Neugierige Blicke vom Hotelbalkon. Auch wenn sie nicht dick aufträgt: Sie kann sich auch neben größeren Bikes sehen lassen. Und sie erspart Peinlichkeiten: Die 172 kg lassen sich handlich in die Parkposition rangieren. Große Augen gibt es dennoch: Als ich die Köfferchen öffne, kommt mir eine nasse Jeans entgegen. Ups, da habe ich mal ordentlich gepennt und die wasserdichten Innentaschen nicht mitgenommen. In den linken Koffer passen 19 Liter, in den rechten 16 Liter. Nicht gerade weltreisetauglich. Aber auch mit mehr Volumen müsste jede schauen, wie viel Lippenstift frau so auf Reisen braucht. Ich komme gut klar mit dem

KTM-Seitenkoffer (340,50 Euro, 19/16 Liter), pflegeleicht, kratzunempfindlich, integrierte Diebstahlsicherung, Seitentaschenträger (194,20 Euro), passendes **Topcase** für 242,90 Euro, www.ktm-online-shop.de

CROSSOVER & SPORT TOURING

Ideal für den sportlichen und schnellen Weg ins Abenteuer: kraftvoll, windschlüpfig, schnell, kurvenhungrig – und trotzdem bereit für Koffer, Kilometer und den frühen Start am Pass. Diese vielfältigen Bikes fühlen sich auf der Landstraße wie zuhause und machen aus der Autobahn nur den kurzen Anlauf zur nächsten Lieblingsstrecke. Von Yamaha Tracer 7 GT und BMW M 1000 XR über Kawasaki Versys 1000 SE und 650 Tourer, Suzuki GSX-S 1000 GT oder Honda NT 1100 bis zur charakterstarken Moto Guzzi V100 Mandello S: Sport im Herzen, Tour im Plan.

YAMAHA TRACER 7 GT

TEXT: *Thorsten Dentges* **FOTOS:** *Hepco & Becker, Dirk Schäfer*

TECHNISCHE DATEN

Wassergekühlter Zweizylinder-Reihenmotor, 689 cm³, 54 kW (73 PS) bei 8750 /min, 67 Nm bei 6500/min, Brückenrahmen aus Stahl, Telegabel, Federweg vorn/hinten 130/142 mm, Lenkkopfwinkel 65,0 Grad, Nachlauf 90 mm, Radstand 1460 mm, Länge 2140 mm, Sitzhöhe 840 mm, Reifen vorn 120/70-17, hinten 180/55-17, Scheibenbremsen vorn/hinten, Ø 298/245mm, ABS, Traktionskontrolle, Gewicht vollgetankt 203 kg, Tankinhalt 17 Liter, Preis 10 674 Euro

Kennst du einen, kennst du alle. Mit Blick auf Yamahas CP2-Motor ist dieser Satz nicht richtig, wenn man neben der Tracer 7 GT schon andere Modelle mit dem gleichen Motor gefahren ist. Ténéré 700, XSR700 oder MT-07 werden bekanntermaßen ja alle davon befeuert. Doch erst mit jener Abstimmung, die Yamaha für die kleine Tracer fand, hat man das Gefühl, dass der Motor hier noch stärker brilliert als in den anderen CP2-Maschinen! Mit ihm hängt die GT auch hubraumstärkere Mitspieler ab. Nicht in Sachen Höchstgeschwindigkeit, nein, aber wer will schon stundenlang mit 190 Sachen auf Autobahnen rumballern? Beim Touren geht's doch viel mehr um Durchzug, Elastizität und um Reichweite. Und da-

den echt schwer, die Kisten rückwärts aus der Parklücke zu manövrieren. Mit der Tracer gelingt das leicht! Clara mit ihren 1,65 Metern hat kein Problem, die GT abfahrbereit zu positionieren. Außerdem: Für sie fühlt sich der (während der Fahrt verstellbare) Windschild angenehm an. Genau wie für mich selbst (1,76 Meter). Komfortabel ist auch die Sitzbank, die für lange Etappen taugt. Die schmalen Handprotektoren sind allerdings eher der Optik geschuldet. Für nennenswerten Nutzen sind sie zu klein.

Ausreichend groß für Solotouren sind die 2 x 20 Liter fassenden Koffer. In Mattblau zeigen sie sich leider sehr kratzanfällig. Je nach Beladung stehen sie auch nicht aufrecht und kippen gerne auf den lackierten Deckel. Man legt sie also besser auf den unlackierten Rücken. Ist das ein Minuspunkt? Na ja, der fehlende Hauptständer ist schon einer. Schade, denn so wird die Kettenpflege zur lästigen Fummelei, oder man muss einen Zubehörständer kaufen (siehe rechts). Was soll's, so was trübt das gute Bild der kleinen Tracer nur mild. Denn zum Preis von 10 674 Euro bekommt man mit ihr ein erfreulich leichtes und tourentaugliches Motorrad fürs Geld. ■

mit sind wir bei den Paradedisziplinen des CP2-Freudenspenders. Seine 73 Pferdestärken quirlen so gut, dass Überholmanöver auch auf kurzen Zwischengeraden ohne Schweißausbrüche gelingen. Wer's lässiger mag, kann problemlos schaltfaul unterwegs sein. Dazu kommt ein Verbrauch von häufig unter vier Litern, was mit dem 17 Liter fassenden Tank eine Reichweite von mehr als 400 Kilometern verspricht. Toll! Gibt es denn nichts zu meckern?

Bei unserem Testbike macht das Getriebe auf sich aufmerksam. Der erste Gang knallt bisweilen unangenehm hart rein. Ein Phänomen, das auch Ténéré-Fahrern geläufig ist. Um vom ersten in den zweiten Gang zu schalten, muss zudem überdurchschnittlich viel Kraft im Schaltfuß aufgewendet werden. Über angepasste Drehzahlen lässt sich dieser Effekt zwar minimieren, aber hier ist Honda besser. Das wäre dann aber auch schon der einzige ernsthafte Kritikpunkt. Wirklich? Zwei weniger bedeutsame kommen noch. Doch erst mal zu weiteren Glanzpunkten.

Der drehfreudige CP2 paart sich mit einem wirklich agilen Fahrwerk. Der für Tourer ungewöhnlich steile Lenkkopfwinkel dürfte ausschlaggebend sein. Auch mit voller Beladung bleibt die Yamaha in kurvigem Geläuf spurtreu, neigt auch beim scharfen Anbremsen kaum zum Aufstellen. Die Vorderhand kann in Vorspannung und Zugstufe eingestellt werden. Das Federbein zwar nur in der Vorspannung, was sich im Alltagsbetrieb aber nicht störend auswirkt. Gerade mal 203 Kilogramm Gewicht bringt die Tracer vollgetankt und mit Koffern auf die Waage. Ist das so wichtig? Aber sicher! Auf dem geschotterten Parkplatz vor dem Hotel »Il Falco e la Volpe« lässt sich erleben, warum. Da tun sich Mitreisende mit ihren Reiseboli-

Nützliches Zubehör für die Tracer 7 GT sind **Sturzbügel**. Im Falle der 247,50 Euro teuren Ausführung vom Ausrüstungsprofi Hepco & Becker zeichnen sie die Linien der Maschine perfekt nach und sind aus einer robusten Rohr-in-Rohr Konstruktion gefertigt. Integriert ist sogar ein Crashpad, und beim Oberflächen-Finish kann man wählen.

Nützlich ist auch der **Hauptständer** für 263 Euro. Sandgestrahlt, grundiert und schwarz pulverbeschichtet sollte er ewig halten. www.hepco-becker.de

BMW M 1000 XR

TEXT: *Thorsten Dentges* **FOTOS:** *Björn Gramm, Jörg Künstle*

TECHNISCHE DATEN

Wassergekühlter Vierzylinder-Reihenmotor, 999 cm³, 148 kW (201 PS) bei 12 750/min, 113 Nm bei 11 000/min, Brückenrahmen aus Aluminium, Upside-down-Gabel, Federweg vorn/hinten 138/138 mm, Lenkkopfwinkel 64,9 Grad, Nachlauf 117 mm, Radstand 1548 mm, Länge 2170 mm, Sitzhöhe 850 mm, Reifen vorn 120/70 ZR 17, hinten 200/55 ZR 17, Scheibenbremsen vorn/hinten, Ø 320/265 mm, (Kurven-)ABS, Teilintegral-Bremssystem, Traktionskontrolle, Leergewicht 223 kg, Tankinhalt 20 Liter, Preis 26 350 Euro

Das muss man erst mal verstehen, BMW stellt einen Vollblutsportler (S 1000 RR) auf hohe Beine, verleiht der S 1000 XR mit bequemerer Sitzergonomie, mehr Federweg und komfortabler Abstimmung einen angenehmen Reisecharakter, konterkariert die ganze Idee dann aber wieder mit dem radikalen M-Modell. Kürzer übersetzt als die S-Schwester, leistet 30 PS mehr, besitzt leichte Schmiederäder, bissigere Bremsen, wiegt ein paar Kilo weniger, der Lenker weiter vorn, der Sitz höher, die Sitzposition insgesamt sportiver, die Verkleidung kommt mit Winglets daher, der hintere Reifen ist breiter. Mit den Begrifflichkeiten könnte man jetzt ebenfalls rumeiern: Langstreckensportler, Crossover-Perfomance-Bike, Hypersport-Tourer? Einigen wir uns doch:

Dieses Motorrad ist einfach rattenscharf! Vor allem mit M-Competition-Paket (u. a. Carbon- und Frästeile, verstellbare Fußrastenanlage; Aufpreis: 5090 Euro. Uups!) wie beim Testbike. Man möchte es unbedingt fahren, ob nun auf kurzer Probefahrtrunde, auf der Rennstrecke oder eben ohne Zeitdruck in einem epischen Kurvengeläuf auf der Landstraße. Der britische Tourist-Trophy-Champion Peter Hickman schwärmt: »Dieses Bike bietet alles, was ich mir abseits der Rennstrecke wünsche: unglaubliche Performance, bei der man nicht mehr absteigen will.« Logisch ist er begeistert, wie auch sonst als von BMW gesponserter Rennfahrer? Recht hat er dennoch: Einmal aufgesattelt, möchte man am liebsten viel und lange mit der »M« fahren, Tagesetappen dürfen gerne XXL ausfallen, am besten erst spät im Hotel einchecken und morgens gleich früh wieder raus, um sich möglichst frei vom Verkehr erneut dem Schräglagenspaß widmen zu können (im Idealfall – Hickman würde beipflichten – auf dem Mountain Course der Isle of Man). Kilometer kommen bei solchen Sprintfahrten auf Marathondistanz dann auch einige zusammen.

Doch gleich noch einmal zum Einsortieren: Trotz gar nicht so übler Tourentauglichkeit – eine Anreise zur Isle of Man zum Beispiel erscheint mit schmalem Gepäck durchaus gut machbar – ist die M 1000 XR keine Reisemaschine. Denn alles an ihr ist so zugespitzt, dass bequemes, relaxtes Touring schon fast bescheuert wirken würde. Die BMW will permanent getrieben werden, die Winglets entfalten erst weit über 200 km/h ihre Downforce-Wirkung. Macht nur auf bestimmten Rennstrecken Sinn. Aber würde uns das vom (Sport-)Touring abhalten? Nö.
Der Hockenheimring wäre zwar nicht weit weg, aber wir bleiben auf den wunderbar abwechslungsreichen Landstraßen im Odenwald. In weiten Radien ist die »M« eine Macht, liegt spurstabil und lenkpräzise auf der anvisierten Linie. Schnelle Schräglagenwechsel funktionieren leichtfüßig, der Kraftaufwand beim Umlegen ist für diese Hubraumklasse erstaunlich gering. Das Handling generell: fabulös. So lässt es sich mit dem Big Bike überraschend wuselig selbst durch vertrackte Waldstrecken mit zweifelhaftem Asphalt inklusive Aufwerfungen, Rollsplitt und Verunreinigungen steuern – Supermoto-Style. Die semiaktiven Marzocchi-Federelemente scheinen einfach alles glattzubügeln. Ist viel geiler und fühlt sich sicherer an als mit einem ähnlich potenten Supersportler. Obgleich auch die 200 PS dieser Crossover-Maschine für jede Landstraße viel zu viel des Guten sind. Die ultrastarken und wundervoll dosierbaren Bremsen indes weiß man auch bei gemütlicher(-er) Fahrt zu schätzen, wenn plötzlich ein Traktor oder Wohnmobil auftaucht. Das nämlich passiert wohl kaum auf dem Racetrack, wohl aber im Odenwald … ■

Klaro, an solch ein Motorrad gehören keine Koffer! Unser sportlicher Gepäck-Tipp: praktischer, nicht zu großer Rucksack auf dem Rücken, mittelgroßer Tankrucksack an der Maschine. BMW-Spezialist Wunderlich bietet mit dem **Moto Pack** (179,90 Euro; max. 19 Liter, mit Regenhülle) und dem **Click-Bag** 11 (209 Euro; max. 14 Liter) eine schlanke Lösung mit ausreichend Stauraum für die minimalistische Wochenendtour. www.wunderlich.de

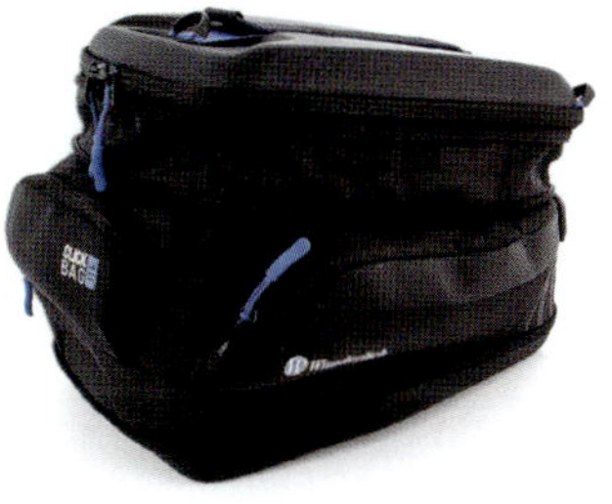

KAWASAKI VERSYS 1000 SE GRAND TOURER

TEXT: *Markus Biebricher* **FOTOS:** *Motea, Claudia Werel*

TECHNISCHE DATEN

Wassergekühlter Vierzylinder-Reihenmotor, 1043 cm³, 88 kW (120 PS) bei 9000/min, 102 Nm bei 7500/min, Brückenrahmen aus Aluminium, Upside-down-Gabel, Federweg vorn/hinten 150/152 mm, Lenkkopfwinkel 63,0 Grad, Nachlauf 106 mm, Radstand 1520 mm, Länge 2240 mm, Sitzhöhe 840 mm, Reifen vorn 120/70-17; hinten 180/55-17, Scheibenbremsen vorn/hinten, Ø 310/250 mm, Kurven-ABS, Traktionskontrolle, Gewicht vollgetankt 257 kg, Zuladung 218 kg, Tankinhalt 21 Liter, Preis ab 19 295 Euro

Man sollte sich nie von Äußerlichkeiten blenden lassen, oder? Bereits der erste Aufschlag der 1000er- Versys war optisch couragiert gestaltet. Seither haben die Japaner ihr vierzylindriges »Versatyle Tool« konsequent weiterentwickelt, aber ob der Tourer sich jetzt zur Schönheit entfaltet hat? Liegt im Auge des Betrachters. Also nicht lange rumphilosophieren, sondern aufsitzen und losfahren. Beides geht so leicht, dass man analog zum Erreichen der Betriebstemperatur auch schon warm geworden ist mit diesem Motorrad, das viel sein will und ganz viel kann. Nach kurzer Kaltlaufphase überzeugt der altbewährte Reihenvierer mit weichem, kultiviertem Lauf und ordentlichem Vortrieb. Wer mehr Schub braucht, muss

höher drehen und goutiert dann eine andere Akustik: vom freundlichen Bienchensummen hin zu heiserem Ansaugröhren, das dann noch weiter oben an einen Sportmotor erinnert.

Sport? Für dynamischere Gangarten ist sich die Versys zwar nicht zu schade, aber ihre Talente liegen klar im Touring- und Reisebereich. Was nicht heißen soll, dass man damit nicht auch Brötchenholen, Botendienste oder ähnliche Kurzstrecken-Einsätze genießen kann. Raum für Gebäck, Päckchen oder Gepäck bietet zumindest die »Grand Tourer«-Version zuhauf: In ihre serienmäßigen Seitenkoffer (je 28 Liter) passt je ein Integralhelm und das große Topcase (47 Liter) schluckt noch ganz andere Kaliber. Alle Behälter können problemlos mit dem Zündschlüssel geöffnet werden.

Spannend ist, was die SE-Variante der Versys an Ausstattung aufbietet: Da wäre zum Beispiel das elektronisch überwachte Kurvenmanagement KMCF, was die Rückmeldung der IMU nutzt und Motor- sowie Fahrwerksparameter durch die gesamte Kurve kontrolliert. Soll den Fahrer unterstützen, genau wie der Tempomat, die LED-Lichter rundum (samt Kurvenlicht), die starken Zusatzscheinwerfer, die das Fahren in der Dunkelheit extrem erleichtern und sicherer machen. Sicher agieren auch die starken Bremsen oder die Traktionskontrollmöglichkeiten.

Ein ganz großes Lob bekommt der Quickshifter von uns, weil er seinen Job auf den winkligen Straßen des Allgäus äußerst geschmeidig erledigt. Viel Beifall heimsen auch die Fähigkeiten des elektronisch verstellbaren Skyhook-Fahrwerkes ein: Damit wird die Kawa auf Wunsch zum fliegenden Teppich und bügelt so gut wie alle erdenklichen topografischen Unzulänglichkeiten einfach weg. Handling? Im Solobetrieb gemessen am Gewicht von 257 Kilogramm erstaunlich gut, vor allem, wenn man mit der Maschine aktiv arbeitet (macht durchaus Freude). Im Soziusbetrieb mit Gepäck (Zuladung gute 218 kg) wird sie dann leicht hüftsteifer, lenkt aber noch recht willig ein.

Und auf der Autobahn? Da zieht sie stoisch und sicher ihre Bahn, mehr als 180 km/h haben wir allerdings nicht ausprobiert. Finden dennoch anerkennende Worte für den Wind- und Wetterschutz. Noch was vergessen? Ach ja, die Sitzbank gefällt vorn wie hinten mit beflissenem Komfort. Für die Sozia ist das Polster fast zu breit, sodass es in die seitlich abgespreizten Oberschenkel drückt. Doch das mag Einzelschicksal sein. Generell dürfte diese Kawa den meisten Menschen mit ihrem dienstbaren Geist, der gesitteten Fahrbarkeit und honorigen Ergonomie sehr gut gefallen, auch wenn sie jetzt nicht wie z. B. BMWs GS das ganz große Abenteuer auf allen Pisten dieser Welt herbeibeschwört. Ganz ehrlich? Diese Versys ist eine spannende Alternative zu echten Reiseenduros. Fazit: Von uns gibt es zwar keine Vergötterung, aber echte Hochachtung für das große »Versatyle Tool« der grünen Marke. ■

Die **Bagtegs** Innentaschen für die Original-Koffer der Versys nutzen das vorhandene Volumen optimal aus, haben einen doppelten Reißverschluss, eine Außentasche für Dokumente und Kleinteile sowie einen Tragegriff plus Schultergurt für leichten Transport. Material: wasserabweisendes Nylon. 69,99 Euro, Infos: www.motea.com

SHARK
SHARK
GSX-S
GT
brembo

SUZUKI GSX-S 1000 GT

TEMPO TOURER

Die neue Suzuki GSX-S 1000 GT möchte anspruchsvolle Tourenfahrer betören. Mit Leistung, Agilität, Stabilität, Soziustauglichkeit und Langstreckenkomfort. Ob das überzogene Ansprüche sind und was die Maschine wirklich kann, klärt RIDE im Tourentest.

TEXT: *Markus Biebricher*
FOTOS: *BMW (1), Kawasaki(1), KTM (1), Suzuki*

Es war still geworden um die einst glanzvolle Marke aus Hamamatsu, aber die Hoffnung stirbt zuletzt. Umso erfreulicher, wenn Suzuki nun seine introvertierte Haltung aufgibt und neue Modelle bringt. Nach dem Ende der von vielen geschätzten universellen Bandit hatten mehrheitlich V-Strom-Modelle die Touring-Rolle im Hause Suzuki übernommen. Jetzt scheint es so, als sei die nagelneue GSX-S 1000 GT der seit Langem konsequenteste Versuch der »Blauen«, einem Reihenvierzylinder Reisetauglichkeit einzuhauchen. Ich höre schon die Nörgler: Das ist doch nur ein neuer Aufguss des F-Modells von 2014 mit etwas mehr Touring-Chichi, und die 1000-S-Modelle basieren ja ohne- hin auf älteren GSX-R-Baujahren, wirklich neu ist hier also nichts.

Solche Gedanken greifen zu kurz, denn Suzuki hat mit der GT bemerkenswerten Aufwand betrieben. Klar, die Basis bildet zwar der aus der GSX-S 1000 F bekannte Vierzylinder, doch der bekam jetzt ein zeitgemäßes Ride-by-Wire-System und wurde für den touristischen Einsatz konsequent überarbeitet: Neue Nockenprofile, reduzierte Drosselklappen-Durchmesser, modifizierte Airbox und geänderter Abgasstrang trimmen ihn auf eine kraftvollere Leistungsabgabe im unteren und mittleren Drehzahlbereich. Muss die Spitzenleistung darunter leiden? Nein, denn mit 152 PS bei 11000/min und 106 Nm Drehmoment bei 9250 Umdrehungen hat die Suzi Muskeln en masse. Schwester F spendierte kostensenkend den Aluminium-Brückenrahmen, aber den nutzt die GT ganz anders. Für eine deutlich tourentauglichere Sitzposition auf der 810 Millimeter hohen, flacher gestalteten, zweiteiligen Sitzbank sorgt nun ein in Gummi gelagerter, konifizierter Lenker, der 23 Millimeter breiter ist und leichteres Handling unterstützt. Seine Griffe rückt er dabei um 14 Millimeter näher an den Fahrer, was deutlich relaxteres Sitzen zur Folge hat.

Beim Fahrwerks-Setup haben die Hamamatsu-Boys ebenfalls Hand angelegt. Die 43er-USD-Gabel von KYB mit 120 Millimeter Federweg lässt sich voll einstellen. Hinten arbeitet ein Zentralfederbein, das 130 Millimeter Federweg bereithält. Dank Justage der Zugstufe und der Möglichkeit siebenfacher Federvorspannung kann man die GT an viele Beladungszustände gewöhnen. Doch, oh Schreck: Wer das tun will, muss, ganz alte Schule, zum Hakenschlüssel greifen. Ein Handrad? Nicht vorhanden. Auch hier höre ich wieder jene Kritiker, die das völlig unzeitgemäß an einem neuen Tourer finden. Kann man so sehen. Auf der anderen Seite soll es ja noch Menschen geben, die nichts dagegen haben, vor der Urlaubsreise ein paar Minuten an ihrem Motorrad zu »schrauben« und so etwas Interesse und Zuneigung zu zeigen.

Apropos Urlaubsreise: Suzuki gibt eine Zuladung von 190 Kilogramm an, fahrfertig wiegt die GT 226 Kilogramm. Was für einen ausgewiesenen Tourer erstaunlich leicht ist. Aber auch nur realisiert werden konnte, weil man ein paar komfortsteigernde Details weggelassen hat? Wir werden sehen. Die Bremsen haben jedenfalls kein Problem mit dem »Fliegengewicht«. Im Vorderrad stemmen sich 310er Bremsscheiben in Kombination mit radial angeschlagenen Brembo-Monobloc-Vierkolbensätteln gegen die Kilos. Hinten arbeitet unterstützend eine 250er Disc.
Beim Groundcheck fallen ein paar Design-Feinheiten ins Auge, die man von Suzuki bis dato so nicht kennt: Etliche Kanten in der Verkleidung, wingletartige Ausformungen in den Seitenpaneelen, das V-förmig gestaltete LED-Tagfahrlicht oder die Koito-Mono-Fokus-LED-Schweinwerfer an der Front

Weit geschwungene Landstraßen werden mit der GT zum großen Erlebnis

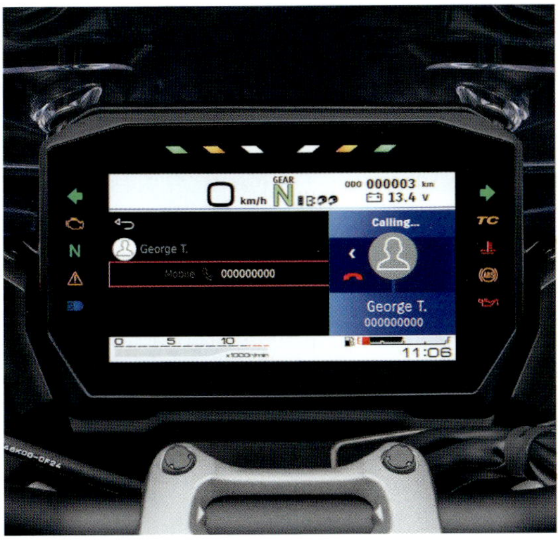

Showtime: perfekt ablesbares 6,5-Zoll-TFT-Farbdisplay mit viel Connectivity

Zum Touren prima: Die Brembo-Monobloc-Vierkolben-Bremse stoppt sicher

Saubere Ergonomie: nicht zu überladene, klar gegliederte Bedienelemente, verstellbarer Bremshebel

Praktisch: Tankrucksack aus dem GT-Zubehör

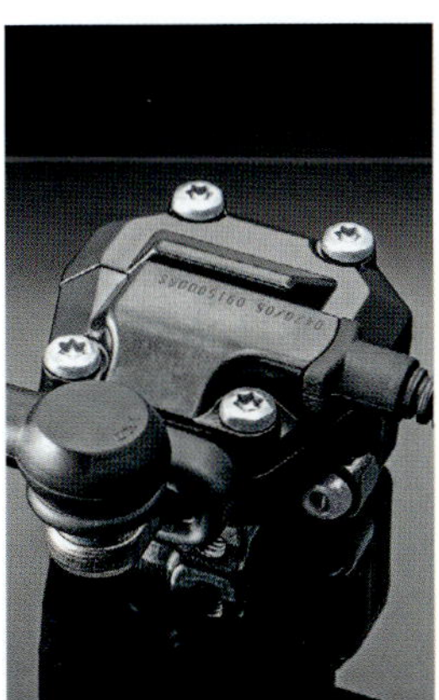

Gefällig gemachte Details: Sensor für den Quickshifter, Fußrastenanlage

Vorbildlich: Die Koffer fassen pro Seite 36 Liter oder je einen Integralhelm

REIFEN

Die Dunlop Sportmax Roadsport 2 kommen zugunsten der Stabilität hinten in der Dimension 190/50-17. Dieser relativ niedrige Querschnitt hat im Testbetrieb keine negativen Auswirkungen gezeigt. Die Haftung bei Nässe und im Trockenen war ebenfalls überzeugend.

TANK

Ergonomisch günstig geformt und schlank tailliert fügt sich der Spritbehälter geschmeidig in die Motorrad-Architektur ein. 19 Liter Inhalt genügen der Suzuki für weit mehr als 300 Kilometer Reichweite. Schmucke Tankpads offeriert das Suzuki-Zubehör.

LENKER/ARMATUREN

Ergonomisch angenehm geformter Lenker, passende Breite, schöne Konifizierung. Die Schaltereinheiten an den Lenkerenden sind gut zu bedienen, sauber eingepasst und wirken trotz hoher Funktionsvielfalt nicht überladen.

VERARBEITUNG

Viele Details erscheinen wertig, das ganze Motorrad gefällt mit sorgfältiger Verarbeitung und bis auf wenige Ausnahmen feinem Finish. Da sind teurere Motorräder oft lässiger gefertigt.

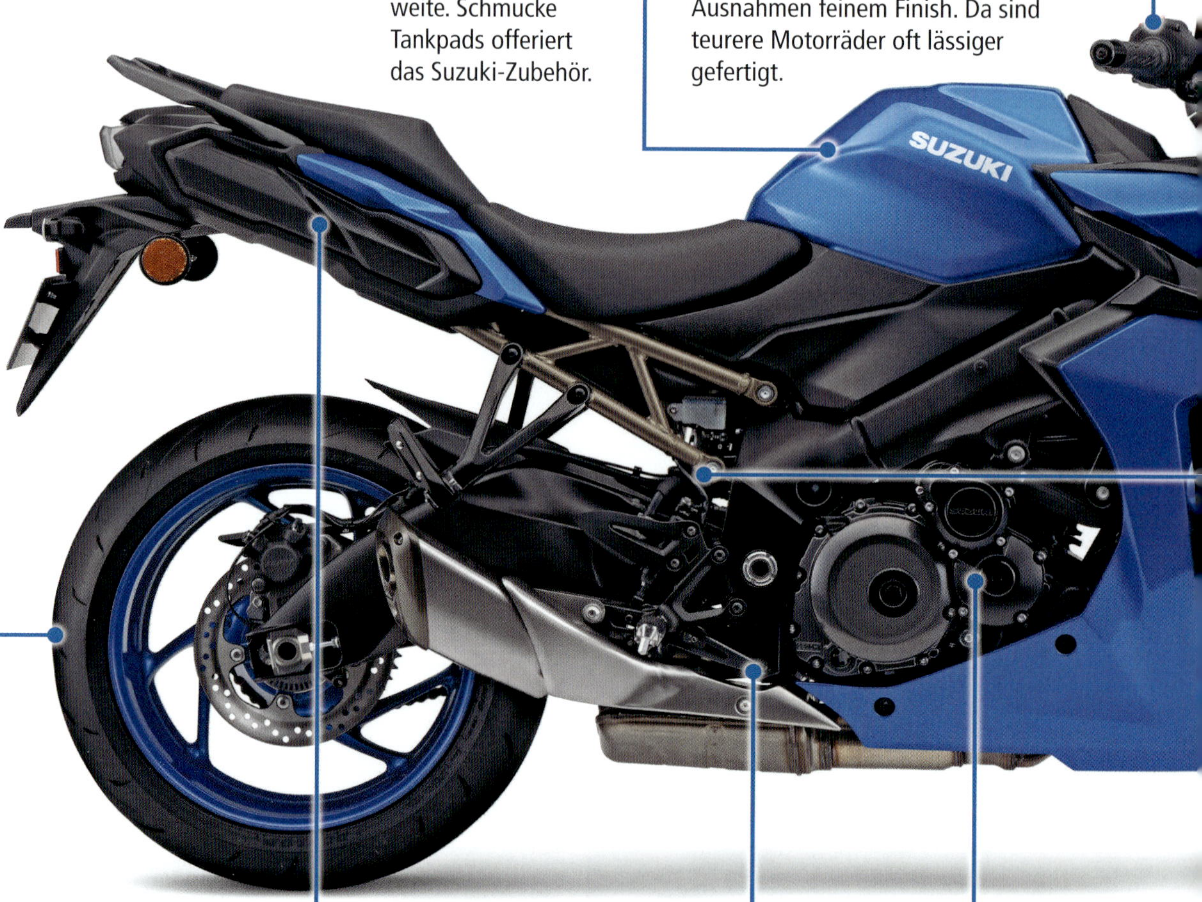

RAHMENHECK

Die am Hauptrahmen verschraubte Gitterohr-Konstruktion ist stabil und sexy. Suzukis optionale Koffer fügen sich eng an das Heck. Mit der Zuladung lässt sich arbeiten.

FUSSRASTEN

Verhältnismäßig weit unten montiert, erlauben die fast edel wirkenden Rasten dennoch hohe Schräglagenfreiheit. Was der sportlichen Note der GT entgegenkommt.

MOTOR

Ein vielseitig begabtes Sahnestück ist dieser Vierzylinder. Schade, dass er mit 96 dB für Tirol etc. 1 dB zu laut homologiert wurde. Unnötig, denn der Sound ist unaufdringlich.

INSTRUMENTE

Hochauflösendes, ausgezeichnet ablesbares 6,5-Zoll-TFT-Display. Viele Individualisierungsmöglichkeiten. Problemlose Smartphone-Anbindung via Bluetooth und Suzuki mySPIN App. Nach jedem Zündungs-Aus muss Telefonanbindung leider neu initialisiert werden. USB-Anschluss mit Ladefunktion. Die nicht einstellbare Scheibe ist in Sachen Windschutz ein passabler Kompromiss für verschiedene Fahrergrößen.

FEDERBEIN/GABEL

Die Abstimmung der Elemente stellt einen gelungenen Kompromiss zwischen fahrstabilitätsfördernder Straffheit und Tourenkomfort dar. Sie sprechen fein an und absorbieren lange Wellen gut, kurze Stöße reicht das Federbein mitunter nonchalant an die Besatzung weiter.

BREMSE

Eine starke, sichere Bremse ist diese Brembo M4-Anlage. Für die meisten Tourenfahrer funktioniert sie dank guter Dosierung und Standfestigkeit, aber sportliche Piloten vermissen den Initial-Biss.

bringen Finesse in den Auftritt der neuen GT. Details, wie beispielsweise die aerodynamisch geformten Rückspiegel, zeugen von Entwicklungsarbeit im Windkanal. Mit dem frei liegenden Gitterrohr-Rahmenheck haben die Ingenieure ein Glanzstück geschaffen, das der Stabilität des Hinterbaus genau so zuträglich ist, wie es dem Auge des Betrachters schmeichelt.

Die Stunde der Wahrheit naht beim Aufsitzen. Hinter der Verkleidung residiert ein komplett neues Cockpit mit einem 6,5 Zoll großen Farb-TFT-Display als Herzstück. Das lässt sich nicht nur in nahezu unendlich vielen Varianten konfigurieren, es bindet auch Smartphones umfassend ein und erlaubt Navigationsanwendungen, Musik-Streaming oder Fahrer-Beifahrer-Kommunikation. Die Kopplung erfolgt für iOS und Android über WLAN oder Bluetooth. Neben dem Display sichert eine USB-Steckdose den Strombedarf von mobilen Endgeräten. Topmodernes Infotainment also, und jeder darf selbst entscheiden, ob er seinen Terminkalender im Cockpit sehen will oder was anderes. Ich dachte immer, auf dem Motorrad könnte man dem Bürostress optimal entfliehen. Egal, wenn wir schon bei der Elektronik sind, kommen weitere Ausstattungs-Features ins Gespräch: drei wählbare Fahrmodi, eine in fünf Stufen einstellbare Traktionskontrolle, ein bidirektionales Quickshift-System, ein Tempomat und natürlich ABS. Klingt eindrucksvoll, doch für eine schräglagenabhängige Regelung von Bremshilfe oder Traktionskontrolle mangelt es der kostenbewusst entwickelten GT an der entsprechenden (IMU) Sensorik.

Bewährte, kompakte Kurzhuber-Konstruktion mit DOHC und Tassenstößel

Falsche Prioritäten? Vielleicht. Mag auch das letzte Quäntchen Sicherheitstechnik fehlen, so fühlt man sich auf der Suzi doch in sehr guter Obhut. Ihre Devise heißt Fahrerlebnis. Schon allein wie der Motor antritt, der in seinen Grundzügen auf die von Kennern hochgeschätzte GSX-R K5 von 2005 zurückgeht, ist ein Gedicht: weicher Leistungseinsatz, lineare, druckvolle Kraftentfaltung, genug Schmalz im Drehzahlkeller und eine achtungsgebietende Elastizität, die das Durchfahren von Ortschaften mit 40 km/h im 6. Gang erlaubt. Ein japanischer Vierzylinder in Reinkultur.

Ein flott gestylter Gran Turismo, der für entspannte wie dynamische Touren geeignet ist

Defizite der Vorgängerin wie mitunter ruppiger Leistungseinsatz oder Konstantfahrruckeln sind Geschichte. Vibrationen? Spürt man bis 5000/min so gut wie gar nicht, wobei auch der Elastomer-gelagerte Lenker hilft. Tourenfahrer, ihr dürft euch freuen! Auch Dynamiker kommen nicht zu kurz, denn spätestens ab 7000 Kurbelwellenumdrehungen werden die Supersportler-Gene der GT geweckt, jetzt begleiten feine Vibrationen die fulminante Beschleunigung und ausgeprägte Drehfreude. Zusammen mit der kurzen Getriebeabstufung der mittleren Gangstufen und der hervorragend funktionierenden Schalthilfe werden Landstraßen so zum Ereignis.

Von den drei Fahrmodi werden wohl die meisten Piloten den Modus »A« am liebsten mögen. »B« eignet sich mit spürbar gemäßigterer Leistungsentfaltung besser für nasse Straßen, wo wir dann auch die fünfstufige Traktionskontrolle auf Stufe 4 hochdrehen. Provozierte Rutscher werden jetzt im Keim erstickt. Der dritte Fahrmodus »C« ist nur bei sehr verschmutzten Abschnitten oder für Cruising-Fans mit leichtem Phlegma zu empfehlen. Auf trockener Straße wähnt man sich bereits mehr als ausreichend beschützt, wenn der Traktionswächter auf Stufe 2 stehen bleibt.

Sicher fühlt man sich auch in den Kurven, denn die Suzi lässt sich leicht abwinkeln und so präzise wie stabil durch alle Radien führen. Weite Kehren mag sie am liebsten, hier spürt man ihre supersportlichen Wurzeln. Bei den Bremsen wandelt sich das Bild, zwar sind sie standfest und gut dosierbar, es fehlt aber der sportliche Biss. Tourenfahrer werden das verschmerzen. Sie sitzen bequem aber durchaus fahraktiv auf der ergonomisch besser gestalteten Sitzbank, freuen sich am neu geformten Tank, der jetzt 19 statt ehemals 17 Liter bunkert und ihrer Suzi eine Reichweite von locker 320 Kilometern verleiht.

Diese Distanz ohne Pause? Geht auf der GT passabel, denn insgesamt stimmt der Tourenkomfort, auch wenn kurze Stöße wie Kanten in der Fahrbahn, Schlaglöcher oder Gullydeckel ein feineres Ansprechverhalten der Feder-/Dämpfungselemente wünschenswert erscheinen lassen. Längere Wellen schluckt das Fahrwerk souverän und insgesamt muss man ihm attestieren, dass der Spagat aus sportlicher Präzision und Fahrkomfort gelungen ist. Die Dunlop-Sportmax-Roadsport-2-Serienbereifung unterstützt das Anliegen mit gutem Grip, wobei man mit dem 190/50er hinten dem Wunsch nach Stabilität Priorität eingeräumt hat. Die Verkleidung inklusive der (nicht verstellbaren) Scheibe schützt unterschiedlich große Fahrerkörper erstaunlich gut vor Wind und Wetter. Wer mag, kann aus Suzukis Zubehörangebot eine sieben Zentimeter höhere Scheibe ordern. Geht gar nicht, maulen die Kritiker, ein neuer Tourer ohne verstellbare Scheibe! Und ohne Hauptständer! Ob der Hauptständer nicht zur Superbike-Schwinge passt, die direkt aus der GSX-R kommt? Ob Suzuki ihn noch anbietet? Wir bleiben dran, aber all diese Komfort-Features würden sich negativ auf das Gewicht der Kilo-Knauserin auswirken. Ich könnte darauf verzichten.

KONKURRENZMODELLE

BMW R 1250 RS
Leistung: 100 kW (136 PS) bei 7750/min, Drehmoment: 143 Nm bei 6250/min, Gewicht: 243 Kilo, Preis: ab 15 050 Euro

Kawasaki Ninja 1000 SX
Leistung: 104 kW (142 PS) bei 10 000/min, Drehmoment: 111 Nm bei 8000/min, Gewicht: 235 Kilo, Preis: ab 14 295 Euro

KTM 1290 Super Duke GT
Leistung: 129 kW (175 PS) bei 8870/min, Drehmoment: 141 Nm bei 6500/min, Gewicht: 234 Kilo, Preis: ab 19 545 Euro

Was Suzukis Touren-Ambitionen indessen seriös erscheinen lässt, ist das Angebot eines schlüssig und leicht ins schlanke Motorradheck zu integrierenden Koffersets von je 36 Litern. So passt unter anderem in beide Seiten ein Integralhelm. Ein Topcase fehlt, das mag zwar praktisch sein, verwässert aber das stabile Fahrverhalten. Die Soziushaltegriffe hingegen verdienen Anerkennung.
Suzukis neuer Tourensportler geht für 14 450 Euro über die Theke, die Version mit Koffern kostet 15 250 Euro. Das ist fair, gemessen an den Qualitäten der GT. Zudem lockt ein interessantes Zubehörangebot. Goodies wie IMU, verstellbare Scheibe, elektronisches Fahrwerk oder gar Radarsensorik sind für den Preis schwer zu realisieren, und wir haben sie auch nicht vermisst. Doch in Sachen Leistung, Agilität, Stabilität, Soziustauglichkeit, Langstreckenkomfort oder Connectivity liegt die vielseitig begabte, sauber verarbeitete GT dafür sehr weit vorn. Endlich gibt Suzuki wieder Gas! ■

Asymmetrische Leuchtgraphik: In der Abblendfunktion arbeitet nur ein Scheinwerfer

EIGENSCHAFTSWERTUNG
SUZUKI GSX-S 1000 GT

KURZTRIP 4,125	Starker, elastischer Vierzylinder für wahlweise entspanntes oder dynamisches Fahren, für viele Fahrer guter Windschutz, fahraktive, aber bequeme Sitzposition, stabiles Fahrwerk, leichte Bedienung.	
	Fahrstabitität	★★★★★
	Sicherheitsfeatures	★★★★☆
	Windschutz	★★★½☆
	Ausstattuns	★★★★☆
URLAUBS-REISE 4,125	Bequeme, aber schlanke Sitzbank, unkompliziert zu bedienendes Koffersystem mit überdurchschnittlichem Volumen, elastischer Motor mit mäßigem Spritverbrauch, brauchbarer Wetterschutz.	
	Gepäcksystem	★★★★★
	Reichweite	★★★★☆
	Autobahn	★★★★☆
	Flexibilität	★★★½☆
ZU ZWEIT 4,25	Angenehmer Soziusplatz mit viel Bewegungsfreiheit und komfortablem Sitz, große Haltegriffe, hohe Leistungsreserven, gute Schräglagenfreiheit. Federbein nur per Hakenschlüssel vorspannbar.	
	Soziusplatz	★★★½☆
	Fahrsicherheit 2 Personen	★★★★☆
DAILY USE 3,375	Leicht zu starten, geschmeidige Gasannahme, kultivierter Motor, gut ausbalanciert, passable Handlichkeit, hervorragende Connectivity, erstklassiger Quickshifter, kein Hauptständer.	
	Rangieren	★★★½☆
	Stadtverkehr	★★★☆☆
	Schließsystem	★★★★☆
	Easyness	★★★☆☆
HAUS-STRECKE 4	Perfekter Motor zum dynamischen Fahren, hohe Leistungsreserven, kultivierter Lauf, gut dosierbare Bremsen, passables elektronisches Schutzpaket, stabiles Fahrwerk, legere, aktive Sitzposition.	
	Handling	★★★☆☆
	Bremsen	★★★★☆
	Performance	★★★★★
GARAGE 4,167	Gute Verarbeitung, Ölwechsel alle 12 000 Kilometer, Ventilspiel alle 12 000 Kilometer, zwei Jahre Gewährleistung, moderate Werkstattkosten, bewährter, haltbarer Motor, moderne Technik.	
	Inspektionsumfang	★★★★★
	Reifenkosten	★★★★☆
	Werterhalt	★★★½☆
GESAMTWERTUNG: 4,01		★★★★★

TECHNIK

SUZUKI
GSX-S 1000 GT

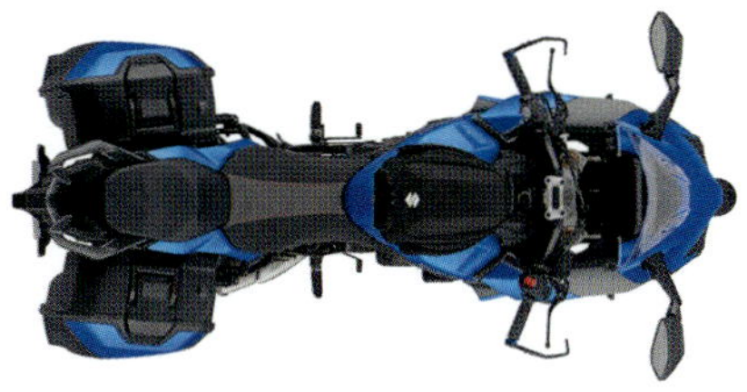

MOTOR

Wassergekühlter Vierzylinder-Viertakt-Reihenmotor, eine Ausgleichswelle, je zwei obenliegende, kettengetriebene Nockenwellen, vier Ventile pro Zylinder, Tassenstößel, Nasssumpfschmierung mit Wärmetauscher, Einspritzung, 4 x Ø 40 mm, geregelter Katalysator, Lichtmaschine 380 W, Batterie 12 V/10 Ah, über Seilzug betätigteMehrscheiben-Ölbadkupplung (Anti-Hopping), Sechsganggetriebe mit Quickshifter, Dichtring-Kette, Sekundärübersetzung 2,59.

Bohrung x Hub	73,4 x 59,0 mm
Hubraum	999 cm^3
Verdichtungsverhältnis	12,2:1
Nennleistung	112 kW (152 PS) bei 11 000/min
Max. Drehmoment	106 Nmbei 9250/min

FAHRWERK

Brückenrahmen aus Aluminium, Upside-down-Gabel, Ø 43 mm, mechanisch voll einstellbar, Superbike-Zweiarmschwinge aus Aluminium, Zentralfederbein mit Hebelsystem, mechanisch siebenfach verstellbare Federbasis und stufenlos einstellbare Zugstufendämpfung, Doppelscheibenbremse vorn, Ø 310 mm, Vierkolben-Festsättel, Scheibenbremse hinten, Ø 250 mm, Doppelkolben-Schwimmsattel, fünfstufige Traktionskontrolle, ABS.

Alu-Gussräder	3.50 x 17; 6.0 x 17
Reifen	120/70 ZR 17; 190/50 ZR 17
Bereifung im Test	Dunlop Sportmax Roadsport 2

ABMESSUNGEN + GEWICHTE

Radstand 1460 mm, Lenkkopfwinkel 65 Grad, Nachlauf 100 mm, Federweg vorn/hinten 120/130 mm, Sitzhöhe 810 mm, Gewicht vollgetankt 226 kg, Zuladung 190 kg, Tankinhalt/ Reserve 19/4,0 Liter

SERVICE-DATEN

Gewährleistung	zwei Jahre
Service-Intervalle	alle 12 000 km
Farben	Blau, Schwarz
Preis	14 450 Euro
Preis Testmotorrad	15 250 Euro

MESSWERTE

Fahrleistungen	
Höchstgeschwindigkeit	260 km/h
Beschleunigung*	
0–100 km/h	3,4 sek
0–140 km/h	5,6sek
0–200 km/h	9,1 sek
Durchzug*	
60–100 km/h	3,7 sek
100–140 km/h	3,8 sek
140–180 km/h	4,1 sek

VERBRAUCH*

Landstraße	5,8 l/100 km
Theor. Reichweite	320 km
Kraftstoffart	Super

LEISTUNGSDIAGRAMM*

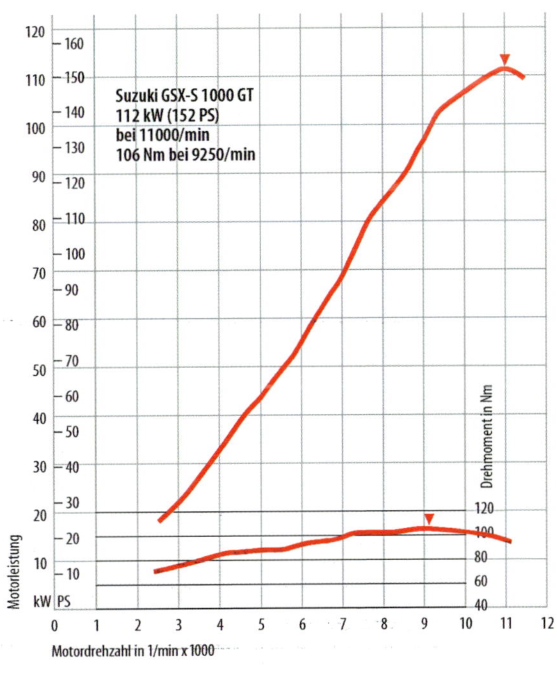

* Werksangaben

HONDA NT 1100

TEXT: *Markus Biebricher* **FOTOS:** *Markus Biebricher, Hepco & Becker, RWN-Moto, Claudia Werel*

TECHNISCHE DATEN

Wassergekühlter Zweizylinder-Reihenmotor, 1084 cm^3, 75 kW (102 PS) bei 7500/min, 104 Nm bei 6250/min, Doppelschleifenrahmen aus Stahl, Upside-down-Gabel, Federweg vorn/hinten 150/150 mm, Lenkkopfwinkel 63,5 Grad, Nachlauf 108 mm, Radstand 1535 mm, Länge 2240 mm, Sitzhöhe 820–835 mm, Reifen vorn 120/70-17; hinten 180/55-17, Scheibenbremsen vorn/hinten, Ø 310/256 mm, ABS, Traktionskontrolle, Gewicht vollgetankt 241 kg, Tankinhalt 20,4 Liter, Preis ab 14 690 Euro

Bernd Pfandl, sympathischer Tourismus-Akteur aus der Steiermark, hat sich die Honda NT 1100 wie viele weitere Kunden aus Überzeugung gekauft: Sie ist unkompliziert, nicht zu kostspielig und überzeugt durch Tourentauglichkeit. Darüber hinaus zeigt sie sich leicht fahrbar und gemessen am Gewicht ziemlich handlich. Ihrem Fahrwerk attestiert Bernd vielfältige Fähigkeiten, denn die Honda lässt sich leicht abwinkeln und liegt sauber und souverän in Schräglage. Erst bei sehr ambitioniert-sportlicher Kurvenhatz und wildem Wedeln spürt man ihr Gewicht von 241 Kilo, was durch das wahlweise erhältliche Doppelkupplungsgetriebe DCT noch einmal um satte 10 Kilo gesteigert wird. Bernd hat sich dieses Komfort-Feature gegönnt und weiß, dass damit auch eine

Tendenz zu weiteren Linien deutlich wird. Anfangs war der Honda-Pilot überrascht, wie früh die Fußrasten-Angstnippel am Asphalt kratzen. Jetzt erkennt er aber an, dass dies eine Folge kniewinkelfreundlicher Platzierung der Rasten tief unten am Motorrad ist. Und weil Bernd seine NT nicht behandelt wie eine Fireblade, stört ihn dieses Phänomen nicht wirklich.

Entscheidender ist, dass Gabel und Federbein sauber ansprechen und Bodenunebenheiten meistens gekonnt wegfiltern. Nur wenn der Asphalt allzu schlimme Narben und Brüche aufweist, die Wellen schnellstens hintereinander kommen, zeigt sich das Federbein unterdämpft und bringt Bewegung ins Honda-Heck. Das sei bei touristischem Nutzen der NT aber selten der Fall, sagt Bernd. Und wenn er mal zu zweit mit Gepäck unterwegs ist, wird mittels des praktischen Handrades die Feder voll vorgespannt. Ein elektronisches Fahrwerk gibt es nicht, dafür eine überzeugende, kraftvolle Bremsanlage und ein im Regelbereich nur ganz fein pulsierendes ABS. Gut zu wissen: Aus 100 km/h braucht Bernds Honda 43 Meter bis zum völligen Stillstand und bleibt dabei absolut stabil. Das gilt auch andersherum beim Beschleunigen. Der aus der Africa Twin stammende Motor ist durch Modifikationen an Einspritzanlage und Abgassystem auf leiseren Lauf und geschmeidigeres Ansprechverhalten getrimmt. Seinen bulligen Charakter hat er aber beibehalten, genau wie den kraftvollen Schub. Damit ist die Maschine zwar keine Rakete, aber ein souveräner Partner für ein Reisebike dieser Klasse. Ab 2500/min zieht der Reihenzweizylinder konsequent durch und entfaltet seine Leistung gleichmäßig und gut kontrollierbar bis 7500 Touren. Dabei liegt der Verbrauch je nach Gashand zwischen 4,5 und 6 Litern auf 100 Kilometern. Bernd sagt, er halte die Drehzahl des Twins meistens unter 6000/min, das pushe die Reichweite, schone Nerven wie Mechanik, und Kraft habe die NT auch so genug.

Immer realistisch ist ein Aktionsradius von gut 400 Kilometern. Und den kann man dank der bequemen, viel Platz bietenden Sitzbank entspannt abreiten. Personen von 1,70 bis über 1,90 Meter Körpergröße finden auf der Honda eine passende Ergonomie. Verkleidung und Hand- wie Fußabweiser sorgen für guten Wind- und Wetterschutz. Die Scheibe lässt sich in fünf Stufen verstellen, leider nur mit viel Handkraft. Überzeugender ist die Serien-Ausstattung der NT: Koffer, Gepäckträger, Hauptständer, Tempomat, Griffheizung und fünf Fahrmodi. Ist Bernd glücklich mit seiner Entscheidung? »Ja, absolut, die positiven Qualitäten der Maschine überwiegen«, sagt er. Fazit: Wer die NT gemäß ihrem Konstruktionszweck zum Touren nutzt, wird Fahrfreude und Genussmomente ernten. ■

Das fehlt der ansonsten gut ausgestatteten Honda NT 1100 SC 84 A und beugt unerwarteten Missgeschicken wirksam vor: ein **Sturzbügel**. Hier empfehlen wir die in extrem stabiler Rohr-in-Rohr-Konstruktion gefertigten Schützer von **Hepco & Becker**. Erhältlich in Schwarz oder Silber für 260 Euro und sicher eine gute Investition. Die Sicherheit steigern kann auch das **Honda-Nebelscheinwerfer-Set** für 561 Euro z. B. bei RWN-Moto.
www.hepco-becker.de; www.rwn-moto.de

brembo

MOTO GUZZI V100 MANDELLO S

NEUES ZEITALTER

Bei der Konstruktion der neuen V100 Mandello blieb kein Stein auf dem anderen. Herausgekommen ist ein interessantes, modernes, vielfältiges Motorrad. Eines, was den Fans ausreichend Guzzi-Feeling bietet, aber auch neue Interessenten anlocken kann. Was taugt die Maschine auf Tour?

TEXT: *Markus Biebricher*
FOTOS: *Rossen Gargolov, Jörg Künstle, Piaggio Group, Arturo Rivas*

Moto Guzzi. Die Fans und Fahrer dieser Marke zeichnen sich aus durch langjährige Treue und Hartnäckigkeit. Für sie sind die längs eingebauten, luftgekühlten V2-Triebwerke mit den seitlich nach oben herausragenden Zylindern der Inbegriff italienischer Motoren-Kultur. In dieser Konfiguration sind sie einzigartig und wurden lediglich von Hondas seliger CX 500 kopiert, die allerdings bereits 1978 mit Wasserkühlung aufwartete. 101 Jahre nach Firmengründung und zehn Jahre nach den großen BMW-Boxern vollzieht auch Moto Guzzi den Schritt zur Flüssigkeitskühlung. Dazu baut der Zweizylinder für die neue V100 deutlich kompakter, ist leichter und über 10 Zentimeter kürzer als die alte, luftgekühlte Garde. Nicht nur das: Seine Zylinder sind um 90 Grad gedreht, die Einspritzung verschwindet unter dem 17-Liter-Tank, sodass die Fahrerknie endlich Platz nach vorne haben.

Die V100 soll klassische Guzzi-Werte in die Neuzeit transferieren. Was neben der Wasserkühlung auch höhere Leistung und ein komplexes Elektronikpaket bedeutet. Unerheblich, dass die moderne Motor- und Fahrwerkstechnik weniger den heiligen Hallen in Mandello als vielmehr dem Hightech-Zentrum von Aprilia in Noale entstammt. In Mandello wird dafür mit Hingabe montiert.

Zum Tourentest kommt die V100 Mandello als S-Version. Die ist das Topmodell der neuen Baureihe und kostet 17 999 Euro. Gegenüber der Standard-Mandello für 15 499 Euro verwöhnt unsere »S« mit semiaktivem Öhlins-Fahrwerk, Heizgriffen, Quickshifter samt Blipper und der hauseigenen Multimedia-Plattform, um ein Smartphone per Bluetooth mit der Cockpit-Elektronik des fünf Zoll großen TFT-Dashboards zu koppeln: Anrufe tätigen, Nachrichten checken, Musik hören oder bestimmte Funktionen per Sprachbefehl steuern, das geht jetzt, auch wenn ergraute Guzzisti solche Spielereien nicht brauchen. Immerhin ist die Bedienlogik des linken Lenkerschalters, mit dem sich alle Befehle steuern lassen, leicht und intuitiv. Schnell durchschaut man das System, findet Infos und Menü-Ebenen. Auch bei der haptischen Anmutung hat die Piaggio-Gruppe bei der V100 Mandello nicht gespart: Feine Nähte der zweiteiligen

V100-Tour mit sportlicher Note: Die Sozia sitzt gut, doch ihre Fußrasten sind zu hoch fixiert

Großes 5-Zoll-TFT, das über die Lenkerendschalter intuitiv bedienbar ist

Gut erreichbares Handrad des Öhlins-Dämpfers für Vorspannungsjustage

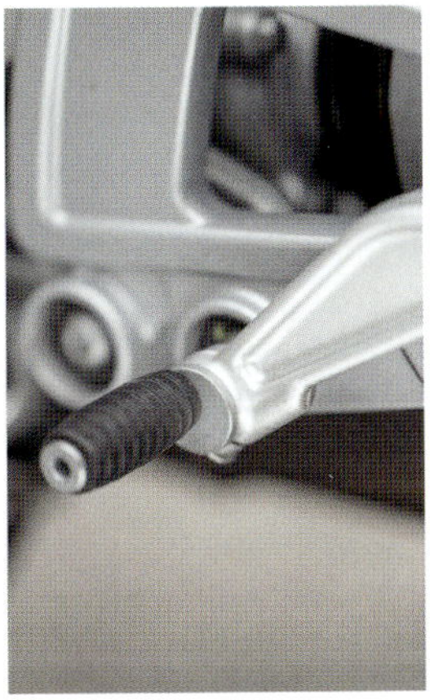

Praktisch: leicht bedienbare Knöpfe, Schalthebelverstellung per Exzenter

Ölkontrolle per Peilstab, unnötig bei Nasssumpfschmierung und Schauglas

Neu: vertikale Zylinderdurchströmung, elektronisch gesteuerte Deflektoren

Sehr große Hohlachse für die breite 6-Zoll-Felge an der Einarmschwinge

INSTRUMENTE/ LICHT

Gutes 5-Zoll-TFT-Display: Das Digitalcockpit gefällt mit ordentlicher Ablesbarkeit und intuitiver Bedienung durch Schaltereinheiten an den Lenkerenden. Der LED-Scheinwerfer leistet auch in Kurven gute Arbeit.

LENKER/ARMATUREN

Angenehm: zum Fahrer hin gekröpfter Rohrlenker, an den Lenkerenden mit Heizgriffen üppige 34 mm dick. Einstellbare Hebel, unkompliziert bedienbare Taster links, rechts Extra-Taster für schnelle Fahrmode-Wechsel.

TANK

Genug: 17 Liter Spritvolumen reichen für etwa 350 Touring-Kilometer. Guter Knieschluss, seitliche Windabweiser als Novum im Serienbau mit überschaubarer Wirkung.

BREMSE

Ultrastark: äußerst kräftige, gut dosierbare Brembo-Vierkolben-Festsattel-Stopper an üppigen 320-Millimeter-Scheiben, fein regelndes ABS. Bestwerte im Klassenvergleich!

MOTOR

Kräftig/kultiviert: Ab 3000/min hängt der V2 ruckfrei am Gas, entwickelt bis 5500/min ein erstes Drehmomentplateau, legt darüber noch mal zu. Bei 9500 endet die Drehfreude.

FUSSRASTE

Standfest: schräglagenfreundliche Position. Toll und praxisnah ist die Schalthebelverstellung per Exzenter: Inbus lösen, Einsatz drehen, fertig, taugt für alle Schuhgrößen.

REIFEN

Guter Grip: Die Pirelli Angel GT II mit der Sonderkennung »A« passen gut zur Guzzi. Ein leichtes Aufstellmoment beim Bremsen in Kurven wird in Kauf genommen.

VERARBEITUNG

Überraschung: etliche erstaunlich sorgfältig gefinishte Details, insgesamt saubere Verarbeitung und hohe Anfassqualität. Bravo!

SITZBANK

Bequem: aber recht enger Sozius-Kniewinkel. Für den Fahrer kann die Bein-Ergonomie durch andere Sitzbank-Höhen angepasst werden. USB-Steckdose und Kofferhalter unter der Soziusbank.

Sitzbank, gleichmäßige Spaltmaße, gute Verarbeitung sowie eine distinguierte Linienführung, die von der Seite an Yamahas selige TDM erinnert, können beeindrucken.

Piaggio-Boss Michele Colannino wollte mit der V100 einen modernen, tourentauglichen, klassisch eleganten Roadster auf die Räder stellen. Das scheint ihm gelungen. Denn beim Aufsitzen zeigt sich: Die Ergonomie passt vielen Körpergrößen, ist entspannt. Der Oberkörper wird nur wenig nach vorne gebeugt, locker ruhen die Hände auf dem großzügig dimensionierten, aber nicht zu breiten Rohrlenker. Sämtliche Hebeleien sind individuell einstellbar, die Sitzbank gibt es in verschiedenen Höhen und der bereits thematisierte Platz vor den Knien bedeutet: keine blauen Flecken mehr für Langbeinige, allerdings ein eher sportlicher Beinwinkel. Dann der Start. Dank längs eingebauter Kurbelwelle erfolgt ein typischer Guzzi-seitwärts-Hüftschwung. Der fällt allerdings dank reduzierter Schwungmasse und Ausgleichswellen nur noch zart aus. Dafür bollert es satt aus dem eleganten, kurzen Endschalldämpfer. Ist der alte Guzzi-Geist der Moderne zum Opfer gefallen? Nein, denn der V2 zeigt noch genug Sound und Leben in Form von leichten Längsmomenten unter Last. Ansonsten gibt er sich weniger raubeinig als seine legendären Vorfahren, läuft kultivierter und hängt geschmeidiger am Gas. Wobei sein Ansprechverhalten stark vom gewählten Fahrmodus beeinflusst wird. In »Sport« agiert er zu ruppig, in »Regen« dann mit butterweichen Übergängen, die man kaum noch als Lastwechselreaktionen durchgehen lassen kann. Neutral wirkt das Ansprechverhalten in den Modi »Straße« und »Tour«. Dort nimmt der Motor auch im Drehzahlkeller sauber Gas an und

Neue Generation: Einen derart kompakt und effizient aufgebauten Motor gab es bei Guzzi noch nie. 4,9 Liter Öl sorgen für gleichbleibende Schmierung. Der Antrieb für weitere zukünftige Modelle!

erlaubt das Durchfahren von engen Kehren im zweiten Gang. Wer anschließend stürmisch aus der Kurve beschleunigt, stellt allerdings fest, dass der Triebling ganz unten nicht so drückt, wie man es von einem dicken V2 erwarten könnte. Drehzahlen unter 3000/min macht er zwar mit, aber ohne Begeisterung. Erst ab 4000 wird deftig Leistung aufgebaut. Dann marschiert die Guzzi äußerst entschlossen voran, begleitet von kernigem Ansauggeräusch und bulligem V2-Sound. Beim weiteren Erklimmen der Drehzahlleiter wird klar, dass derart leichtes Hochdrehen und so sattes Beschleunigen bislang auf Serien-Guzzis kaum erlebbar waren. Über 7000/min sind auf Touren unnötig. Für das Ausloten sportiver Talente indessen leicht machbar, denn bis zum Begrenzer bei 9500/min wird noch erstaunliche Dynamik geboten. In dieser Dimension ganz sicher eine neue Erfahrung für eingefleischte Guzzisti!

Genau wie die elektrisch ausfahrbaren Windabweiser, mit denen die V100 punktet. Eine Weltneuheit, die bislang kein anderes Serienmotorrad bietet. Die Flügelchen sitzen in den oberen Tankflanken und fahren ab 70 km/h automatisch um 4,5 Zentimeter aus und bei 50 km/h wieder ein, wenn man ihnen keinen anderen Befehl erteilt. Was sie bringen? Ab etwa 90 km/h leichte Wind-Entlastung an Hüften und Bauch. Für einen wirklich wirksamen Schutz sind sie dann doch zu klein. Was auch für die elektrisch verstellbare Scheibe gilt, die bis 130 km/h von der Grundstellung neun Zentimeter hochfahren kann. Ihr Schutz ist für kleinere Fahrerinnen und Fahrer passabel, bei größeren Piloten geht es eher zugig zu.

Dabei will es die V100 jedem recht machen. Dank Bits and Bytes ist ihre charakterliche Bandbreite enorm, sie kann sich wandeln vom bockstabilen, harten Sportmotorrad bis zum touristischen Cruiser, wobei die Grundabstimmung eher straff ausfällt. Für den Unterschied sorgt die Elektronik und schenkt der Guzzi die bereits erwähnten vier Modi: »Sport«, »Road«, »Touring« und »Regen«. Bei allen wurden fixe Einstellungen für das Ansprechverhalten des Motors, die Traktionskontrolle, die Deflektoren-Bewegung und das Fahrwerk hinterlegt. Wer mag, kann in allen Modi eine individuelle Einstellung wählen. Das Ansprechverhalten bietet dafür drei Stufen, die Traktionskontrolle vier. Zusätzlich lässt sie sich ausschalten. Genau wie die seitlichen Windabweiser. Bleibt noch das Fahrwerk: Zwei semiaktive und zwei konventionelle Modi stehen zur Auswahl. Wer sich für die semiaktive Arbeitsweise entscheidet, kann die Dämpfung vorne und hinten in einem Bereich von -5 bis +5 justieren. Ansonsten lassen sich Druck- und Zugstufe vorne und hinten elektronisch in 31 Stufen einstellen. Die Vorspannung muss hinten per Handrad und vorne per 32er-Nuss an die Zuladung angepasst werden. Insgesamt bietet Guzzi hier ein riesiges Feld für das individuelle Hin- und Herklicken. Tourenfahrer sollten bei den elektronischen Dämpfungs-Klicks eher offene Varianten wählen. Damit fliegt die Mandello unerschütterlich

KONKURRENZMODELLE

R 1250 RS
Leistung: 100 kW (136 PS) bei 7750/min, Drehmoment: 143 Nm bei 6750/min, Gewicht: 254 Kilo, Preis: ab 15 990 Euro

Kawasaki Ninja Z 1000 SX
Leistung: 104 kW (142 PS) bei 10 000/min, Drehmoment: 111 Nm bei 7300/min, Gewicht: 235 Kilo, Preis: ab 14 995 Euro

Yamaha Tracer 9 GT
Leistung: 88 kW (119 PS) bei 10 000/min, Drehmoment: 93 Nm bei 7000/min, Gewicht: 213 Kilo, Preis: ab 14 890 Euro

Auf Reisen: kein sänftenartiger Komfort, aber hohe Stabilität und Sicherheit in allen Lagen

neutral durch alle Radien, schenkt dem Fahrer aber auch etwas Komfort. Wer sportlich fährt, spürt leichte Reaktionen des Kardans, der ohne Momentabstützung auskommt. Genau wie der Komfort ist auch das Handling eher der grandiosen Stabilität untergeordnet, was die Guzzi zu einem sportlich eingefärbten Motorrad macht. Und sonst? Der Blipper funktioniert nicht immer geschmeidig, doch die Brembo-Bremsen sind eine Macht und verzögern bei Bedarf auf Supersportler-Niveau. Dass der V2 nicht mit 115, sondern nur mit 110 PS gemessen wurde, tut dem Fahrspaß auf der V100 keinen Abbruch. Sie mag vielleicht nicht der komfortabelste Tourer sein, aber eine stilvolle Genussmaschine fürs Herz ist sie in jedem Fall. Eine mit ziemlich wenig Schrulligkeiten, einer enormen Bandbreite an Einstellmöglichkeiten und einem tatsächlich immer noch vorhandenen markentypischen Flair.

Was noch auffällt? Die Besatzung sitzt mehrheitlich bequem, das Kurvenlicht ist gut, Verbräuche und Reichweite sind der Leistungsklasse angemessen. Für die V100 gibt es elegante, helmschluckende Kunststoff-Koffer (999 Euro, 59 Liter), die ruckzuck an den Aufhängungen unter dem Soziussitz fixiert sind, sowie Topcase und weitere Goodies. Fazit: Mit der V100 hat die Marke aus Mandello clever alle Weichen für die Zukunft gestellt.

TECHNIK

MOTO GUZZI
V100 MANDELLO S

(Herstellerangaben)

MOTOR

Wassergekühlter Zweizylinder-Viertakt-90-Grad-V-Motor, je zwei obenliegende, kettengetriebene Nockenwellen, vier Ventile pro Zylinder, Schlepphebel, Nasssumpfschmierung, Einspritzung, 2 x Ø 52 mm, geregelter Katalysator, Lichtmaschine 550 W, Batterie 12 V/12 Ah, hydraulisch betätigte Mehrscheiben-Ölbadkupplung (Anti-Hopping), Sechsganggetriebe, Kardan, Sekundärübersetzung 3,166.

Bohrung x Hub	96,0 x 72,0 mm
Hubraum	1042 cm^3
Verdichtungsverhältnis	12,6:1
Nennleistung	84,6 kW (115 PS)bei 8700/min
Max. Drehmoment	105 Nm bei 6750/min
Standgeräusch	95 dB(A)

FAHRWERK

Brückenrahmen aus Stahl, Motor mittragend, Upside-down-Gabel, Ø 43 mm, verstellbare Federbasis und elektronisch verstellbare Zug- und Druckstufendämpfung, Einarmschwinge aus Aluminium, Federbein, direkt angelenkt, verstellbare Federbasis und elektronisch verstellbare Zug- und Druckstufendämpfung, Doppelscheibenbremse vorn, Ø 320 mm, Vierkolben-Festsattel, Scheibenbremse hinten, Ø 280 mm, Zweikolben-Festsattel, Traktionskontrolle, Kurven-ABS

Alu-Gussräder	3.50 x 17; 6.00 x 17
Reifen	120/70 R 17; 190/55 R 17
Bereifung im Test	PirelliAngel GT II »A«

ABMESSUNGEN + GEWICHTE

Radstand 1475 mm, Lenkkopfwinkel 65,3 Grad, Nachlauf 104 mm, Wendekreis1 6390 mm, Radlastverteilung v/h1 51,2/48,8 %, Federweg vorn/hinten 130/130 mm, Sitzhöhe1 810 mm, Gewicht vollgetankt1 240 kg, Zuladung1 203 kg, Tankinhalt 17 Liter

SERVICE-DATEN

Service-Intervalle	12 000 km
Öl- und Filterwechsel	alle 12 000 km, 4,9 Liter
Motoröl	SAE 10W 50
Telegabelöl	7,5W
Zündkerzen	NGK LMAR8EI-7
Leerlaufdrehzahl	1400± 100/min
Reifenluftdruck	(mit Sozius)
vorn/hinten	2,5/2,8 (2,5/2,8) bar
Garantie	zwei Jahre
Farben	Grün/Silber, Grau/Schwarz
Preis	17 999 Euro
Nebenkosten	inkl.

MESSWERTE

Fahrleistungen	
Höchstgeschwindigkeit[2]	230 km/h
Beschleunigung	
0–100 km/h	3,8 sek
0–140 km/h	6,5 sek
0–200 km/h	13,4 sek
Durchzug	
60–100 km/h	4,3 sek
100–140 km/h	4,4 sek
140–180 km/h	5,1 sek
Tachometerabweichung	
Effektiv (Anzeige 50/100)	47/95 km/h

Herstellerangaben; [1]MOTORRAD-Messungen; [2]Herstellerangaben; [3]Leistung an der Kurbelwelle. Messungen auf Dynojet-Rollenprüfstand 250, korrigiert nach 95/1/EG, maximal mögliche Abweichung ±5 %

VERBRAUCH[2]

Landstraße	5,3 l/100 km
Autobahn bei 130 km/h	5,5 l/100 km
Theor. Reichweite Landstraße	321 km
Kraftstoffart	Super

LEISTUNGSDIAGRAMM[3]

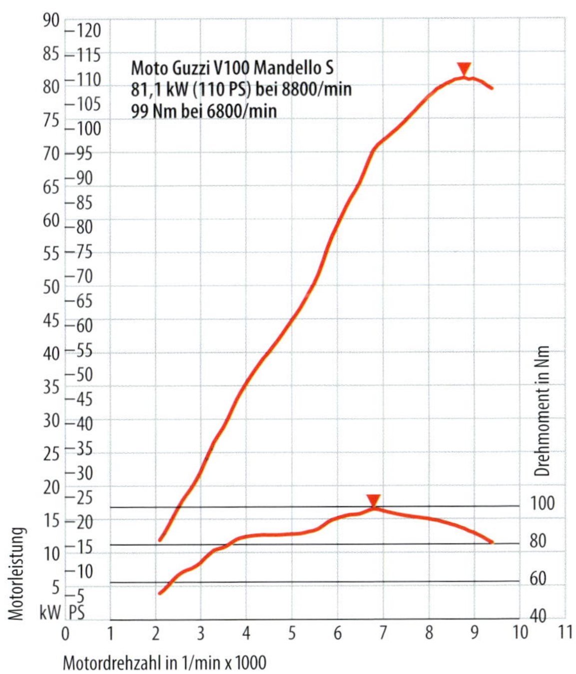

EIGENSCHAFTSWERTUNG
MOTO GUZZI V100 MANDELLO S

KURZTRIP 4,125	Kräftiger Twin, ab 3000/min gute Laufkultur, ab 4000 satter Schub bis 9500/min. Bequeme Sitzposition, stabiles Fahrwerk, starke Bremsen. Viele Einstellmöglichkeiten, straffe Grundauslegung	
	Fahrstabititát	★★★★★
	Sicherheitsfeatures	★★★★☆
	Windschutz	★★★½☆
	Ausstattuns	★★★★☆
URLAUBS-REISE 4	Bequeme Sitzbank, entspannte Sitzposition, knappes, elektrisch verstellbares Windschild, seitliche Flaps, Hauptständer und Koffer sind Extras, stabiles Fahrwerk, sichere Bremsen, feines ABS.	
	Gepäcksystem	★★★☆☆
	Reichweite	★★★★☆
	Autobahn	★★★★☆
	Flexibilität	★★★★★
ZU ZWEIT 4,25	Angenehmer Soziusplatz, je nach Beinlänge eventuell enger Kniewinkel, straffe Fahrwerksauslegung, Vorspannung Federbein per Handrad justierbar. Nützlich: Kontakt zum Fahrer, Haltegriffe.	
	Soziusplatz	★★★★☆
	Fahrsicherheit 2 Personen	★★★★½
DAILY USE 4	Leicht bedienbares TFT-Display, gute Connectivity, bequeme Bank, passende Ergonomie, verstellbare Scheibe und Winglets, sehr sanftes Ansprechen und wenig Lastwechsel im Regen-Modus.	
	Rangieren	★★★★☆
	Stadtverkehr	★★★★☆
	Schließsystem	★★★★☆
	Easyness	★★★★☆
HAUS-STRECKE 4,167	Satte Fahrleistungen, kräftige Bremsen, sehr stabiles, ausreichend handliches, recht straffes Fahrwerk, viele Einstellmöglichkeiten, gute Verarbeitung, justierbare Hebeleien, mäßiger Quickshifter.	
	Handling	★★★½☆
	Bremsen	★★★★★
	Performance	★★★★☆
GARAGE 3,83	Voraussichtlich günstige Wartungskosten dank effizientem Motorenlayout und bewährter Konzern-Elektronik, Wartungsintervalle alle 12 000 Kilometer, sehr ordentliche Verarbeitung.	
	Inspektionsumfang	★★★★☆
	Reifenkosten	☆☆☆☆☆
	Werterhalt	★★★★☆
GESAMTWERTUNG: 4,062		★★★★★

KAWASAKI
VERSYS 650 TOURER

TEXT: *Diana Richarz* **FOTOS:** *Daniel Keller, Dirk Schäfer, Claudia Werel*

TECHNISCHE DATEN

Wassergekühlter Zweizylinder-Reihenmotor, 649 cm^3, 51 kW (69 PS) bei 8500/min, 64 Nm bei 7000/min, Brückenrahmen aus Stahl, Upside-down-Gabel, Federweg vorn/hinten 150/145 mm, Lenkkopfwinkel 65,0 Grad, Nachlauf 108 mm, Radstand 1415 mm, Länge 2165 mm, Sitzhöhe 840 mm, Reifen vorn 120/70-17, hinten 160/60-17, Scheibenbremsen vorn/hinten, Ø 300/250 mm, ABS, Traktionskontrolle, Gewicht vollgetankt 217 kg, Tankinhalt 21 Liter, Preis 9938 Euro

Wie kann man um sechs Uhr früh nur schon so glänzen? Der grüne Kajal um meine Augen ist ein kleiner Versuch, der Versys 650 Konkurrenz zu machen. Sie ist schnittig gestylt, ich eher zottelig. Ungefrühstückt stemmen sich meine 60 Kilogramm Eigengewicht gegen die 217 der sehr schräg auf dem Seitenständer stehenden Kawasaki. Äh, kann mir mal jemand helfen? Dirk gibt mir einen Schubs, die Kawa ist in der Senkrechten, und ich bin tomatenrot unter dem Helm. Startknopf drücken, und los geht es.

Ruckzuck ist die Grüne warm, hängt quirlig am Gas. In den folgenden lang gezogenen Kurven liegt sie stabil. Dann wird es wuselig im Sinne eines sardischen Kurvenfeuerwerks. Wie macht sich die kom-

pakt wirkende Kawa auf ihren 17 Zöllern? In den ersten Kehren bin ich noch etwas zögerlich. Dann flitzt sie immer besser und geschmeidiger durch die engen Radien. Ich bin überrascht. Jegliches Gewicht ist vergessen. Vorne wie hinten ankern die Bremsen gut, sind aber nicht so bissig wie Nachbars Labrador. Auch das ABS setzt sich prima in Szene, wenn dem sardischen Fiat Panda auf der Ideallinie mal wieder der entscheidende Millimeter Platz fehlt.

Apropos Ideallinie: Auf den winkligen Landstraßen kann die Versys auch mit hubraumstärkeren Bikes mithalten. Ihr spielerisches Handling und der drehfreudige, kernige Motor, der die Erfahreneren unter uns an vergangene GPZ-500-Tage erinnert, sind der Schlüssel dazu.
Erster Kaffeestopp. Die Verkleidungsscheibe schützt okay vor dem Wind, aber ich möchte etwas nachjustieren. Das geht ohne Werkzeug mit zwei griffigen Schrauben. Einfach lösen, Scheibe hochschieben, und kaum ein todesmutiges Flug- objekt verirrt sich jetzt noch auf mein Visier.
Dann kommt das Kopfsteinpflaster: Der Kopf im Helm wird hin und her geschmissen wie eine Kegelkugel. Können wir bitte diese Strecke verlassen? Nein? Ich halte an und verstelle per Handrad die hydraulische Federvorspannung. So klappt es jetzt auch mit den Altstadtstraßen von Bosa. Wieso nicht bis an das Ende der Insel fahren? Es ist gerade so gemütlich auf der bequemen Sitzbank. Da brauche ich vorerst auch keinen Tankstopp. Bei einem Verbrauch von knapp 4 Litern und dem 21-Liter Tank könnte ich heute locker den ganzen Tag im Sattel bleiben.
Zweiter Stopp. Einkaufen. In die beiden 28-Liter-Koffer passt zwar kein Helm, dafür aber reichlich Olivenöl und Limoncello. Immerhin kann man 210 Kilogramm zuladen. Grundsätzlich reichen die Koffer, wenn man im Hotelmodus unterwegs ist, vollkommen aus. Eine Gepäckrolle lässt sich leider nur auf der Rücksitzbank befestigen, aber es gäbe ja noch ein Topcase.
Am Abend, nach unzähligen Fotostopps und Wendemanövern ohne Probleme, geht es hungrig über die Schnellstraße zum Nudeltopf. Vom hohen Tempo unbeeindruckt, liegt die Grüne satt auf der Straße. Die aufrechte Sitzposition bleibt entspannt, und ich komme ins Grübeln: Für die Fahrt zur Arbeit wäre dieses Moped wirklich eine Alternative zu meinem Einzylinder.
Den Soziussitz probiere ich auch noch. Sehr bequem. Keine Knieschmerzen wie hinten auf der Honda Fireblade von Dirk. Meine Beine bleiben in einem langstreckentauglichen Winkel entspannt, Kuscheln am Fahrer inklusive. Für weniger als 10 000 Euro gibt es die Kawa zu kaufen. Eine vielseitige, sympathische Maschine, die sowohl den Alltag als auch die Urlaubsreise meistert. Deswegen nennt Kawasaki sie »versatile system« oder kurz: Versys. Für mich ist sie, weniger technisch, einfach: die »Eine für alles«. ■

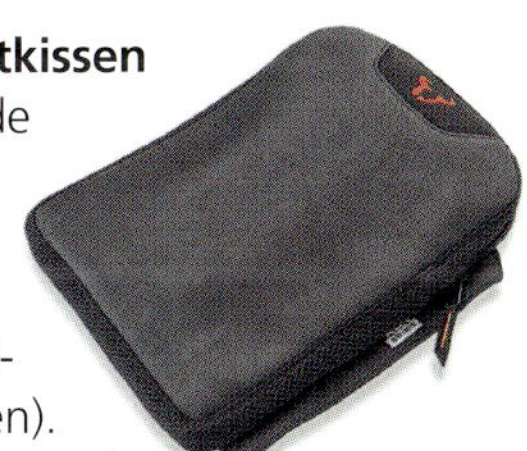

Traveller Komfortkissen für gesäßmarternde Ultralangstrecken auf der Versys. Variables Luftpolster, für Fahrer oder Sozius, 90 Euro (oben). Schutz bei Umfallern und mehr bietet der **Sturzbügel** aus 27-mm-Stahlrohr. Er trägt nicht auf, ist unauffällig in die Optik integriert. Preis185 Euro, www.sw-motech.com

TOURING

Touring heißt: ankommen, ohne anzukommen – Kilometer werden weich, Tage werden lang, der Horizont rückt näher. Diese Maschinen sind rollende Suiten: stabil wie ein Zug, komfortabel wie ein guter Sessel, gebaut für zwei Menschen, Gepäck und große Pläne. Honda Gold Wing Tour, BMW K 1600 GTL und Indian Roadmaster Classic stehen für genau dieses Versprechen: Reise ohne Hast, Souveränität ohne Stress – und ein bisschen Luxus, der unterwegs einfach passt.

HONDA GOLD WING TOUR

TEXT: *Thorsten Dentges* **FOTOS:** *Jacek Bilski, mps-Fotostudio, Arturo Rivas*

TECHNISCHE DATEN

Wassergekühlter Sechszylinder-Boxermotor, 1833 cm³, 93,0 kW (126 PS) bei 5500/min, 170 Nm bei 4500/min, Brückenrahmen aus Aluminium, Doppelquerlenker und Eingelenk-Einarmschwinge, Federweg vorn/hinten 109/104 mm, Lenkkopfwinkel 59,5 Grad, Nachlauf 109 mm, Radstand 1695 mm, Länge 2575 mm, Sitzhöhe 770 mm, Reifen vorn 130/70 18; hinten 200/55 ZR 16, Doppel-Scheibenbremse vorn, Scheibenbremse hinten, Gewicht vollgetankt 385 kg, Tankinhalt 21,1 Liter, Preis ca. 40 000 Euro

Thorsten – Die Fahrer-Perspektive

Es reizt mich einfach, dauernd am Hahn zu ziehen. Weil ich jedes Mal dieses V8-ähnliche Grummeln aus den Brennraum-Tiefen hochblubbern hören will. Bei Fahrstufe »Sport« drückt es einen regelrecht in den Sitz. Rennauto-Feeling. Moment mal, »Rennen« und »Auto« – eigentlich der falsche Film für diesen Tourer, wenn nicht sogar DAS Tourenmotorrad schlechthin: der Honda Gold Wing. Und »ich« stimmt auch nicht ganz, denn hinter mir sitzt ja Sozia Angelina als Lebendfracht. Das vergesse ich jedoch immer wieder, weil auf diesem drehmomentstarken Schiff das passagierbedingte Zusatzgewicht kaum spürbar ist. Die Dschunke selbst wiegt schon 385 Kilo, dazu kom-

men Angelina und ich als Besatzung plus Gepäck, macht in Summe über 550 Kilo. Erstaunlich, wie mühelos und vehement die 126 PS des Sechszylinder-Boxers das ganze Gebinde nach vorne schieben. Und das E-Fahrwerk lässt sich mit wenigen Knopfdrücken auf volle Beladung anpassen. So kommt der Luxustourer selbst auf teils sehr verwinkelten und steilen Bergsträßchen wunderbar zurecht, verlangt aber nach geübter Hand. Werden die Kurvenradien weiter und wird das Asphaltband breiter, steigt der Fahrspaß. Dann hat man auch die Muße, ein wenig im Radioprogramm zu stöbern oder den elektrischen Windschild so zu justieren, dass sich die richtige Balance aus frischem Fahrtwind und guter Geräuschdämmung ergibt.
Nun cruisen wir zu zweit recht dynamisch mit Bayern 1 und den besten Hits der Achtziger auf den Ohren äußerst entspannt durchs Voralpenland, halten an diversen Cafés und Seen an, holen die in den Koffern verstauten Badesachen raus und machen uns wenig Gedanken ums Tanken, weil der 21-Liter-Tank bei Low Speed weit über 300 Kilometer Strecke erlaubt. Die sitzt man und frau locker auf jeweils einer Arschbacke ab. Fahren wie in einer Luxuslimousine – nur eben einspurig. Uuups, schon wieder ein Vergleich mit einem Auto ... Frage: Ist die Gold Wing überhaupt ein richtiges Motorrad? Antwort: Ja. Beleg dafür: Vor uns taucht auf der schmalen Landstraße ein Lastwagen als rollendes Hindernis auf, meine rechte Hand zuckt schon leicht. Ich warte auf die Lücke im Gegenverkehr, dann: Vroaaammm! Angelina schien hinten wohl fast eingeschlafen zu sein, nun schreckt sie hoch und krallt sich in meiner Jacke fest. Wir rauschen am Lkw vorbei und fliegen auf die nächste Kurve zu. Beherztes Bremsen, spurstabile Schräglagenfahrt, aufrichten und dann wieder gemütlich weitergleiten. Echt cool, dieses Moped.

Angelina – Die Sozia-Perspektive
Wahnsinn, wie bequem. Wie auf einem Sofa im Freien. Die Vorteile von frischer Luft, Freiheitsgefühl und Behaglichkeit sind vereint. Etwas unangenehm ist nur das Auf- und Absteigen, weil ich mit den Beinen kaum über die großen Koffer komme. Sitzt man aber mal, muss man sich nirgendwo festhalten und fühlt sich im weichen Polster wohl und entspannt. So gelöst, dass ich sogar während der Fahrt einmal kurz einnicke ...
Da ich als Sozia höher sitze als der Fahrer, höre ich schon bei normalem Landstraßentempo sehr starke Windgeräusche. Ab Tempo 60 kann ich jedenfalls das fast auf volle Lautstärke gestellte Radio akustisch kaum noch wahrnehmen. Bei langsamen Ortsdurchfahrten sind aber auch alle Wortbeiträge voll verständlich. Die Sitzheizung kann ich über das Einstellrädchen auf der linken Sitzseite einfach steuern. Schlussendlich finde ich es sehr angenehm, auf der Gold Wing mitzufahren. Auf einem so bequemen Sitz saß ich noch nie, selbst mancher Autositz ist härter. ■

Das serienmäßige elektronische Fahrwerk lässt sich nach kurzem Ritt durch den Menü-Parcours auf **Zwei-Personen-Betrieb** umstellen. In Fahrt ein echter Zugewinn, denn die Fuhre bleibt ultrastabil

BMW K 1600 GTL

TEXT: *Ferdinand Heinrich-Steige* **FOTOS:** *Markus Jahn, Dirk Schäfer*

TECHNISCHE DATEN

Wassergekühlter Sechszylinder-Reihenmotor, 1649 cm³, 118 kW (160 PS) bei 6750/min, 180 Nm bei 5250/min, Brückenrahmen aus Aluminium, Doppellängslenker aus Aluminium, Federweg vorn/hinten 115/135 mm, Lenkkopfwinkel 62,2 Grad, Nachlauf 106,4 mm, Radstand 1618 mm, Länge 2489 mm, Sitzhöhe 750 mm, Reifen vorn 120/70 ZR 17, hinten 190/55 ZR 17, Scheibenbremsen vorn/hinten, Ø 320/320 mm, Kurven-ABS, Traktionskontrolle, Gewicht vollgetankt 358 kg, Zuladung 202 kg, Tankinhalt 26,5 Liter, Preis ab 29 290 Euro

Nicht nur im BMW-Portfolio ist die K 1600 ein Superlativ: Fast 30 000 Euro Grundpreis, 360 Kilogramm Leergewicht, über 150 Liter Stauraum und 1649 Kubikzentimeter Hubraum. Daraus schöpft der turbinenartige Reihensechser nicht nur eine Spitzenleistung von 160 PS, sondern auch eine Souveränität, die bei jeder Drehzahl anliegt. Trotzdem: Es dauerte ein paar Minuten, mich an dieses erhabene Dahingleiten zu gewöhnen – ich war bislang nur selten mit Motorrädern dieser Gewichtsklasse unterwegs. Die Aussicht, fast zwei Wochen und über 3000 Kilometer mit diesem Luxustourer zu verbringen, löste daher nicht nur Vorfreude, sondern auch etwas Nervosität aus. Diese verflog zum Glück schnell, Vertrauen und Fahrspaß wuchsen mit jedem Kilometer. Auf der weiten

Anreise in die Bretagne hatte ich mich längst an das Handling gewöhnt und genoss zunehmend die opulente Ausstattung. Zum Beispiel einen Windschutz, von dem ich nicht wusste, dass er auf einem Motorrad möglich ist – stufenloser und elektrisch verstellbarer Scheibe sei Dank. Dazu kommt eine ausladende (und von vorn dennoch schnittig wirkende) Verkleidung, die so perfekt abschirmt, dass die 1600er für heißere Fahrtage sogar ausklappbare Windleitflügel besitzt, die mehr Luft in Richtung des Piloten schicken. Für Entspannung (vor allem auf langen Autobahnetappen!) sorgt auch die relaxte Sitzhaltung und der gut zur Hand liegende Lenker. Wertige Materialien, fünfstufige Heizgriffe, Sitzheizung, LED-Kurvenlicht, Tempomat, Staufächer und Zentralverriegelung? Alles so selbstverständlich wie unauffällig an Bord. Der Teppich im Topcase steht stellvertretend für das Gediegene, was die K 1600 GTL auszeichnet. Und der Modellzusatz »GTL« ist keine Kleinigkeit, denn sie hebt sich nicht nur durch bessere Serienausstattung von der GT ab, sondern auch durch die noch entspanntere Sitzposition.

Okay, wie sieht's abseits langer Geradeaus-Etappen aus? Mautstationen (und Staus) geben einen kleinen Vorgeschmack: Selbst bei Schritttempo ist das gut ausbalancierte Sixpack nach kurzer Eingewöhnung einfach zu beherrschen, die Füße bleiben auf den Rasten. Auf kurvigeren Landstraßen offenbart die BMW auf Wunsch ihr zweites Gesicht. Und macht richtig Laune! Dass sie (vergleichsweise) handlich durch Wechselkurven wedelt, eine Topbremse bietet, im »Dynamic«-Modus bissig am Gas hängt und dank Quickshifter schnell und geschmeidig die Gänge wechselt, würden ihr wohl viele nicht zutrauen. Auch die Reichweite von über 400 Kilometern passt. Mühsam wird's mit einer K 1600 GTL eigentlich nur beim Rangieren. Wobei, mit der elektrischen »Rückfahrhilfe« hat die BMW auch dafür ein Ass im Ärmel. So bleibt nach insgesamt doch 4000 Kilometern mit der GTL nur ein höchst subjektiver Kritikpunkt übrig: die Navigation. Denn das brillante Zehn-Zoll-Display wird erst nach Verbindung mit der Smartphone-App und dem Herunterladen des Kartenmaterials zum Navi. Nach Umschalten auf den Navi-Screen kann das System auch vom Lenker aus bedient werden, allerdings müssen beispielsweise neue Ziele wieder auf dem Handy eingetippt werden, das dann wieder aus dem belüfteten Fach herausgeholt werden muss. Dort befindet sich auch der zwingend benötigte USB-Anschluss, der allerdings nur mit einem sehr kompakten USB-C-Kabel nutzbar ist. Kurzum: Es funktioniert, passt aber meiner Meinung nach nicht so ganz zu diesem von Feinschliff geprägten Luxustourer mit seinem einzigartigen Antrieb. ■

Das bei der K 1600 GT serienmäßige **Kofferset** fügt sich elegant ins Gesamtkonzept ein und gefällt mit Details wie einer Zentralverriegelung per Knopfdruck und praktischen Gummizügen. Noch mehr Eindrücke zur Oberklasse-BMW gibt's übrigens in Folge 97 unseres **Podcasts** zu hören. Scannen Sie dazu einfach den oben aufgeführten QR-Code oder gehen Sie auf www.motorradonline.de/podcast

MOTORRAD KURVEN-DISKUSSION

INDIAN
ROADMASTER CLASSIC

TEXT: *Klaus H. Daams/Markus Biebricher* **FOTOS:** *Klaus H. Daams, Motea*

TECHNISCHE DATEN

Wassergekühlter Zweizylinder-V-Motor, 1890 cm³, 68 kW (92 PS) bei 5000/min, 171 Nm bei 3000/min, Brückenrahmen aus Aluminium, Telegabel, Federweg vorn/hinten 119/114 mm, Lenkkopfwinkel 65,0 Grad, Nachlauf 150 mm, Radstand 1668 mm, Länge 2593 mm, Sitzhöhe 673 mm, Reifen vorn 130/60-19; hinten 180/60-16, Scheibenbremsen vorn/hinten, Ø 300/300 mm, ABS, Traktionskontrolle, Gewicht vollgetankt 408 kg, Zuladung 225 kg, Tankinhalt 20,8 Liter, Preis ab 34 690 Euro

Das Interesse an dicken Cruisern ist bei mir nicht neu, denn schon in meiner frühen Jugend hatte ich ein schweres Police-Bike von Harley-Davidson. Natürlich nur als Modellbausatz von Revell im Maßstab 1:8. Schon damals dachte ich: Irgendwann kriegst du mal so ein Ding in echt! Viel später bin ich dann drei- bis viermal unterschiedliche Harley-Typen gefahren, aber insgesamt fand ich die Motoren aus Milwaukee zu rappelig, und die ständig vibrierenden Rückspiegel haben mich auch genervt. Dann durfte ich mal die Indian von meinem Kumpel fahren und war völlig überrascht, wie ruhig und weich die lief. Dazu las ich einen Reisebericht in einer Motorradzeitschrift: durch die Alpen mit einer Indian Pursuit, da wurde

das Interesse für die Marke weiter geschürt. Ich musste mir aber eingestehen, dass mir die Roadmaster optisch besser gefiel, die mochte ich spontan richtig gut leiden. Bin dann zusammen mit meiner Frau Kati eine Stunde durch die Rhön gedüst mit einem Vorführer vom Händler – und war schockverliebt. Die Roadmaster kann man wirklich leicht balancieren. Im Stop-and-go-Verkehr sogar fast besser als meine KTM 1290 Adventure R, obwohl die ja nur halb so schwer ist wie die Indian. Bis etwa 130 km/h kann ich mit offenem Helm fahren, alles bleibt erstaunlich ruhig und angenehm. Für ihr zugegebenermaßen wirklich stattliches Gewicht von 408 Kilogramm ist die Roadmaster tatsächlich sehr handlich und extrem gut austariert. Trotz ihrer Gelenkigkeit bleibt sie in lang gezogenen, schnelleren Kurven stabil und stur in der Spur. Sauerlandstraßen mit engen und weiten Radien liegen meiner Indian genauso wie die endlosen Highways in ihrem Heimatland. Jedenfalls brauchte ich nur etwa 15 Minuten Eingewöhnungszeit auf der Roadmaster, dann war mir, als hätte ich nie was anderes gefahren.

In früheren Jahren besaß ich erst eine Transalp, dann eine Yamaha FJ 1200. Irgendwann wechselte ich zu Reiseenduros von KTM. Alles interessante Konstruktionen, aber mit der Roadmaster ist das Leben ganz anders als mit den Bikes davor: Jetzt genieße ich das entspannte Cruisen mit jeder Faser. Infolge des kolossalen Drehmoment-Gebirges verspüre ich gar keine Lust mehr, am Hahn zu drehen. Stattdessen fühle ich mich im Flow. Es ist wie beim Skifahren mit der Skarving-Technik: einfach durchschwingen statt hart auf Kante zu heizen. Das hat mir die Indian beigebracht, und so bin ich auf die totale Genussschiene gekommen. Im dritten oder vierten Gang pöttelt mein Dickschiff ruhig vor sich hin, dreht etwa 1500/min, trotzdem ruckelt oder schlägt gar nichts. Bei 3000/min im sechsten Gang bin ich schon auf 120 km/h. Neben dem perfekten Fahrwerk überzeugt mich auch die Bremsanlage. Sie vermittelt immer ein gutes Gefühl, selbst mit Gepäck und Sozia gibt es keine Einschränkungen. Und dann der langhubige V2-Motor mit seiner wahnsinnigen Laufruhe, einfach gigantisch und im Vergleich zur Konkurrenz eine Offenbarung. Keine Ahnung, wie die das hingekriegt haben. Wirklich wunderbar ist dieses luxuriöse Dahingleiten. Toll ist auch das standardmäßige 200-Watt-Surround-System. Also, ich bin rundum zufrieden mit meiner rollenden 3-Zimmer-Küche-Bad-WC-Combo. Früher waren Motorräder ja ein guter Hebel für den Erstkontakt zum weiblichen Geschlecht. Da hätte ich mit der Indian gepunktet. Heute ist man King, wenn man ein iPhone 14 auf den Tisch wirft. So ändern sich die Zeiten. ■

Da die Indian Roadmaster Limited schon serienmäßig fürstlich ausgestattet ist, gibt es nur wenig Optimierungsbedarf. Folgende Goodies könnte man überlegen: **Craftride Topcase-Tasche TT 1** mit 73 Litern für eine Erweiterung des Gepäckvolumens. Robuste Ausführung, fasst auch zwei Integralhelme. 179,99 Euro. **Craftride-HS-1-Wind-und-Wärme-Abweiser**, die vor allem im Sommer die Motor-Abwärme reduzieren. 74,99 Euro. www.motea.com/de

NAKED BIKES

So geht Reisen ohne Filter: Fahrtwind statt Verkleidung, Sound statt Ausreden, Kurven statt Kompromisse. Das macht jede Etappe intensiver – weil man mittendrin sitzt, nicht dahinter. Ob frech und direkt wie die KTM 790 Duke, lässig wie die Yamaha MT-07, souverän wie die Honda CB 1000 R+, sportlich wie die Aprilia Tuono 660 oder scharf und präzise wie die Triumph Street Triple S 660 (A2): Hier wird aus »unterwegs« ein Erlebnis.

YAMAHA MT-07

TEXT: *Markus Biebricher* **FOTOS:** *Klaus H. Daams, Yamaha*

TECHNISCHE DATEN

Wassergekühlter Zweizylinder-Reihenmotor, 689 cm³, 55 kW (75 PS) bei 9000/min, 68 Nm bei 6500/min, Brückenrahmen aus Stahlrohr, Upside-down-Gabel, Federweg vorn/hinten 130/130 mm, Lenkkopfwinkel 66,0 Grad, Nachlauf 90 mm, Radstand 1400 mm, Länge 2085 mm, Sitzhöhe 805 mm, Reifen vorn 120/70-17, hinten 180/55-17, Scheibenbremsen vorn/hinten, Ø 282/245 mm, ABS, Gewicht vollgetankt 182 kg, Tankinhalt 14 Liter, Preis 9089 Euro

T**irol. Das österreichische Bundesland** hat an Straßen beinahe alles zu bieten, was man sich als Motorradfahrer vorstellen kann. Genau richtig für ein kompaktes Naked Bike wie die Yamaha MT-07? Allen Ungeduldigen sei hier verraten: Es ist kaum vorstellbar, was dieser unscheinbare Mittelklasse- Underdog auf dem Kasten hat. Das nackte Ding kann wahrlich alles, außer vielleicht schweres Gelände. Sein ergonomisches Dreieck Sitzbank/Lenker/Fußrasten passt einer riesigen Palette von denkbaren menschlichen Körperformen und Gewichtsklassen. Will sagen, so gut wie alle Fahrer- und Fahrerinnen-Typen können sich mit dieser kleinen Yamaha arrangieren. Außer vielleicht Hulks, die 250 Kilo wiegen und 2,20 Me-

ter groß sind. Ich behaupte jetzt mal, dass es in der gesamten Geschichte motorisierter Zweiräder selten einen derart universellen Ansatz gegeben hat. Die MT-07 wurde 2013 vorgestellt, 2018 an den richtigen Stellen verbessert und bis heute weltweit etwa 130 000-mal verkauft. Eine faszinierende Erfolgsgeschichte, oder? Ist aber kein Wunder, denn du setzt dich auf die Maschine und merkst, dass sie dir möglichst unkompliziert dienen, ja mit dir spielen will. Und zwar so, dass du immer gewinnst. Egal, ob du Einsteiger, Aufsteiger oder Profi bist, du kommst bestens klar.
Die kompakte und leichtgewichtige MT wird dir Freude machen. Wenn du willst, kannst du sogar einen Sonntag lang nur den dritten Gang drinlassen, damit kann man alle Geschwindigkeitsbereiche zwischen 30 und 120 km/h abdecken. Schuld an solchen Elastizitäts-Exzessen ist der 700 Kubikzentimeter große Crossplane-Reihenzweizylinder, einer der größten Würfe von Yamaha überhaupt. Sein Hubzapfenversatz auf der Kurbelwelle von 270 Grad lässt ihn zünftig, aber dezent nach V2 klingen, seine Leistung von 75 PS und das Drehmoment von 68 Nm fühlen sich hier aber nach deutlich mehr an.

Es ist verrückt, wie dieser kleine Kraftwürfel antritt, wie rasant er aus den Tälern in die Berge marschiert, wie er aus den Kurven heraus feuert, wie leichtfüßig er hochdreht. Wäre er nicht so vernünftig, so leicht, so sparsam, so stark, kurz: so voller Tugenden, man könnte ihm südländische Leidenschaft attestieren. Doch er hat keine Launen und Schwächen, so wie etliche der schönen Töchter Italiens, Spaniens oder Südamerikas. Das ganze Motorrad ist frei von Allüren. Es funktioniert einfach nur gut. Nicht nur in Tirol, sondern weltweit. Das anfänglich unharmonische Fahrwerk wurde verbessert, die Optik modernisiert und jetzt sitzt man auf einem schlanken, sportiven, aber hinreichend komfortablen Bike, das im Vergleich zu vielen Wettbewerbern und seinen Derivaten Tracer, Ténéré und XSR noch weniger Fett mitbringt. Die MT fühlt sich im besten Sinne an wie ein Fahrrad, große Menschen kommen sich durchaus vor wie auf einem Hauch von Nichts. Oder wie auf einer kleinen Kanonenkugel, die sich für jeden beherrschbar macht. Keine Frage, dass dieses Moped irre handlich ist. Trotzdem tänzelt es nicht nervös herum, sondern folgt in der Kurve präzise der angepeilten Linie und liegt auf der Bahn stabil wie ein Brett.
Falls jetzt der Eindruck entsteht, die 07 habe eine Lizenz zum Löten, tauge also nur zum rumheizen, weit gefehlt. Ihr liegen nämlich genauso die gemütlichen Gangarten: das gediegene Motorradwandern oder der kultivierte Kurventango. Image, Flair und Rasse haben vielleicht andere, doch dieses scheinbare Mauerblümchen geht auf eine Hochbegabten-Schule. ■

Sport-Windschild, spezielle Beschichtung, 155,92 Euro. **Tankrucksack Tour**, 16 bis 22 Liter Volumen, 195,89 Euro, dazu Schnellverschluss-Ring für 53,57 Euro. **Weiche Seitentaschen**, Volumen pro Tasche 14 bis 21 Liter, wasserfeste Innentaschen, 235,85 Euro, dazu **Seitentaschen-Halterung**, 114 Euro. www.yamaha-motor.eu

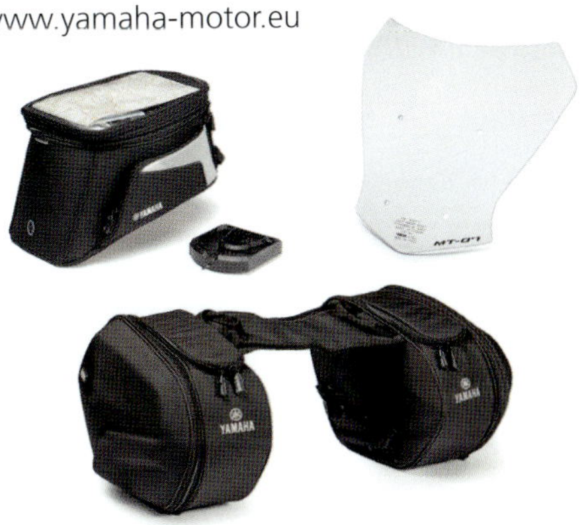

HONDA CB 1000 R+

TEXT: *Thorsten Dentges* **FOTOS:** *Jörg Künstle*

TECHNISCHE DATEN

Wassergekühlter Vierzylinder-Reihenmotor, 998 cm^3, 107,0 kW (145 PS) bei 10 500/min, 104 Nm bei 8250/min, Rückgratrahmen aus Stahl, Upside-down-Gabel, Federweg vorn/hinten 120/131 mm, Lenkkopfwinkel 65,0 Grad, Nachlauf 100 mm, Radstand 1455 mm, Länge 2140 mm, Sitzhöhe 830 mm, Reifen vorn 120/70 ZR 17; hinten 190/55 ZR 17, Scheibenbremsen vorn/hinten, Ø 300/240 mm, ABS, Traktionskontrolle, Gewicht vollgetankt 214 kg, Tankinhalt 16 Liter, Preis 14 485 Euro

Typisch für Kuppelshows auf den gängigen Trash-TV-Kanälen: Kandidaten mit durchtrainierten Körpern in knapper Badekleidung verführen zum Hinschauen, sexy Kurven und markanter »Shape« lassen die Hormone rauschen. Und dann: Haben sich die Liebestollen nichts zu sagen. Da hilft auch das prächtigste Aussehen nicht, wenn das gewisse Etwas fehlt – aus die Maus, das war's dann mit der Paarung. Nach einigen Kennenlerntagen auf der Schwäbischen Alb stehe ich ähnlich bedröppelt vor der bildhübschen Honda CB 1000 R+, auch so eine fast Nackte. Die allerdings statt Stringtanga spärliche Blenden (Kühler, Seitendeckel, Cockpit, Heck) aus brüniertem Alu trägt. Durchaus aufreizend. »Neo Sports Café« nennt

Honda den technoiden, aber erotischen Look. Nix da Plastik oder Fake, alles real an ihr. Die Bikini-Figur der Japanerin ist zweifellos top: sportlich-muskulös, trotzdem zierlich und wohlproportioniert. Eine echte Granate! Es will dennoch nicht so richtig funken bei mir. Langeweile statt Love, wie konnte das bloß passieren?

Ursachenforschung: Es fing schon beim Bepacken an. Kleines Hotelgepäck, eigentlich kein Drama. Das breitbrüstige Spritfass (16 Liter) könnte gut einen voluminösen Tankrucksack vertragen. Der aber gerade a) nicht zur Hand ist und b) ein Stilbruch wäre. Denn was das Fahren auf der CB unter anderem attraktiv macht, ist die fast freie Sicht auf die Straße vorm Vorderrad. Scheinwerfer und Cockpit bauen klein, aus der Helmperspektive schnupft man die Landstraße geradezu gierig auf wie ein Junkie sein Pulver. Also wende ich mich dem knackigen Popöchen der CB zu, um dort ein Gepäckstück unterzubringen. Es gelingt. Mit Ach und Krach, denn die rutschige Mini-Oberfläche am Heck sowie komplettes Fehlen von sinnvollen Verzurrpunkten zwingen mich zu einem sehr kompakten Täschchen, das mit den genialen Rokstraps an den Blinker- und Soziusrastenauslegern fixiert werden kann. Nicht ideal, aber immerhin.

Unterwegs wird die anfänglich als überraschend kommod empfundene Sitzposition auf Dauer zur Tortur. Keine schlechten Worte übers gut gepolsterte, großflächige Sitzkissen, auch das obere Ergonomie-Dreieck passt ausgezeichnet: gerader Rücken und Harmonie zwischen meinen langen Armen und dem recht hoch angebrachten, perfekt gekröpften Lenker – ein gesunder Winkel. Die Oberschenkel umschließen harmonisch den Tank, aber spitz gewinkelte Beine erzeugen nach gut drei Stunden Fahrt Schmerzen, ergo zunehmend Zwangspausen.

Nun aber zum Hauptkritikpunkt: Trotz stattlicher 145 PS, vorbildlich kultiviertem Motorlauf, Schaltautomat, vier Fahrmodi, geringem Gewicht, starken Bremsen und stabilem, aber dennoch handlichem Fahrwerk will einfach keine Fahrfreude aufkommen. Es ist mir ein Rätsel. Nun gut, ein paar Dinge sind, sagen wir mal: irritierend. Trotz satter Leistung fehlt auf der Landstraße der Punch. Du musst sie wild werden lassen, über 7000/min drehen. Aber Kleinststraßen durchs Hügelland sind nun mal keine Rennstrecke. Bei Tempo 90 bis 100 im sechsten Gang säuselt die 1000er zudem nervös vor sich hin, also füßelt man am Schalthebel auf der Suche nach Beruhigung. Auf holprige Straßen mit Bodenwellen reagiert die hübsche Honda gereizt und wenig souverän. Kurzum, ihr fehlt komplett die Gelassenheit einer Tourenmaschine.

Ich parke, schnalle die Tasche ab, blicke noch einmal zurück auf die markante Silhouette dieser Maschine – die Verzierungen am Motorblock, die Einarmschwinge, der elegante Auspuff – einfach wunderschön! Unsere kurze, heiße Affäre ist dennoch nun vorbei. Aber wir können ja gute Freunde bleiben …

Bedarfsgerecht: Die ultraleichte, wasserdichte **Weekender-Tasche Rack Pack Urban** von Ortlieb (119,99 Euro, www.ortlieb.com) aus Cordura-Mischgewebe gibt es in zwei kompakten Größen: 24 und 31 Liter. Chic auf dem Moped und in der Hotel-Lobby

Wenn das Motorrad kein Gepäck verträgt: Der stilvolle, ultrarobuste **Detlev-Louis-Vintage-Rucksack** (16,5 Liter, ab 79,99 Euro, www.louis.de) aus gewachstem Canvas (Baumwollgewebe) trägt sich komfortabel. Wir hatten die nicht mehr verfügbare 35-Liter-Version im Einsatz (im Bild)

APRILIA TUONO 660

TEXT: *Dirk Schäfer* **FOTOS:** *Aprilia, Motea, Aturo Rivas, Dirk Schäfer*

TECHNISCHE DATEN

Wassergekühlter Zweizylinder-Reihenmotor, 659 cm³, 70 kW (95 PS) bei 10 500/min, 87 Nm bei 8500/min, Brückenrahmen aus Alu, Upside-down-Gabel, Federweg vorn/hinten 110/130 mm, Lenkkopfwinkel 66 Grad, Nachlauf 105 mm, Radstand 1370 mm, Länge 1995 mm, Sitzhöhe 820 mm, Reifen vorn 120/70-17; hinten 180/55-17, Scheibenbremsen vorn/hinten, Ø 320/220 mm, Kurven-ABS, Traktionskontrolle, Gewicht vollgetankt 183 kg, Tankinhalt 15 Liter, Preis ab 10 595 Euro

Wer hätte gedacht, dass ich mal für eine Tuono ins Schwärmen geraten würde? Das Erste, was mir an dieser Aprilia positiv auffällt, ist folgende Empfindung: Ich fühle mich willkommen in einer wie für mich gemachten Umgebung. Mit 1,76 Metern Körpergröße gehöre ich offenbar genau in die von den Noaler Ingenieuren anvisierte Zielgruppe. Und trotz des unverkennbar sportlichen Auftritts des 660er-Paralleltwins kommt bei der Ergonomie fast Gemütlichkeit auf: Der Kniewinkel bleibt recht offen, die Sitzposition dank Superbike-Lenker erstaunlich aufrecht. Außerdem fast exotisch in der Gruppe sportlicher Naked Bikes: Der Soziusplatz bietet hier deutlich mehr Komfort als viele andere Sitzbrötchen. Dar-

unter verbirgt sich für Solofahrten ein veritabler Gepäckträger. 210 Kilo Zuladung verträgt das Bike, dem die Waage selbst übersichtliche 183 Kilo attestiert. So weit, so gut. Aber taugt das Ding auch wirklich zum Touren?

Bei der Antwort kann das Schielen auf die Aprilia Tuareg weiterhelfen. Die Reiseenduro bedient sich des gleichen Antriebs, büßt aber zugunsten des Drehmoments ein paar Pferdchen ein. Die sind mit 95 PS bei der Tuono indessen voll versammelt und bringen die 660er stramm auf Touren. Ein echtes Kraftpaket, das auch untertourig nicht herumhackt. So lässt sich, begleitet von prägnantem, aber zivilem Sound, entspannt durch die Further Innenstadt drömmeln. Außerhalb der Ortschaften kann man dann schön zündeln: Ab 5000/min drückt die Tuono ordentlich, darüber wird der Wohlfühlbereich für echte Sportfreaks eingeläutet. Mein Wohlfühlbereich liegt darunter, denn der 660er serviert nicht nur im Racing-Modus permanent potentes Fahrvergnügen. Dazu tragen auch der kurze Radstand und die steile Gabel bei. Gefedert wird sportlich straff. Ideal hier im Bayerischen Wald. Zuverlässig zaubert die Tuono immer eine sauber geschnittene Linie hin. Durch die Kehren nach Arrach ebenso wie in den gestreckten Kurven nach Waldmünchen. Agil, präzise und in Radien aller Art saumäßig stabil. Zusammen mit der Einfingerbremse ist die für Landstraßenbolzereien gedachte Italienerin ein fulminantes Erlebnis, das ein schönes Emotions-Spektrum abdeckt: von Herzklopfen bis zu beruhigender Souveränität. An Elektronik hat Aprilia alles verbaut, was das Regal hergibt: drei Motormappings, achtstufige Traktionskontrolle, einstellbare Motorbremse, Wheeliekontrolle und mehrere ABS-Modi. Das ABS regelt in allen Stufen recht spät. »Hüter der Porzellankiste« werden mit Stufe drei glücklich. Ein Quickshifter ist natürlich auch mit an Bord und funktioniert sehr ordentlich. Dennoch habe ich meist analog gekuppelt. Alte Angewohnheiten wird man nie richtig los. Dafür flutschen die Gänge wie nasse Seife durch die Finger. Sehr smart! Ebenso angenehm: Der Verbrauch des Brenners war selbst bei zackiger Fahrweise nicht über 4,6 Liter zu bekommen. Das reicht rechnerisch immer für 300 Kilometer pro Füllung.

Gibt's auch was zu maulen? Wirklich wenig. Das Display informiert über vieles und oft auch über den Himmel über mir. Besser entspiegelt wäre es noch schöner. Und: Im Bereich des Bugspoilers sind die roten Elemente nicht lackiert, sondern aufgeklebt. Die Kleber wiederum beginnen sich langsam zu lösen. Kleine Wermutstropfen an einem überraschend patenten Allround-Bike. Wie ihre Enduro-Schwester Tuareg kann die Tuono fast alles gut bis sehr gut. Wer gerne mit überschaubarem Gepäck und lieber zügig unterwegs ist, findet in der Aprilia ein bestens austariertes Multipurpose-Gerät. ■

Die günstige **Hecktasche Bagtecs X50** passt prima für Wochenend- oder Mehrtagestrips auf die Aprilia: 50 Liter Volumen, vier Spanngurte, zwei Kompressionsriemen, wasserfestes, strapazierfähiges und anpassungsfähiges Material, 74,99 Euro, www.motea.com

Sportiver, abnehmbarer **Tankrucksack** speziell für die 660er Tuono, aerodynamische Form für höheren Speed, UV-, öl- und benzinresistentes Nylongewebe, neun Liter Inhalt, 272 Euro inkl. Regenhaube, www.aprilia-online-shop.de

TRIUMPH
STREET TRIPLE S 660 (A2)

TEXT: *Markus Biebricher* **FOTOS:** *Zep Gori, SW-Motech, Triumph, Claudia Werel*

TECHNISCHE DATEN

Wassergekühlter Dreizylinder-Reihenmotor, 660 cm³, 35 kW (48 PS) bei 11 000/min, 60 Nm bei 5100/min, Brückenrahmen aus Aluminium, Upside-down-Gabel, Federweg vorn/hinten 110/124 mm, Lenkkopfwinkel 65,7 Grad, Nachlauf 103,4 mm, Radstand 1410 mm, Länge 2065 mm, Sitzhöhe 810 mm, Reifen vorn 120/70-17; hinten 180/55-17, Scheibenbremsen vorn/hinten, Ø 310/220 mm, ABS, Traktionskontrolle, Gewicht vollgetankt 187 kg, Tankinhalt 17,4 Liter, Preis 8650 Euro (2022)

Es soll ja Menschen geben, denen Motorleistung nicht so viel bedeutet. Da ich auch konträren Philosophien offen gegenüberstehe, habe ich für unsere alpinen Runden mal ein Motorrad ausprobiert, das sich mit 48 PS begnügt und somit auch Inhaber des Führerscheins A2 anspricht die Triumph Speed Triple S. Ein gedrosselter Dreizylinder? Nein, der Drilling wurde für diesen Output bewusst mit 660 Kubikzentimetern Hubraum konfiguriert. In der »normalen« Street-Triple arbeitet bekanntermaßen eine 765 Kubikzentimeter große Version, die mit mindestens 118 PS antritt. Dass Triumph extra für die A2-Klasse einen eigenen Motor baut, zeugt vom Glauben der Briten an die Einsteiger. Oder eben an jene Menschen,

die auch mit weniger Leistung gut klarkommen, ja sich vielleicht sogar bewusst dafür entscheiden.

Schon beim ersten Pass wird deutlich, dass diese Speed Triple kein Verzichtsmodell ist. Ab 2500 Umdrehungen hängt die Maschine satt und sauber am Gas. Kaum ein Unterschied zur starken Schwester, krass! Bis 5500/min hält dieser doch sehr erstaunliche Druck an, darüber dreht der Triple zwar munter weiter, der Schub lässt jetzt aber spürbar nach. Dennoch bin ich völlig überrascht, wie gut diese Maschine Alpenpässe meistert. Die Kraft aus unteren und mittleren Drehzahlen, gepaart mit einer gehörigen Portion Elastizität, so was taugt in den Bergen richtig viel. Notfalls lässt sich die Streety auch im dritten Gang um eine Spitzkehre zirkeln. Bitte schön, wer eifrig schalten will: Das Getriebe klackt präzise durch die Gangstufen, da gibt es nichts zu meckern. Und talabwärts? Da werde ich schon wieder überrascht. Die einzelne Scheibenbremse im Vorschiff lässt sich ordentlich dosieren und packt, wenn es sein muss, richtig kräftig zu. Und mit der helfenden Hinterbremse kann ich meine Linie wunderbar nachjustieren.

Sollten mal Frostaufbrüche oder Asphaltschäden den schönen Kurvenstrich trüben, ist das nicht schlimm, denn die Streety pariert die meisten Verwerfungen recht ruhig. Mit straffer Note zwar, aber ohne nervös rumzuhopsen. Auch sonst ist die Stabilität und Präzision des britischen Fahrwerks eindrucksvoll. Erst recht, wenn man bedenkt, dass in unserer Variante nicht die Fahrwerksware der teureren Schwestern, sondern eine preiswertere Qualitätsstufe verbaut wurde. Ist völlig in Ordnung, wenn das Zeug derart gut funktioniert. Sportlich stabil, aber handlich, noch annehmbar komfortabel, einfach harmonisch, so lässt sich das Fahrwerk in aller Kürze charakterisieren.

Mehr braucht kein Mensch, um Spaß zu haben in den Bergen. Echt jetzt? Na ja, zumindest solange man allein und ohne viel Gepäck unterwegs ist. Während der Fahrer über ausreichend Platz und Bewegungsfreiheit verfügt, wird es hinter ihm schon sehr eng für einen potenziellen Passagier oder für das große Reisebesteck. Die Streety ist also eher was für Gepäckminimalisten und sportlicher orientierte Solofahrer.

Deswegen monieren hauptsächlich Piloten, die von Enduros umsteigen, nach dem Pässe-Marathon den engen Kniewinkel. Oder die mäßige Sicht in den Rückspiegeln. Noch mehr Motzerei? Vielleicht den Preis im Vergleich mit anderen 48-PS-Bikes? Okay, aber dafür bekomme ich ein erwachsenes, gut verarbeitetes Motorrad, das in seiner Klasse Maßstäbe setzt. Und jeder, der jetzt sagt, diese Triumph sei doch ein Schaf im Wolfspelz, hat unrecht. Denn es gibt kaum andere Antriebe, die aus 48 Pferden so viel machen wie dieser Dreizylinder. Die »Weniger ist mehr«-Philosophie hat mich hier voll überzeugt! ■

Blaze-Satteltaschen von SW-Motech: dank abnehmbarer Abstandsbügel, wenig Gewicht und starkem Befestigungssystem kaum Beeinflussung der Fahreigenschaften. Set für 350 Euro, www.sw-motech.com

KTM 790 DUKE DER AUßENSEITER

TEXT: *Thorsten Dentges* FOTOS: *Jörg Künstle*

TECHNISCHE DATEN

Wassergekühlter Zweizylinder-Reihenmotor, 799 cm³, 77 kW (105 PS) bei 9000/min, 86 Nm bei 8000/min, Brückenrahmen aus Stahl, Upside-down-Gabel, Federweg vorn/hinten 140/150 mm, Lenkkopfwinkel 66,0 Grad, Nachlauf 98 mm, Radstand 1475 mm, Länge 2100 mm, Sitzhöhe 820 mm, Reifen vorn 130/90-16; hinten 150/80-16, Scheibenbremsen vorn/hinten, Ø 300/240 mm, ABS, Traktionskontrolle, Gewicht vollgetankt 187 kg, Tankinhalt 14 Liter, Preis 9790 Euro

Traurig und allein steht am Anfang der Urlaubssaison nur noch die ultrakompakte 790er-Duke im Fuhrpark. Definitiv das Gegenteil von einem Tourenmotorrad. KTM sagt ja explizit: ready to race. Soll mich aber nicht weiter stören, es geht ja nur für ein paar Tage ins Mittelgebirge: Orange jetzt also für Black Forest. Ich klaube ein paar Gepäckstücke zusammen, die Hecktasche aus dem KTM-Power- parts-Zubehör lässt sich erfreulich unkompliziert auf dem Beifahrerplatz verzurren. Passt wie angegossen. Apropos Soziussitz, eine Reise warnung: Bloß nicht auf die bescheuerte Idee kommen, zu zweit weiter als bis zum nächsten Eiscafé zu »touren«! Dauerhaft akzeptabel ist das spärliche Platzangebot hinten höchstens für Aus-

puffengel mit Körpergröße unter 1,50 Meter. Also besser solo fahren, dann ist die praktische Hecktasche auch die richtige Wahl.
Der Powerparts-Tankrucksack mit Schnellverschluss scheint verschollen, deshalb nehme ich von Polos Hausmarke QBAG ein Sieben-Liter- Teil, das sich am bereits installierten Quick- Lock-Tankring mit einem Klick befestigen lässt. Schließlich schnalle ich mir mein geliebtes, komplett wasserdichtes Ortlieb-Daypack Atrack auf den Rücken und gewinne so weitere 25 Liter Packvolumen. In Summe also deutlich mehr als Handgepäck für den Flieger, und das reicht ja auch für Kurzreisen – Hauptsache, Smartphone und Kreditkarte sind mit an Bord.

Jetzt aber Abflug! Zunächst mit 160 km/h auf der freien Bahn. Klasse Reisetempo, geht mit der Kleinen spurstabil und sicher. Der nachgerüstete Ermax-Windschild (110 Euro, www.fechter.de) nimmt immerhin etwas Druck vom Helm. Die straff gepolsterte Ergo-Sitzbank erhöht zudem die Sitzposition um 20 Millimeter, und hey, da ist ja sogar ein Schalter für Heizgriffe! Die wärmen vierstufig, prima, das macht aus dem sportlichen Naked Bike ja beinahe schon ein Tourenmotorrad. Doch Scherz beiseite, auf mitunter kniffeligen Mittelgebirgs-Nebenstrecken zweiter und dritter Kategorie benimmt sich die mit Gepäck unter 200 Kilo leichte Maschine tadellos. Sie ist extrem handlich, daher erfordern schier unendlich aneinandergereihte Wechselkurven vergleichsweise geringen Körpereinsatz. Auch beim Rangieren, Wenden auf kleinen Straßen oder beim Abfangen von rollsplittbedingten kleineren Rutschern stresst einen die KTM kaum. Da habe ich mit schweren Tourenbikes in ähnlichem Terrain schon ganz andere Erfahrungen gemacht und am Folgetag meinen Muskelkater pflegen müssen. In Spitzkehren ist die 790er jedoch beinahe schon überhandlich und kippelig, und der Motor hackt unter 3000/min, stirbt im dritten Gang bei starkem Anbremsen sogar manchmal ab. Trotzdem macht es richtig Bock, mit der kraftvollen Zweizylinder-Maschine im wahrsten Sinne unbeschwert durchs Geläuf zu fegen. Small is beautiful – und schmale Straßen, recht häufig im Schwarzwald anzutreffen, sind dann auch die Stärke dieser KTM, wenn man sie als Tourenmotorrad »missbraucht«.
Die Begeisterung für die Kleine verfliegt allerdings schnell. Am zweiten Tourtag nervt mich der mangelnde Komfort zunehmend, das Sitzpolster ist unbequem. Am dritten Tag tun mir alle Knochen und die Hüfte weh, weil der Kniewinkel für meine 92 Zentimeter Schrittlänge nicht passen will. Und wegen der starken Vibrationen an den Lenkerenden schlafen mir die Hände ein. **So bleibe ich bei meinem schon vorab vermuteten Fazit: Die 790 Duke ist definitiv das Gegenteil von einem Tourenmotorrad.** ■

KTM-Powerparts-Heizgriffkit für 194 Euro: prima auf Tour bei durchnässten Sporthandschuhen. Auch echter Gewinn: **Hecktasche Street** (max. 36 Liter, 185 Euro). Kaum Komfortplus hingegen: **Ergo-Sitzbank** (165 Euro)

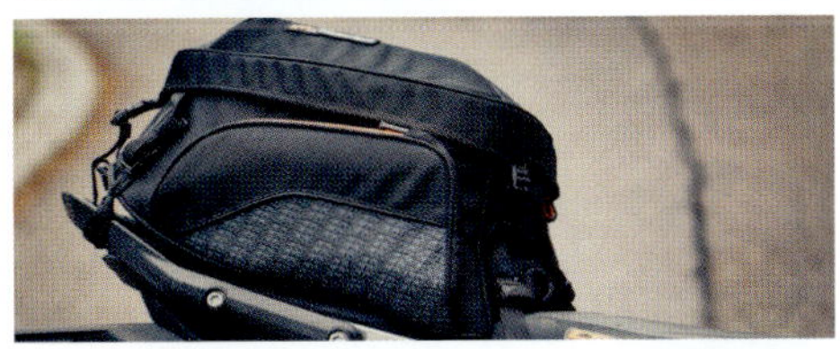

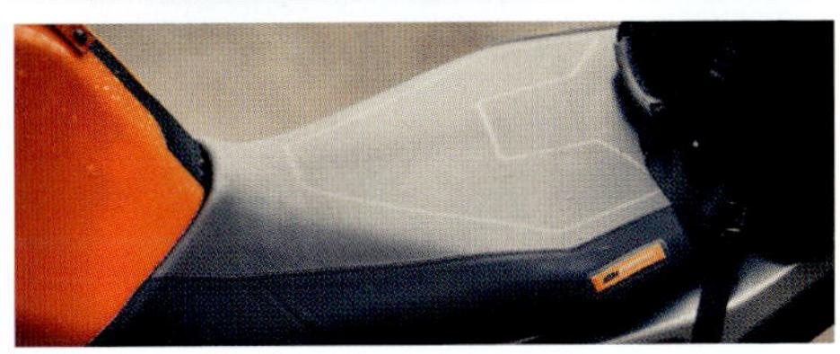

SUPERSPORT

Sport und Reisen: Das ist ein Widerspruch, der süchtig macht: viel Druck, viel Präzision, viel Adrenalin – und plötzlich wird schon der Weg zum Hotel zur Hauptattraktion. Diese Maschinen wollen keine Umwege vermeiden, sie wollen sie mit viel Dynamik sammeln. Honda CBR 900 RR Fireblade SC 44, Kawasaki Ninja H2 SX SE und KTM 1290 Super Duke stehen für Tempo mit Charakter: laut im Herzen, scharf in der Kurve, unvergesslich im Kopf.

HONDA
CBR 900 RR FIREBLADE SC 44

TEXT: *Dirk Schäfer* **FOTOS:** *Bagtecs/Motea, Dirk Schäfer, Claudia Werel*

TECHNISCHE DATEN

Wassergekühlter Vierzylinder-Reihenmotor, 929 cm³, 108 kW (147 PS) bei 11000/min, 103 Nm bei 9000/min, Brückenrahmen aus Alu, Upside-down-Gabel, Federweg vorn/hinten 120/135 mm, Lenkkopfwinkel 66,25 Grad, Nachlauf 97 mm, Radstand 1400 mm, Länge 2040 mm, Sitzhöhe 815 mm, Reifen vorn 120/70-17; hinten 190/50-17, Scheibenbremsen vorn/hinten, Ø 330/220 mm, kein ABS oder Traktionskontrolle, Gewicht vollgetankt 200 kg, Tankinhalt 18 Liter, Preis 2001 23 640 Mark

W**as soll das denn?** Das hier ist ein Reisemagazin, und wir schreiben das Jahr 2021! Wie kommt der Schäfer denn auf die wirre Idee, mit einem 20 Jahre alten Eisen nicht nur durchs Bild, sondern durch eine ganze Geschichte zu fahren? Noch dazu mit einer Rennsemmel? Der Schäfer hat eine Verteidigungsrede vorbereitet:
Sie war der Traum einer feuchten Jugend. Eine Fireblade! Das bloße Danebenstehen ließ mich denken: »Rakete!« Aber in just jener Jugend fehlte nicht nur die Kohle für so ein Eisen. Der Stufenführerschein ließ mich meine klammen Taler erst auf Schmalbrüstigeres setzen, und später, über zig Fernreisen, spurte ich auf die Reiseenduroschiene ein. Aber … Die nur 18 000 Kilometer alte Blade

stand makellos in einer Scheune bei Hückeswagen. Der Preis war mit unter 3000 Euro, gemessen am Neupreis (23 640 DM), ein Witz. Ich schlug zu, und der alte Traum wurde wahr. Schnell merkte ich, dass der Renner ein besseres Reisebike abgibt als mancher ausgewiesene Tourer. Die Sitzposition ist bei meinen 1,76 m sportlich, aber nicht zu extrem. Sie hat jederzeit Leistung satt, kommt aber nicht zu spitz, und das Fahrwerk ist auch nach 20 Jahren immer noch großartig. »Aaaaber …«, werden jetzt einige einwenden. Das Ding bedampfen zwar 148 PS, doch gibt es zu deren Kontrolle weder Fahrmodi noch ABS oder andere Features aktueller Bikes. Richtig.

»Aber …«, werde ich jetzt einwenden. »Die Blade zu beherrschen ist nicht das Problem. Sich selbst zu beherrschen ist die Kunst.« So ähnlich äußerte sich im 50 000-Kilometer-Langstreckentest von MOTORRAD ein Leser. Und das ist bis heute so. Allerdings auch bei neueren Modellen. Die Hörner kann sich, wer denn unbedingt will, mit vielen Bikes abstoßen. Die, die dieses Kapitel im eigenen Geschichtsbuch bereits abgeschlossen haben, können auch ohne riesige Elektronikabteilung glücklich werden. Der Erfolg der Yamaha Ténéré 700 spricht genau diese Sprache. Aber zurück zur CBR.
Kurvige Landstraßen auf Sardinien: wie gemacht für die Blade. Durchzugsstärke und eine immer saubere Linie gehen auf die Habenseite. Die Bremsen: Supersport-Sahne! Reichweite im Landstraßenmodus: rund 400 Kilometer. Mehr als genug. Das Gewicht, vollgetankt, von um die 200 Kilo erleichtert das Rangieren auf dem Parkplatz in der Altstadt von Orgosolo. Der Lenkeinschlag, superbiketypisch eng, erschwert es. Unentschieden.
Soziustauglich? Nicht wirklich. Wer auf dem Heck Platz nimmt, wird dankbar sein, an der nächsten Gelateria wieder absteigen zu dürfen. Hinten ist der Kniewinkel einfach zu spitz. Und was ist mit Gepäck? Ich habe ein softes Hecktaschensystem benutzt und war überrascht, dass dort sowohl ein Zelt (MSR Elixir für drei Personen) mit Gestänge, Schlafsack und Isomatte hineinpassen. Dazu noch etwas Wäsche, Sneaker für den abendlichen Bummel und Waschzeug. Im recht üppigen Stauraum unter dem Soziussitz finden dann noch Werkzeug und Regenklamotten Raum. Sicher, es ist nicht das Gepäckvolumen einer Abenteuerenduro, aber wer sich aufs Wesentliche beschränken kann, wird damit gut auskommen.
Für wen also taugt die Blade? Fahraktive Asphalt-Solisten, die ein günstiges, aber dennoch leistungsstarkes Bike suchen, werden mit diesem Ex-Champ auch auf Reisen glücklich. Die Geschichte der älteren Fireblades zeigt auch, dass der Motor, gut behandelt, auch sechsstellige Kilometerleistungen erreicht. Wäre die Blade ein Tourer, gälte sie als unkaputtbar. ■

Universal-Hecktasche SX80 für Soziussitz oder Gepäckträger. Fassungsvermögen 70 Liter, extrem widerstandsfähiges 1680D-Nylon, UV-beständig, wasserabweisende PU-Beschichtung. Innenverkleidung im Hauptfach aus wasserdichtem Nylon für trockenen Tascheninhalt, mit Regenhaube 100 Prozent wasserdicht. ca. 95 Euro, www.motea.com

KAWASAKI NINJA H2 SX SE

TEXT: *Markus Biebricher* — **FOTOS:** *Kawasaki, Claudia Werel*

TECHNISCHE DATEN

Wassergekühlter Vierzylinder-Reihenmotor, 998 cm³, 147,1 kW (200 PS) bei 11 000/min, 137,3 Nm bei 8500/min, Gitterrohrrahmen aus Stahl, Upside-down-Gabel, Federweg vorn/hinten 120/139 mm, Lenkkopfwinkel 65,3 Grad, Nachlauf 103 mm, Radstand 1480 mm, Länge 2175 mm, Sitzhöhe 835 mm, Reifen vorn 120/70-17; hinten 190/55-17, Scheibenbremsen vorn/hinten, Ø 320/250 mm, Kurven-ABS, Traktionskontrolle, Gewicht vollgetankt 267 kg, Tankinhalt 19 Liter, Preis ab 32 245 Euro

Es ist gut, dass Kawasaki Heavy Industries eine Menge Erfahrung mit Luft- und Raumfahrttechnik hat, denn die Ninja H2 SX SE ist eine Bodenrakete. Auch ihr Kompressor beruht auf dem Flugmotoren-Know-how der Japaner. Was für ein Motorrad! Das potenteste RIDE-Bike ever ist vollgestopft mit Technik und Elektronik. Die dafür sorgt, dass sich dieser Hypertourer mit Ninja-Sportgenen so easy fahren lässt. Ich setzte mich drauf, fühle mich wohl, die brachiale Leistung von 200 PS wird bestens kontrollierbar und harmonisch ans Handgelenk geliefert. Der Hightech-Vierzylinder läuft weich, kultiviert, vibrationsarm und ist enorm elastisch. Im Sechsten mit 50 km/h durch Ortschaften cruisen? Macht er entspannt. Wenn ich ihn

vorn geneigten Sitzposition liegt, die Druck auf die Handgelenke ergibt. Die Sozia jammert über einen engen Kniewinkel und rutscht bei Nutzung der starken Bremsen auf mich drauf. Kann bei schlaffen Armmuskeln unangenehm werden. Und mein Kniewinkel? Ebenfalls ziemlich spitz. Dafür ist die Polsterung der Sitze vorn wie hinten absolut langstreckentauglich. Genau wie der Wind- und Wetterschutz der nicht verstellbaren Scheibe, die den Helm aber sauber im Luftstrom belässt, was mir gut passt. Meckern könnte ich über den Transponder: Zwar startet er den Supermotor, aber zum Öffnen von Tankdeckel und Koffern brauche ich den Schlüssel. Und das bei einem Bike für über 30 Mille. Dafür lassen sich die Koffer gut an- und abfummeln, wenn man das System erst mal kapiert hat. Gemessen an ihrer aerodynamischen Form fassen sie erstaunlich viel Reisegepäck. Zusätzlich Rolle hinten drauf? Geht nicht mit Sozia. Dennoch: Reisen, Rasen und Bummeln mit der Bodenrakete sind ein unvergessliches Erlebnis, und wenn man mal anhält, ist auch das Publikum begeistert. ■

allerdings fordere, baut der Kompressor schon bei moderaten Drehzahlen dermaßen Druck auf, dass er mich in den Orbit schießen könnte. Dank der Elektronik kann ich den bestialischen Schub aber gefahrlos genießen, die Ninja wird mich nicht abwerfen oder sich nach hinten überschlagen. Dennoch erinnert sie an einen Tyrannosaurus Rex, der alles frisst, was ihm vor die Schnauze kommt. Im Falle der H2 ist das eine aerodynamisch durchperfektionierte Front, die das Motorrad auch bei 300 (mit Koffern!) noch souverän über die Bahn gleiten lässt. Was auch am bombastischen Fahrwerk mit seinen vielfältigen elektronischen Optimierungsmöglichkeiten liegt. Es schafft den Spagat aus sportlicher Straffheit und sattem Touring-Komfort. Ich kann kaum fassen, was dieses Biest draufhat.

Drin hat es jede Menge: Connectivity, Griffheizung, Kurvenlicht, Kurven-ABS, Berganfahrhilfe, LED-Scheinwerfer, Fahrmodi, Launch Control, Ride-by-Wire, Schaltassistent mit Blipper, Traktionskontrollen, radarbasierter Tempomat oder, dank des Radars im Heck, auch Totwinkelwarner in den Rückspiegeln. Nützlich auf der Autobahn auch der Tempomat, dessen Funktionsentfernung einstellbar ist, oder das automatisch abblendende Fernlicht. Wenn ich solo über die kroatischen Sträßchen des Hinterlandes mäandere, erstaunt mich die Handlichkeit dieser mit 267 Kilo doch recht schweren Fuhre, aber noch mehr begeistert mich die Stabilität, mit der dieses sehr solide und wertig gebaute Motorrad Linien hält. Es erinnert an einen ICE auf Schienen. Lade ich die Sozia und Gepäck auf, ändert sich das Handling-Bild: Dann braucht die Rakete deutliche Impulse für Einlenkwünsche. Manövrieren auf engen Straßen? Geht passabel, aber ist kein Kinderspiel. Was auch an der sportlich nach

Wünschenswert wäre eine Gepäckplatte, doch die sind nur für die radarlosen Varianten verfügbar. Für die SE gibt es dafür ein passgenaues **Innentaschen-Set**, was das Beladen der aerodynamisch optimierten Koffer sehr erleichtert. Stabiles Material mit Tragerie-men, Set für 101,30 Euro.

Helmschloss für die Montage am Rahmenheck, Bedienung mit Zündschlüssel, Preis 126 Euro. www.kawasaki.de

KTM 1290 SUPER DUKE

TEXT: *Markus Biebricher/ Uli Biggemann* **FOTOS:** *Uli Biggemann, SW-Motech*

TECHNISCHE DATEN

Wassergekühlter Zweizylinder-V-Motor, 1301 cm³, 132,4 kW (180 PS) bei 9500/min, 140 Nm bei 8000/min, Gitterrohrrahmen aus Stahl, Upside-down-Gabel, Federweg vorn/hinten 125/140 mm, Lenkkopfwinkel 64,8 Grad, Nachlauf 106 mm, Radstand 1497 mm, Länge 2250 mm, Sitzhöhe 835 mm, Reifen vorn 120/70-17, hinten 200/55-17, Scheibenbremsen vorn/hinten, Ø 320/240 mm, Kurven-ABS, Traktionskontrolle, Gewicht vollgetankt 205 kg, Zuladung 220 kg, Tankinhalt 16 Liter, Preis ab 20 300 Euro (2026)

Nein, die Super Duke R erscheint hier in keiner Reisegeschichte, lediglich die Kollegin GT. Weil die R aber das oft genutzte RIDE-Mobil von Fotograf Uli Biggemann ist, bekommt sie in dieser Ausgabe ein verdientes Forum. Doch lassen wir Uli selbst von ihr erzählen: »280 km/h Höchstgeschwindigkeit und 180 PS Leistung waren für mich weniger kaufentscheidend als die Art und Weise, wie die Super Duke ihre Kraft zur Verfügung stellt: kultiviert, aber kanonenkugelartig, locker und lässig, sicher und souverän! Für mich nur schwer zu toppen. Vor 2017 war ich den Dreizylindern von Triumph verfallen und fuhr in 15 Jahren vier Speed Triples. Dann wurde mir für drei Tage als Dienstfahrzeug eine KTM

1290 Adventure hingestellt, und ich war positiv schockiert. Allerdings nicht vom Gewicht, das schien mir zu hoch. Bei über 220 Kilogramm hört der Spaß für mich auf. Deswegen fuhr ich die leichtere Super Duke Probe. Anschließend unterschrieb ich begeistert den Kaufvertrag. Heute behaupte ich voller Überzeugung: Mit keinem anderen Motorrad dieser Kategorie lässt es sich so gut reisen, die Zuladung beträgt gut 220 Kilo! 2020 tauschte ich meine Duke nach 77 000 völlig problemlosen Kilometern gegen das neue Modell ein. Mittlerweile hat die Ex über 130 000 auf der Uhr und läuft und läuft. Das Modell ab 2020 bietet nicht ganz den Sitzkomfort der Vorgängerin, aber ansonsten macht sie vieles besser.

Um den gewohnten Reisekomfort wieder zu erreichen, verpasste ich dem Lenker die um 22 Millimeter höheren Lenkerböcke der Adventure, unterzog die Sitzbank einer Kur bei SW-Motech, montierte einen Kettenöler und fand tatsächlich jemand, der mir einen 190er-Hinterreifen eintrug. Mit dem Conti Road Attack schaffe ich es vom Ruhrpott in die Alpen und wieder zurück. Als ich dann noch meine schönsten Mopedfotos auf Tank und Verkleidung anbringen ließ, war die Duke auch mental endgültig mein.«
Vor allem in den Alpen spiele die KTM ihre Vorzüge aus, berichtet Uli. Sie folge der angepeilten Linie so satt wie sicher, lasse sich fast spielerisch in Kurven werfen, bremse fulminant und überzeuge durch ihr sportliches Fahrwerk, was aber dennoch komfortabel genug eingestellt werden könne. Beim Fotografieren muss es für Uli manchmal sehr schnell gehen: zum Beispiel ein paar Minuten bevor die Sonne hinter dem Horizont versinkt. Dann hat der Fotograf tolles Licht und instruiert seine Mitfahrer: »Ich dreh' fix um und knips' euch von da hinten.« Nur ganz kurz muss Uli jetzt am Gas zupfen und zack, schon ist er am Zielort: »Schneller als mein Gehirn, einfach sensationell«, sagt er.
Ulis Gepäcklösung sind SW-Motech-Produkte wie der Pro GS Tankrucksack (passt nur Menschen ohne ausgeprägten Bauch) und die Pro Travelbag Hecktasche. Neben der Fotoausrüstung inklusive Laptop finden Jeans, Sneaker, T-Shirt, Unterhosen und Zahnbürste darin Platz. »Mehr brauche ich nicht«, sagt Uli. Falls er mit Sozia unterwegs sei, rüste er auf die Blaze Satteltaschen und den Pro Cosmo Rucksack um. Zum Schluss betont Uli einmal mehr: »Kein anderes Motorrad dieser Gewichtsklasse stellt mir einen derartigen Dampf zur Verfügung. Diese gewaltige Kraft stresst mich nicht, sie gibt mir stattdessen Sicherheit und Gelassenheit. Ich kann sie nutzen, muss es aber nicht.« Das genieße er täglich! Toll auch, dass die von KTM »The Beast« getaufte Maschine nie mehr als 5,1 Liter auf 100 Kilometer verbrauche. Sie sei insgesamt eine äußerst umgängliche Bestie. ■

Robuster **Tankrucksack** mit Quick-Lock-Befestigung, 16 bis 20 Liter Volumen, zwei Außentaschen. Material: laminiertes, formstabiles EVA, dazu UV-beständiges 1680D Ballistic Nylon mit wasserabweisender Innenbeschichtung, Aufsatz aus Hypalon für Smartphone- und Tablethalter, Netzfächer im Inneren, Witterungsschutz durch Regenhaube, Tragegriff, Kabeldurchlass an Vorder- und Rückseite, 240 Euro. **Pro Travelbag:** hochwertige, einfach zu befestigende Hecktasche aus ähnlich stabilen Materialien mit 65 Litern Volumen, Hauptfach, Nebenfächer, drei Netzfächer innen, wasserdichte Zipper u. v. m. für 320 Euro. www.sw-motech.com

MODERN CLASSICS

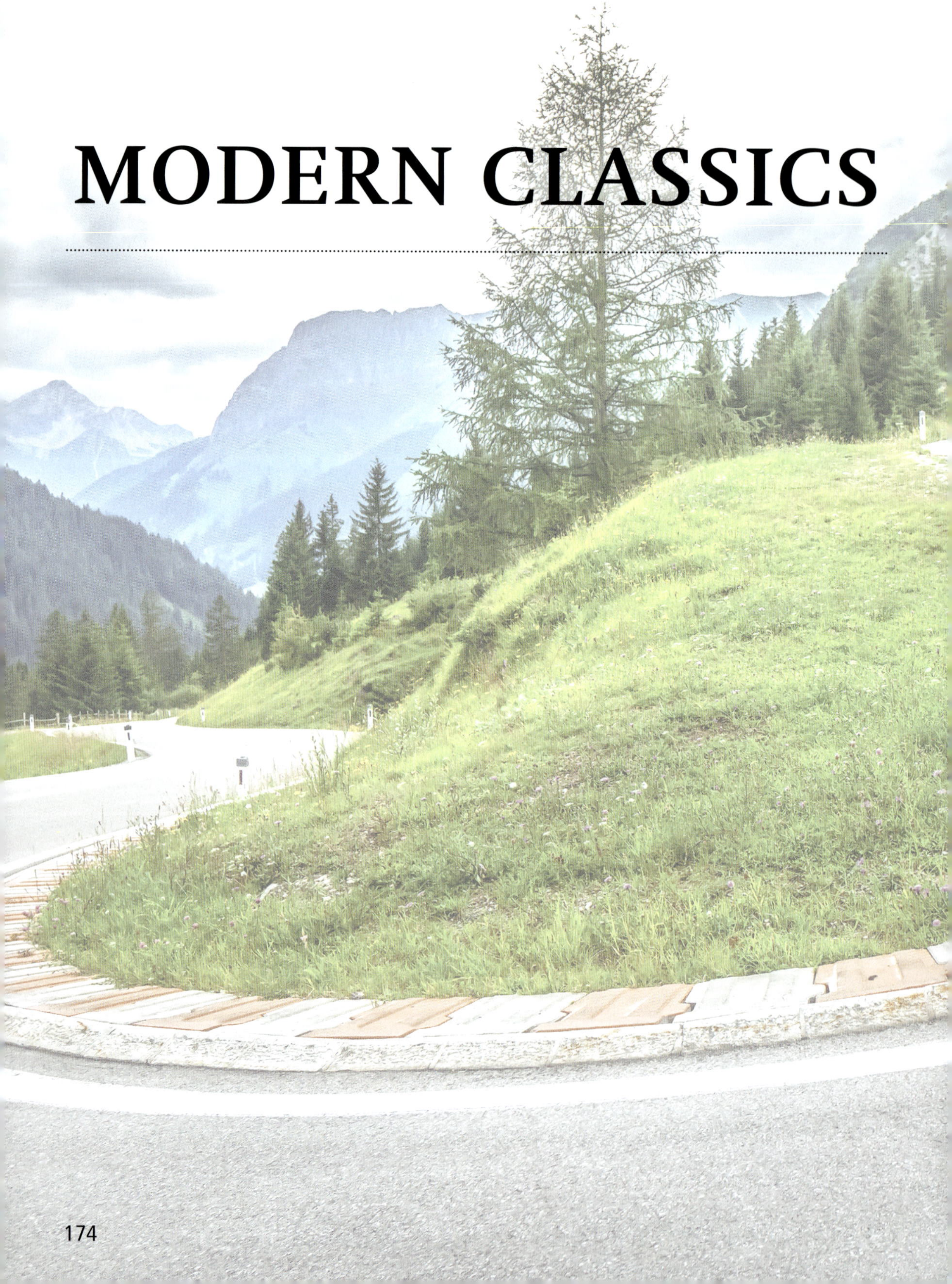

Sie verbinden Fernweh mit klassischem Charme: vertraute Linien, ehrlicher Charakter – aber Technik, die das Reisen leicht macht. Hier zählt weniger der schnellste Weg als der schönste, weniger das Ziel als der Moment am Straßenrand. Von Yamaha XSR 700 XTribute und Kawasaki Z 900 RS über Royal Enfield Interceptor 650 und Royal Enfield 350 Classic bis Brixton Cromwell 1200, Benelli Leoncino 800 bis Triumph Street Scrambler 900: stilvoll losfahren, stilvoll ankommen.

ROYAL ENFIELD
350 CLASSIC

TEXT: *Markus Biebricher* **FOTOS:** *Markus Biebricher, Hepco & Becker*

TECHNISCHE DATEN

Luft-/ölgekühlter Einzylinder-Viertakt-Motor, 349 cm³, 15 kW (20,2 PS) bei 6100/min, 27 Nm bei 4000/min, Doppelschleifenrahmen aus Stahl, Telegabel Ø 41 mm, Federweg vorn/hinten 130/130 mm, Lenkkopfwinkel 63,0 Grad, Nachlauf 90 mm, Radstand 1390 mm, Länge 2145 mm, Sitzhöhe 805 mm, Reifen vorn 100/90-19; hinten 120/80-18, Scheibenbremsen vorn/hinten, Ø 300/270 mm, ABS, Gewicht vollgetankt 195 kg, Tankinhalt 13 Liter, Preis ab 5290 Euro

»Schöne Maschine«, sagt der Autofahrer an der Tankstelle. Es scheint ihm egal, welcher Hubraum- und PS-Klasse die Royal Enfield 350 Classic angehört. Mir waren Hubraum und Leistung nie egal. Ich konnte mir nicht vorstellen, mit einer 20-PS-Maschine beglückende Erlebnisse zu haben. Dann kaufte mein bester Freund die 350 Classic. Und behauptete, er sei noch nie so entspannt Motorrad gefahren. Das musste ich unbedingt verifizieren. Also ab zum Royal-Enfield-Händler. Dort stand ein Typ, der seine 350er zur Inspektion brachte: »Ich habe meine 200-PS-Maschine für die Kleine abgegeben und es keine Sekunde bereut.« Das kann doch nur ein Märchen sein, dachte ich.

schoolig« zu wirken. Kein Wunder, dass sie sich blendend verkauft. Als Gegenangebot zur »Schneller, höher, weiter«-Leistungsgesellschaft, als pures Motorrad, dessen Message lautet: »Ich will einfach nur cruisen und Vergnügen bereiten.«

Und jeder mag es. Egal ob die Leute fahren oder nur schauen, die »Enni« ist ein Sympathieträger, weil sie keine Rätsel aufgibt und niemandem Angst einjagt. »Alles kann, nichts muss«, scheint ihr Credo. Mit Sanftmut und Power-Askese schont sie die Ressourcen ihrer Fahrer. Typisch indisch. Doch sie schont auch die Umwelt. Ihr optisch altehrwürdiger Einzylinder hat ein modernes Innenleben und verbraucht selten mehr als 2,5 Liter auf 100 Kilometer. Dafür ist das Moped ja auch ziemlich lahm, mögt ihr jetzt sagen. Für mich ist diese Langsamkeit eine neue Erfahrung alter Ideale. Für den 200-PS-Piloten ist sie vielleicht eine lebensverlängernde Maßnahme. Ich bin jedenfalls tatsächlich noch nie entspannter Motorrad gefahren. ■

Dann fuhr ich ein paar Stunden Probe, und meine Welt war eine andere. Wenn du dich auf den bequemen Sattel setzt, die Ergonomie goutierst, den Motor startest, dann passiert was mit dir. Das geschmeidige Pulsen und die Schwungmassen des Einzylinders massieren deine Seele. Es ist schwer zu erklären, doch wenn du losfährst und spürst, wie weich die Enfield von der Kupplung kommt, wie sie aus tiefsten Drehzahlen tapfer nach vorn marschiert, geschieht ein kleines Wunder: Jeder Stress fällt von dir ab.

Die Gangwechsel erfolgen flauschig und fließend, die Geschwindigkeitszunahme gemessen an der geringen Leistung ist ordentlich. Bis 100 km/h schwimmst du mit im Verkehr. Dann wird es zäh. Klar, das Metier der Enfield ist die Landstraße. Je kleiner, desto besser. Hier groovt sie mit dem Drehmoment eines Lanz-Bulldogs im fünften Gang durch die Natur. Die du mit allen Sinnen aufnehmen kannst, weil das Motorrad dir Zeit lässt. Zeit für dich und die Gegend. Zeit, den tollen luft-/ölgekühlten Langhuber mit seinem sanften Schlag zu spüren und dabei den voluminösen, aber unaufdringlichen Sound zu genießen. Das komfortable Fahrwerk, das sportliche Ambitionen wegzulächeln scheint, oder die ABS-Bremsen, die ernsthaft verzögern, sorgen für weitere Erquickung.

Du kannst wunderbar durch Kurven wieseln, obwohl die kleine Enfield schwer ist. Kein Wunder, sehr vieles an ihr ist aus Metall. Und alles wirkt deftig und stabil gebaut. Das wiegt eben. In Fahrt oder beim Schieben merkst du aber dank tiefen Schwerpunkts wenig von den 195 Kilogramm. Royal Enfield 350 Classic zu fahren, ist wie meditieren. Ihr Konstrukteur muss ein Mönch gewesen sein, der ohne Kosten- und Zeitdruck entwickeln durfte, denn die kleine Königin ist enorm stimmig geraten, was Optik und Proportionen angeht. Zeitlos steht sie da, absolut klassisch, ohne zwanghaft »old-

Für die Verwendung der Royal Enfiled Classic 350 ohne Soziussitz bietet **Hepco & Becker** für 210 Euro einen schicken **Gepäckträger** aus Qualitätsstahl, der bis fünf Kilo zugelassen ist. Noch mehr Gepäck kommt in Seitentaschen unter, für den Hepco seinen **C-Bow-Halter** in Schwarz (190 Euro) oder Chrom (210 Euro) anbietet. Mit diesem kann z. B. die **Legacy-Kuriertasche** aus wasserabweisendem Polyester-Stoff kombiniert werden (Set 560 Euro), www.hepco-becker.de

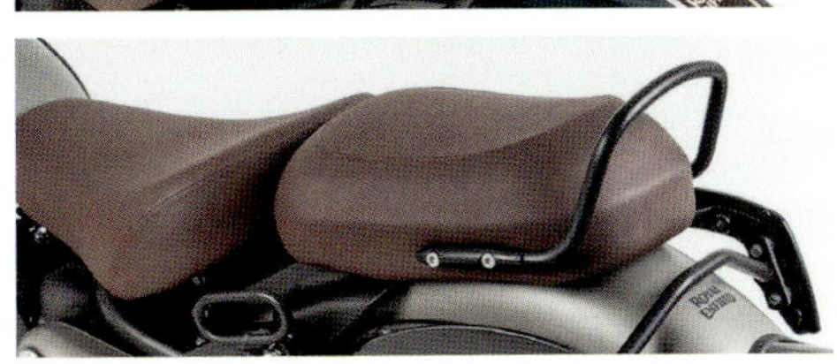

YAMAHA XSR 700 XTRIBUTE

TEXT: *Dirk Schäfer* **FOTOS:** *Dirk Schäfer, FC-Moto*

TECHNISCHE DATEN

Wassergekühlter Zweizylinder-Reihenmotor, 689 cm³, 54 kW (73,4 PS) bei 8750/min, 67 Nm bei 6500/min, Brückenrahmen aus Stahl, konventionelle Telegabel, Federweg vorn/hinten 130/130 mm, Lenkkopfwinkel 66,0 Grad, Nachlauf 90 mm, Radstand 1405 mm, Länge 2075 mm, Sitzhöhe 855 mm, Reifen vorn 120/70-17; hinten 180/55-17, Scheibenbremsen vorn/hinten, Ø 298/245 mm, ABS, Traktionskontrolle, Gewicht vollgetankt 190 kg, Tankinhalt 14 Liter, Preis ab 9274 Euro

Irgendwie soll sie alles sein. Ein bisschen XT 500 hier, ein wenig XS 650 da und auf jeden Fall irgendwie retro. Die Marketingstrategen versteigen sich gar in Neo-Retro. Alles Hülsen für etwas, das erst noch etwas werden will. Dabei ist die XSR schon etwas. Besser gesagt, ihr Antrieb. Denn der ist durch die MT-07 nicht nur ein alter Bekannter, sondern bei Yamaha eine Art Schweizer Messer. Neben der Basisversion der MT-07 tut der CP2 seinen Dienst in der Tracer 7 und in der Ténéré 700. Doppelt retro, oder was?
Sind wir mal ehrlich: Abgesehen von ein paar Stilelementen, allen voran die gebürstete Alu-Tankabdeckung, hat die XSR mit den ehrwürdigen Ahnen so viel gemeinsam wie André Rieu mit Metallica.

Was die 700er keineswegs schlecht macht. Im Gegenteil: Das Weglassen von vielem beschert ihr eine Leichtigkeit, die man manch anderem Apparat wünscht. Besonders die frappierende Elastizität des 74-PS-Crossplane-Motors macht an. So kann man schaltfaul durchs morgendlich verschlafene Hartmanice bummeln und kurz danach als Getriebestepper hinunter zur rauschenden Otava nudeln. Der Motor quirlt aus allen Lebenslagen und meckert weder beim bassigen Untertouren noch beim sopranigen Drehzahlende. Mit Lärm hat das alles wenig zu tun, und gemessen an der mitreisenden Aprilia Tuono ist die XSR ein Leisetreter.

Auf den im Wesentlichen gut beschaffenen Straßen Tschechiens ist das Fahrwerk allen Herausforderungen gewachsen. Beim genaueren Hinfühlen aber ist es mir doch eine Spur zu soft geraten. Solange ich scramblermäßig locker unterwegs bin, kann ich das noch als Komfort verbuchen. Aber als ich am Ufer der Otava die Straße gegen einen Feldweg tausche, wünsche ich mir doch eine etwas definiertere Federung mit mehr Reserven. Auch für einen Passagier oder Mehrtages-Tourengepäck scheint die XSR nicht wirklich klar definiert. Apropos Gepäck: Wie soll man das bitte unterbringen? Auf den ersten Blick nicht ersichtlich, aber bei genauerem Hinsehen bestens erkennbar: Die prägnanten Rohre des Heckrahmens und die Sitzbank sind prädestiniert für Satteltaschen, die dann auch wieder perfekt zum Retro-Image passen. Alternativ tut es eine Hecktasche, in der das Nötigste verstaut werden kann. Auch mein großer und recht schwerer Fototankrucksack liegt wie angegossen auf dem langen, abgeflachten Tank. Ach ja, der Tank! 14 Literchen passen in den optisch größer wirkenden Spritbehälter. Aber bei Verbräuchen um die vier Liter kommt man immer gut 300 Kilometer weit. Ein besonders in diesen Tagen erfreuliches Sparschwein. Etwas unglücklich: Die Benzinstandsanzeige im minimalistischen Runddisplay hat ganze fünf Balken. Damit ist schlecht vorhersehbar, wie weit es der Reihenzweier noch schaffen wird.

Was Yamaha hingegen gut geschafft hat, ist die Übersichtlichkeit der Armaturen. Die Schalterkombis sind aufgeräumt und der einladend breite Rohrlenker hat eine Mittelstrebe, an der man problemlos sein Handy oder das GPS fixieren kann, ohne den Tacho zu verdecken. Problemlos ist bei der XTribute ohnehin das zutreffendste Wort. Ein rundum unkompliziertes Motorrad, das wie von selbst fährt, auf allen Klimbim verzichtet und dennoch ein großartiger Kumpel sein kann. Und wem der Kumpel nicht reicht und wer stattdessen einen echten Freund braucht: Yamaha hat die XSR extra so ausgelegt, dass dem persönlichen Zurechtfeilen – sprich Customizen – fast keine Grenzen gesetzt sind. Ich hätte da ein paar Ideen: ein bisschen XT 500 hier, ein bisschen XS 650 da. ■

Der **Seitentaschenhalter SR Sidebag-Holder** wurde extra für die Yamaha XSR 700 und die Retro-Seitentaschen SR 38 entwickelt. Schnelle Installation. Preis: 126,44 Euro. Strapazierfähige **Retro-Seitentasche** mit 10-Liter-Ladekapazität und wasserdichtem Innenfutter (ipX5). Dank Semirigid-Struktur behält die Tasche auch in leerem Zustand die Form. Kommt mit gepolstertem Griff und Schultergurt für bequemen Transport und ist leicht am SR Sidebag-Holder zu fixieren. Preis pro Tasche: 98,17 Euro. Infos: www.fc-moto.de

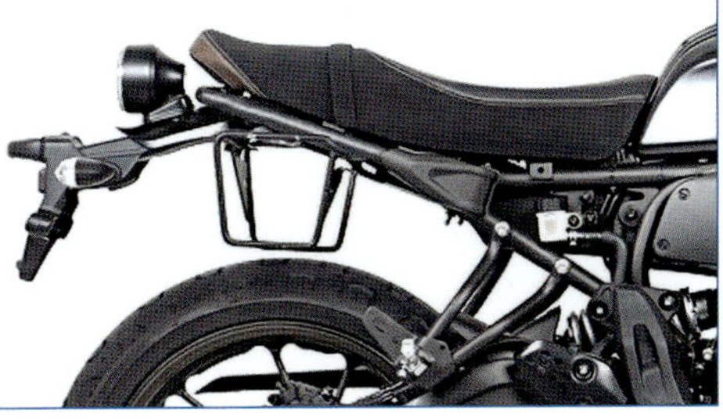

KAWASAKI Z 900 RS

TEXT: *Klaus H. Daams* **FOTOS:** *Klaus H. Daams, Kawasaki*

TECHNISCHE DATEN

Wassergekühlter Vierzylinder-Reihenmotor, 948 cm³, 82 kW (112 PS) bei 8500/min, 99 Nm bei 6500/min, Gitterrohrrahmen aus Stahl, Upside-down-Gabel, Federweg vorn/hinten 120/140 mm, Lenkkopfwinkel 65,0 Grad, Nachlauf 98 mm, Radstand 1470 mm, Länge 2100 mm, Sitzhöhe 835 mm, Reifen vorn 120/70-17, hinten 180/55-17, Scheibenbremsen vorn/hinten, Ø 300/250 mm, ABS, Traktionskontrolle, Gewicht vollgetankt 215 kg, Tankinhalt 17 Liter, Preis 13 470 Euro

Ihre Großmutter ist mir schon ganz früh begegnet, quasi als Postergirl der wilden 70er-Jahre, als Kawasaki mit der 900 Z1 alias »Frankensteins Tochter« die Motorradwelt aufmischte. Unfassbare 82 PS, knapp 230 Sachen – aber der gewaltige Vierzylinder in einem Fahrwerk wie Wackelpeter, purer Horror. Nun, für mich reichte es dann »nur« zu einer Honda CB 550, was vielleicht auch besser so war, bevor das Herz für große Zweizylinder entflammte und eine Moto Guzzi Le Mans hermusste. Und jetzt steht sie also da, die aktuelle Z 900 RS, legitime Nachfolgerin der Z1. Eine Hommage, keine Kopie. Nennt sich heute Neo-Klassiker oder auch Retro-Bike. Sehr schön, die Kawa, und fast wie früher. Mit Entenbürzel und sogar ein paar

angedeuteten Kühlrippen des inzwischen natürlich wassergekühlten Inline-Fours. Dass die seinerzeit üblichen Stereofederbeine (sie wurden eh möglichst schnell durch Konis ersetzt) und drei Endtöpfe fehlen, tut dem Augenschmaus keinen Abbruch. Tankrucksack drauf und Gepäckrolle auf der Sitzbank verzurrt, was dank zweier Bolzen sowie Ösen an den seitlichen Reflektoren gut funktioniert. Und dann ab nach Tirol, ohne Keyless Go und durch elektronischen Schnickschnack überfrachtete Lenkerarmaturen.
Ups, gleich 3000 Umdrehungen beim Kaltstart – doch das geht wohl nicht anders, wie man mir später erklärt und was sich nach wenigen Hundert Metern auch wieder normalisiert. Auf den 600 Kilometern Autobahn mit Tacho meist um die 160, just for fun auch mal kurz über 200, dank weniger Staus nur selten unter 50, liegt der Verbrauch bei durchschnittlich 5,5 Litern; in Tirol werden es schließlich rund 4,5 Liter sein. Stets etwas übervorsichtig warnt dabei ein Lämpchen vor Ebbe im 17-Liter-Tank.

Und wie fährt sich die Z 900 RS dann zwischen Hahntennjoch, Namloser Tal und Tannheimer Tal? Nun, erster Pluspunkt ist, dass sie dort überhaupt fahren darf, liegt sie doch mit 93 dB(A) Standgeräusch voll im grünen Bereich. Ihr formschöner, klappenfreier Edelstahlpott lässt nur einen recht dezenten Sound entweichen. Der im Vergleich zur Standard Z 900 von 125 auf 112 PS domestizierte und auf Durchzug getrimmte Vierzylinder zieht dich selbst im sechsten Gang noch mit 1200 Touren durch 30er-Zonen; Ende der Fahnenstange respektive an der eine bequeme, aufrechte Sitzposition ermöglichenden Lenkstange ist bei Topspeed 230. Wer braucht bei so einem idealen Landstraßenmotor noch Elektroantrieb? Ein paar Worte zum Drumherum? Tja, ich bin kein Fahrwerksguru, der mit Zug- und Druckstufe jongliert, Lenkkopfwinkel und Schwingenlänge analysiert, und kann daher nur sagen: Passt, wackelt nicht, fährt und bremst super und macht einfach Spaß. Handlich geht's durch Kurven und Serpentinen, allenfalls das Lastwechselverhalten könnte etwas geschmeidiger sein. Und, endlich was zu meckern, der Innenkotflügel dürfte länger sein, da dich der Hinterreifen bei Regen total einsaut.
Fazit: »Frankensteins Urenkelin« ist einfach eine tolle Begleiterin, aus dem einst furchteinflößenden Kettenhund ein geschmeidiger, guter Kumpel geworden. Aber auch Doktor Henry Frankenstein hatte damals ja nicht unbedingt wirklich Böses im Sinn. ■

Verchromter **Sozius-Haltegriff** (auch gut zur Gepäckverzurrung und zum Aufbocken), 173,25 Euro (oben). Spezieller **RS-Hauptständer** für leichtere Wartung und sicheren Stand (246,10 Euro). www.kawasaki.de

ROYAL ENFIELD
INTERCEPTOR 650

TEXT: *Daniel Lengwenus* **FOTOS:** *Markus Biebricher, Jörg Künstle*

TECHNISCHE DATEN

Luft-/ölgekühlter Zweizylinder-Viertakt-Reihenmotor, 648 cm^3, 35 kW (48 PS) bei 7250/min, 52 Nm bei 5150/min, Sechsganggetriebe, Kette, Stahl-Doppelschleifenrahmen, Telegabel, Federweg vorn/hinten 110/88 mm, Lenkkopfwinkel 66 Grad, Nachlauf 107 mm, Radstand 1398 mm, Länge 2122 mm, Sitzhöhe 840 mm, Reifen vorn 100/90-18, hinten 130/70-18, Scheibenbremsen vorn/hinten Ø 320/240 mm, Doppel/Einkolben-Schwimmsattel, ABS, Gewicht vollgetankt 202 kg, Tankinhalt/Reserve 13,7/2,9 Liter, Preis ab 7500 Euro

Für Royal Enfield waren sie ein großer Wurf: die mit einem neu entwickelten 650-Kubikzentimeter-Reihenzweizylinder ausgestatteten Modelle Continental GT und Interceptor. Ein Technologiesprung nach vorn im Vergleich zum bisherigen einzylindrigen Flaggschiff Bullet 500. Nicht, dass die 650er nun ein mit Elektronik vollgestopftes Motorrad der Moderne wäre, nein, sie ist auf sympathische Weise einfach und echt: Lässt längst vergangenes Technologie-Niveau wieder aufleben und zeigt, dass damals nicht alles schlecht war. So pfeift sie auf breite Reifen, auf brachiale Leistung oder Hightech-Fahrwerk. So puristisch wirkten neue Motorräder schon lange nicht mehr, und deswegen habe ich mich besonders auf die RIDE-Reise mit der Enfield gefreut.

Motorradfahren kann so einfach sein. Wir wussten es früher schon und haben es fast vergessen: 48 PS sind eine Leistung, die für echten Fahrspaß ausreicht. Man muss einfach seine Erwartungen und sein Bewusstsein neu justieren. Wer von einer BMW S 1000 XR kommt, wird enttäuscht sein, weil er auf den Dreh am Gasgriff keinen Sturm ernten kann. Wer sich aber mal unvoreingenommen auf den Zweizylinder einlässt, wird auf eine wohltuend entschleunigende Art beschenkt: Endlich nimmt man mal wieder die Landschaft wahr, durch die man fährt. Endlich sieht und riecht man Farben und Düfte. Der Blick auf klassische Rundinstrumente und den chromblitzenden Scheinwerfer erhöht den Genuss.

Der unserem Modell beigefügte Name »Interceptor« (Abfangjäger) ist missverständlich, es sei denn, man würde den »Abfangjäger« eher als Führerscheinschutz begreifen, der das Temperament des Fahrers abfängt, weil dieses Motorrad bei langsamer Fahrt schon so viel Spaß macht, dass überhöhter Speed unnötig wird. Gerade hier in der Schweiz, wo die Landstraßen-Höchstgeschwindigkeit auf 80 km/h begrenzt ist, macht ein beschaulicheres Zweirad Sinn. Abgesehen davon, dass auch auf kleinsten Kurvensträßchen die gleiche Höchstgeschwindigkeit gilt. Selbst in Kurven, vor denen der deutsche Staat seine Bürger auf 50 km/h abbremsen würde, erlaubt die Schweiz jedem Eidgenossen, hier seine eigenen Erfahrungen zu machen.

Im Kurvengeschlängel verzückt die Enfield mit leichtem Einlenken und agilem Handling, woran das Leergewicht von nur 202 Kilogramm und die schmalen Reifen nicht unschuldig sind. Allerdings bemängelte die MOTORRAD-Testabteilung schlecht ansprechende Federelemente, besonders hinten. Auch die ABS-Bremsen sind keine Brachialstopper, doch auf den kleinen Schweizer Sträßchen diesseits der 80 km/h fallen weder Fahrwerksschwächen noch Bremsprobleme auf. Nachgerüstete Stoßdämpfer von Öhlins geben der Inderin allerdings ein Plus an Präzision und Handling mit. Ein Gepäckträger der Firma Hepco und Becker erhöht die Touren- und Alltagstauglichkeit. Auch wenn die Ledertaschen, die man dort anbringen kann, nicht allzu viel schlucken. Auf den Träger selbst passt eine wasserdichte Packtasche, die das Urlaubsgepäck besser fasst. Für oft benötigtes Kleinzeug und die üblichen Tagesutensilien bietet sich auf dem Blechtank ein Magnettankrucksack an. Der kleine Windschild (Originalzubehör) ist mehr Zierde als Schutz. Weil die Enfield bei unserer Schwesterzeitschrift MOTORRAD (www.motorradonline.de) im Dauertest läuft, lässt sich in Print und online verfolgen, wie sich die Inderin im Alltag und auf Reisen weiter schlägt. ■

Windschild: 13,5 cm (88 Euro), 20 cm (107,50 Euro), www.enfield-motorcycles.at
Hepco & Becker-Rohr-Gepäckbrücke: schwarz 154,95 Euro, Chrom 179,95 Euro, www.hepco-shop.de

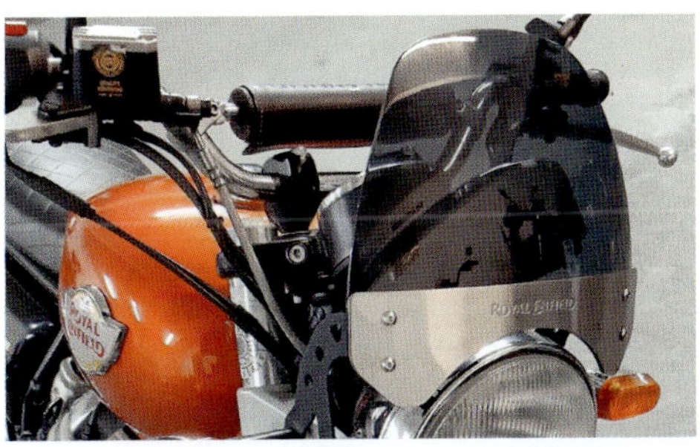

BRIXTON CROMWELL 1200

TEXT: *Markus Biebricher, Klaus H. Daams* **FOTOS:** *Klaus H. Daams, Gasgriff.com*

TECHNISCHE DATEN

Wassergekühlter Zweizylinder-Reihenmotor, 1222 cm³, 61 kW (83 PS) bei 6550/min, 108 Nm bei 3100/min, Brückenrahmen aus Stahl, konventionelle Telegabel, Federweg vorn/hinten 120/87 mm, Lenkkopfwinkel 64,0 Grad, Nachlauf 115 mm, Radstand 1450 mm, Länge 2180 mm, Sitzhöhe 800 mm, Reifen vorn 100/90-18; hinten 150/70-17, Scheibenbremsen vorn/hinten, Ø 310/260 mm, ABS, Traktionskontrolle, Gewicht vollgetankt 235 kg, Zuladung 220 kg, Tankinhalt 16 Liter, Preis ab 10 990 Euro

Was für ein Motorrad: Die Brixton Chromwell 1200 wurde in Österreich erdacht, wird in China gebaut und sieht aus wie ein britisches Bike. Sie ist das dickste Ding der österreichischen Multimarkenfirma KSR und sorgt für jede Menge positive Überraschungen auf der Thüringen-Tour. Unser bewährter langjähriger Fotograf Klaus H. Daams ist ein kritischer Geist, daher wiegt ein Lob aus seinem Munde besonders schwer. Er findet die Cromwell 1200 bildschön und attestiert ihr ein rundum gelungenes Fahrverhalten. »Sollte es etwas zu kritisieren geben – wir verzeihen alles«, lacht er! Hier ist also jemand wirklich angetan. Objektiv gesehen hat Klaus ziemlich recht: Das Motorrad sieht schön klassisch

aus, die Farbe »Timberwolf Grey« steht ihm gut, weitere Farben sind lieferbar. Dazu gibt es beeindruckende Details: Mahle-Kolben, KYB-Federbeine, Bosch-ABS, Speichenräder, Tropfentank, Faltenbälge, komplette Edelstahl-Abgasanlage, LED-Beleuchtung, Tempomat, Brixton-Schriftzug im Scheinwerfer, Miniblinker, stylishes Rücklicht und wertig wirkendes 3D-Tankemblem.

Und dann dieser Motor: 108 Newtonmeter Drehmoment bei 3100/min, das ist richtig viel Bums aus dem Drehzahlkeller. Die Nenndrehzahl von 6500 braucht man so gut wie gar nicht abrufen, denn die Paradedisziplin der Chromwell 1200 ist souveränes Cruising bei niedrigen Drehzahlen. »Genau so muss ein großer Zweizylinder sein. Trotz Wasserkühlung ein schickes Rippengewand, der Kühler geschickt zwischen den Rahmenrohren versteckt, sämiger Druck aus dem Keller, ohne dabei krawallig zu sein. Zwei Fahrmodi, Eco und Sport, stehen zur Verfügung und lassen sich über einen separaten Knopf einstellen. Schon in der milden Variante nimmt der mächtige Motor sanft und gut kontrollierbar Gas an, beschleunigt fast ab Leerlaufdrehzahl ordentlich und ist zügig in dreistelligen Geschwindigkeitsregionen angelangt. Getriebe, Fahrwerk und Bremserei zeigen sich ohne besondere Auffälligkeiten, es funktioniert einfach alles, sodass du dich immer wieder nur über den perfekt abgestimmten Motor freust«, sagt Klaus, und der muss es wissen nach all der Thüringen-Tourerei.

Kommen wir zum Thema Sitzposition: Mit aufrecht entspanntem Oberkörper hockt man ganz wie früher auf der geraden Sitzbank, die Hände finden wie von selbst an die Enden des sanft geschwungenen Rohrlenkers. Zudem sorgen mittig positionierte Fußrasten für moderate Kniewinkel. Alles in allem also ein Wohlfühl-Ambiente, das auch größeren Menschen ausreichend Platz verspricht, während sich kleinere Zeitgenossen zusätzlich über sicheren Stand mit beiden Füßen freuen.

Kritik? Die gleiche Blinker-Hupe-Schalter-Unart wie bei Honda (Africa Twin). Das bedeutet, an der linken Lenkerarmatur sitzt der Schalter für die Hupe oben, der für die Blinker darunter, was für manch lautstarke Irritation sorgt. Dann sind im zentralen Rundinstrument einige Ziffern zu klein, zudem dürfte der 16-Liter-Tank für die Begriffe von Klaus etwas mehr Sprit fassen. Und dass im Originalzustand bei der Gepäckunterbringung Fantasie gefragt ist – geschenkt. Apropos: Mit aktuell 11 499 Euro (anfangs sogar nur 9999 Euro) kostet die Cromwell rund 2000 Euro weniger als ihr optisches Vorbild, die doch sehr ähnlich gestrickte Triumph Bonneville T120. Die wird, China-Thematik hin oder her, ja auch nicht im hochpreisigen Europa, sondern in Thailand produziert. Wer da nicht schwach wird und den Klon zumindest mal Probe fährt … ■

Die 135,80 Euro kostenden **Haltegriffe** aus Stahlrohr für die Cromwell 1200 dienen einem Passagier, bieten aber auch eine Verzurrmöglichkeit für Gepäck auf dem Soziussitz oder helfen beim Aufbocken auf einen **Hauptständer**, der für 190,40 Euro inklusive Anbaumaterial ebenfalls bei folgendem Anbieter erhältlich ist: https://gasgriff.com

BENELLI LEONCINO 800

TEXT: *Ferdinand Heinrich-Steige* **FOTOS:** *Benelli, Uli Biggemann, Ferdinand Heinrich-Steige*

TECHNISCHE DATEN

Zweizylinder-Viertakt-Reihenmotor, 754 cm^3, 56 kW (76 PS) bei 8500/min, 67 Nm bei 6500/min, Gitterrohrrahmen aus Stahl, Upside-down-Gabel, Federweg vorn/hinten 130/130 mm, Lenkkopfwinkel 65,6 Grad, Nachlauf 95 mm, Radstand 1460 mm, Länge 2140 mm, Sitzhöhe 810 mm, Reifen vorn 120/70 ZR 17, hinten 180/55 ZR 17, Scheibenbremsen vorn/hinten, Ø 320/260 mm, ABS, Gewicht vollgetankt 229 kg, Tankinhalt 15 Liter, Preis ab 8699 Euro

Passione dal 1911 verspricht das Display nach dem Schlüsseldreh – und in der Tat: Wer sich der Benelli frei von »Made in China«-Vorurteilen nähert, findet erst mal ein lässiges Naked Bike im Neo-Retro-Design vor, das viel Tradition und unkomplizierten Fahrspaß verspricht. Letzteres vermittelt schon der hoch aufgestellte Lenker, der für eine aktive Haltung auf der gesteppten Sitzbank sorgt. Schalter und Menüführung werfen keine Rätsel auf, Fahrmodi und Traktionskontrolle vermisst man nicht. Per Knopfdruck erwacht der kleine Löwe (»Leoncino«) zum Leben und grummelt selbstbewusst aus dem Endtopf. Der 754-Kubik-Reihentwin ist mit 76 PS derzeit der stärkste Antrieb im Benelli-Portfolio und passt charakterlich

hervorragend zur Leoncino. Ein Landstraßenmotor, der eher drückt als durch hohe Drehzahlen zieht, aber das aus jeder Gangstufe beherrscht. Überraschend ist, dass die stellenweise zwar zerklüftete, aber insgesamt doch zierlich wirkende 800er stolze 229 Kilogramm auf die Waage bringt. Handlich ist sie dennoch, und je kleiner die Straßen, desto besser. So lange der Asphalt nicht zu buckelig wird, denn so was bringt das straffe Fahrwerk aus der Komfortzone.

Apropos Komfort: Auf Autobahnetappen muss sich der Dompteur allein schon konzeptbedingt mit ein paar Handicaps arrangieren. Denn neben fehlendem Windschutz nervt vor allem die kurze Übersetzung mit hohem Drehzahlniveau und damit verbundenen Vibrationen. Als unerwartet bequem entpuppte sich dafür die Sitzbank, die auch nach mehreren Tagesetappen keinen Grund zum vorzeitigen Absteigen lieferte. Dies ist sowieso spätestens nach 240 Kilometern angesagt, manchmal mahnt das Reservelämpchen auch schon nach 200 gefahrenen Kilometern zum Auftanken. Mit einem Landstraßenverbrauch zwischen 4,5 und 5,2 Litern pro 100 Kilometer darf der Reihenzweizylinder nicht nur in bisherigen Vergleichstests, sondern auch im entspannten Reisealltag als vergleichsweise durstig gelten. Dass der Benelli hier und da noch etwas Feinschliff fehlt, spürt man auch an anderen Details: Das Display ist je nach Sonnenstand nur schlecht ablesbar, die Leerlaufdrehzahl selbst bei warmem Motor unangenehm hoch (rund 2100/min), die Bremse wirkt etwas stumpf. Auf der anderen Seite: Die Leoncino 800 kostet neu 8699 Euro, bietet rundum LED-Leuchten, verspielte Details (z. B. der kleine Löwe auf dem Frontfender), ist gut verarbeitet, wo es darauf ankommt, und löst fahrdynamisch alles ein, was sie verspricht.

Gewissermaßen macht sie diese Hemdsärmeligkeit auch zu einem sympathischen Reisepartner. Dass die Traditionsmarke aus dem italienischen Pesaro seit 2005 Teil des chinesischen Konzerns QJ Motor ist und unten am Motor ein fettes »Made in China« prangt – okay. Das Thema lässt sich kontrovers diskutieren. Aus Fahrerperspektive muss man sagen: Die hier gezeigte Leoncino lief nicht nur während der Reise problemlos, sondern absolvierte davor bereits 22 000 Kilometer im MOTORRAD-Dauertest – bis jetzt, im Gegensatz zu manch anderen Fabrikaten, unauffällig. Unterm Strich verdeutlicht die Leoncino 800 damit, warum aktuelle Benellis nicht nur zu den glaubwürdigsten, sondern auch zu den erfolgreichsten »China-krachern« gehören. ■

Die **Textil-Seitentaschen** aus dem Originalzubehör sind mit 16 Liter Volumen selbst für einen Wochenendtrip knapp bemessen, dafür sind sie leicht und schlank (319 Euro zzgl. Träger für 99 Euro). Eine **Gepäckrolle** (hier die 30-Liter-Variante von Touratech) bekommt man auf dem Soziusplatz gut unter. Beim Verzurren sollte man jedoch darauf achten, das schlanke Rücklicht nicht zu verdecken. www.germany.benelli.com

BMW R nineT Urban
G/S-Umbau

TEXT: *Dirk Schäfer* FOTOS: *Dirk Schäfer*

TECHNISCHE DATEN

Luft-/ölgekühlter Zweizylinder-Boxermotor, 1170 cm³, 80 kW (109 PS) bei 7250/min, 116 Nm bei 6000/min, dreiteiliger Stahlrohr-Rahmen, mittragende Motor-Getriebe-Einheit, Upside-down-Gabel, Federweg vorn/hinten 230/215 mm, Lenkkopfwinkel 61,5 Grad, Nachlauf 10,6 mm, Radstand 1527 mm, Länge 2175 mm, Sitzhöhe 880 mm, Reifen vorn 120/70-19; hinten 150/70-17, Scheibenbremsen vorn/hinten, Ø 320/265 mm, ABS, Traktionskontrolle, Gewicht vollgetankt ca. 226 kg, Tankinhalt 22,5 Liter, Preis ab 17 730 Euro für Original, Umbau ca. 14 000 Euro

Das hast du noch nicht gesehen? Kein Wunder, denn das Gerät gibt es auch nur einmal. Die Basis war eine Urban G/S aus der BMW R nineT-Reihe. In ihr klingen Reminiszenzen an die G/S früherer Tage an. Das wuchtige luftgekühlte 1200er-Triebwerk ist standes- und zeitgemäß. Das Serienfahrwerk der Urban G/S hinkt einer G/S allerdings erheblich hinterher. Vermutlich deshalb hatten die Marketingstrategen »Urban« in den Namen der G/S integriert. Nicht dass jemand auf die Idee kommt, mit dem Eisen abseitig unterwegs zu sein. Aber selbst als reines Straßengerät wollen die fulminante Leistung des Zweizylinders und die labbrigen Fahrwerkskomponenten nicht zusammenpassen. Und genau diese labbrige Wuchtbrumme hatte ich in einem nur noch bedingt nachvollziehbaren Moment er-

worben. Aber so, wie sie war, konnte die Karre nicht bleiben.
Eine F-800-Gabel mit Touratech Black-T Cartridge-System, Black-T-Federbein, Excel-Felgen in 19 und 17 Zoll sollten Abhilfe schaffen. Dass am Ende auch optisch kein Stein auf dem anderen blieb, war eine Mischung aus Zufall und Wahn. Jetzt ist im Montefeltro und in der Toskana Generalprobe. Dort sind die Straßen von unvorhersehbarer Qualität: mal piekfeiner Babyasphalt wie der von Novafeltria nach Perticara, mal rüder Borstenbelag wie der von Savignano di Rigo nach Romagnano. Obendrauf gibt es je nach Lust und Laune Schotter.

Und die Urban G/S? Ist nicht wiederzuerkennen. Scharf wie eine Klinge zieht sie ihren Strich. Gibt in Hundekurven spielerisch nach. Dabei hat die Federung eine Straffheit, die schon an sportliche Härte grenzt. Zu straff selbst fürs schneidige Touren. Daher habe ich die voll einstellbare Gabel und das Federbein um einige Klicks softer gemacht. Und schon bewegt sich die ehemals labbrige Fuhre so, wie man sich eine Reiseenduro wünscht: knackig und mit reichlich Saft. So viel Saft, dass die montierten Karoo 3 beim scharfen Herausbeschleunigen zum kontrollierten Asphaltdrift neigen. Durch die tiefer und weiter vorn liegenden Rasten ist jetzt auch die Sitzposition die einer Reiseenduro.
Und mit dem 22,5-Liter-Tank von Unit Garage hat sich die Reichweite gegenüber dem Originaltank erheblich vergrößert. 450 Kilometer sind locker drin. Der G/S-gerechte Windschild entlastet den Oberkörper ordentlich vom Winddruck. Das Ganze haben die Italiener in Anlehnung an Gaston Rahiers Paris–Dakar-Renner lackiert. Also alles super? Nein.

Der Soziusplatz fiel der Linie zum Opfer, ein groß angelegtes Gepäcksystem blieb ebenso aus optischen Gründen auf der Strecke. Der minimalistische Gepäckträger aus dem BMW-Programm nimmt maximal eine kleine Gepäckrolle auf. Feierabend! Ein Softsystem von Mosko Moto, Touratech oder Kriega würde vermutlich auch passen. Die Raddimension blieb bei 19 und 17 Zoll. Theoretisch wäre auch die geländetauglichere Variante mit 21 und 18 Zoll gegangen. Aber damit wäre die Sitzhöhe in Everest-ähnliche Höhen geschnellt. Zu hoch für meine 1,76 Meter Körpergröße.
Was bleibt unterm Strich? Eine Fahrmaschine, die mit dem Original nur noch Rahmen und Motor gemein hat. Dafür trifft der Boxer jetzt auf ein überlegenes Fahrwerk, das aus dem schnöden Entlein eine puristische Landstraßenklinge mit minimalem Stauraum macht. Schotter kann sie übrigens auch: Auf der Heimfahrt kam ihr noch die Assietta unter die Stollen. Herrlich! Kleiner Haken: Für die Umbausumme könnte man sich noch eine Urban G/S kaufen. Aber die hätte ja wieder das labbrige Fahrwerk.

Teileliste Umbau BMW R nineT Urban G/S:
Gabel: BMW F 800 GS, gebraucht, *Federung vorne:* Touratech-Cartridge-System, *Federung hinten:* Federbein Touratech Black-T, *Felgen:* Excel, 19 und 17 Zoll, *Reifen:* Metzeler Karoo 3, *Gabelbrücken:* R9TAdv, *Adapterplatte Vorderradbremse:* R9TAdv, *Fußrastenplatten (offenerer Kniewinkel):* R9TAdv, *Fußrasten:* Touratech, *Tank:* Unit Garage, *Windschild:* Unit Garage, *Endschalldämpfer:* Unit Garage, *Seitenständer:* R9TAdv, *Sitzbank:* R9TAd
vwww.touratech.de

TRIUMPH
STREET SCRAMBLER 900

TEXT: *Markus Biebricher* **FOTOS:** *Klaus H. Daams, SW-Motech*

TECHNISCHE DATEN

Wassergekühlter Zweizylinder-Reihenmotor (Parallel-Twin), 900 cm³, 40,5 kW (55 PS) bei 5900/min, 80 Nm bei 2850/min, Zentralrohrrahmen aus Stahl mit zwei Unterzügen, konventionelle Telegabel, Federweg vorn/hinten 120/120 mm, Lenkkopfwinkel 64,4 Grad, Nachlauf 109 mm, Radstand 1445 mm, Länge 2125 mm, Sitzhöhe 790 mm, Reifen vorn 100/90-19, hinten 150/70-17, Scheibenbremsen vorn/hinten, Ø 310/255 mm, ABS, Gewicht vollgetankt 212 kg, Tankinhalt 12 Liter, Service alle 16 000 km, Preis 2026 für aktualisiertes Modell 12 245 Euro

Tja, was soll ich sagen? Jeder muss doch sofort sehen, wie wunderschön diese englische Maschine ist. Top verarbeitet, formvollendet bis ins Detail. Sie macht mir immer aufs Neue Gänsehaut, selbst wenn ich sie einfach nur anschaue. Steige ich dann auf, stelle ich fest, wie gut auch in der Praxis alles passt: Meine Knie schmiegen sich an den Tank wie angegossen. Und erst diese Sitzbank: sieht nicht nur schön aus, sondern ich rutsche auch nicht darauf herum. Oben ist sie aus Velours, an den Seiten aus Glattleder. Für mich als Frostbeule hochwillkommen ist die Abwärme von Motor und Auspuff, die mir Beine und Hintern wärmen, einfach komfortabel.

Wenn ich den ganzen Tag fahre, gerne auch mal 500 Kilometer und mehr, steige ich ab und bin

nicht ausgelaugt wie auf so manchen anderen Motorrädern, die ich vor der Triumph besaß. Kein eingeschlafener Hintern, keine Muskelschmerzen, einfach nichts von alledem. Denn die Street Scrambler punktet mit einer hervorragenden und bequemen Sitzposition. Keine Ahnung, wie die Briten das geschafft haben, aber ich habe wirklich vorher noch nie so lange und bequem auf einem Motorrad gesessen. Also, wenn das kein Kompliment ist!

Wir reden ja hier nicht von einer hochgerüsteten, multipel einstellbaren Reiseenduro oder von einem Luxustourer, sondern von einem einfachen, ehrlichen, nackten Motorrad ohne viel Ausstattung mit gut 100 PS weniger, als die ganzen Boliden raushauen. Weniger ist hier wirklich mehr, denn meine Triumph marschiert in jedem Gang überraschend bullig aus dem Drehzahlkeller und tönt dabei sonor und souverän aus ihren hochgelegten Endrohren. Nicht laut, einfach nur musikalisch passend, ohne in den Ortschaften durch irgendwelches Gedonnere oder Gekreische Anwohner zu verärgern.

Hochjubeln oder ausquetschen braucht man sie nämlich überhaupt nicht, weil sie auch ohne Drehzahlorgien dank ihrer satten 80 Newtonmeter Drehmoment äußerst tapfer durchzieht. Und was ist auf der Autobahn? Kann man das überhaupt aushalten auf einem derart dezent motorisierten Naked Bike? Ha, ihr werdet euch wundern, denn bei entspannten 130 km/h fühle ich kaum Druck auf dem Oberkörper, dazu läuft die Street Scrambler wie auf Schienen geradeaus.

Wenn wir dann die Bahn verlassen und es auf winklige Landstraßen geht, haben die ganzen PS-Monster richtig Respekt vor mir, denn das Scrambler-Fahrwerk macht alles mit, und auch wenn die Straße mal schlechter wird, zeigt die Kleine keinen Ansatz von Überforderung. Lediglich die Bremse an der Front könnte etwas kräftiger zupacken, hier ist halt nur eine Scheibe am Werk.

Ein Segen für mich ist das spielerische Handling meiner britischen Schönheit. Sie lässt sich wunderbar leicht abwinkeln und wuselt stabil und sicher durch die Kurven. Daran ändert sich auch nichts, wenn ich ihr etwas Reisegepäck aufschnalle. Wenn ich jetzt ein Fazit ziehen dürfte, würde ich mich ganz weit aus dem Fenster lehnen: Die Triumph Street Scrambler ist in meinen Augen das ideale Reisemotorrad. Ganz gleich, ob es zur Eisdiele oder ans Ende der Welt gehen soll. Ich brauche nichts anderes, nur meine schöne grüne Engländerin. Am liebsten für immer, denn alle Weiterentwicklungen werden mehr Elektronik und wahrscheinlich mehr Leistung haben und damit einen Weg gehen, der meinen persönlichen Wohlfühlbereich verlässt. So, jetzt muss ich weiter, es ist noch ein ganzes Stück bis nach Hause. ■

Die **Seitentasche LC** ergänzt die klassische Optik der Triumph. In wenigen Minuten lässt sich das pro Seite zehn oder 13 Liter große Softgepäck über ein Schnellverschluss-System am SLC-Seitentaschen-Träger anbringen und abnehmen. Robustes Napalon-Kunstleder und gewachstes Canvas-Gewebe in Braun-Schwarz oder Uni-Schwarz unterstreichen das Vintage-Design des Legend-Gear-Softgepäcks. 240 Euro, sw-motech.com

CRUISER

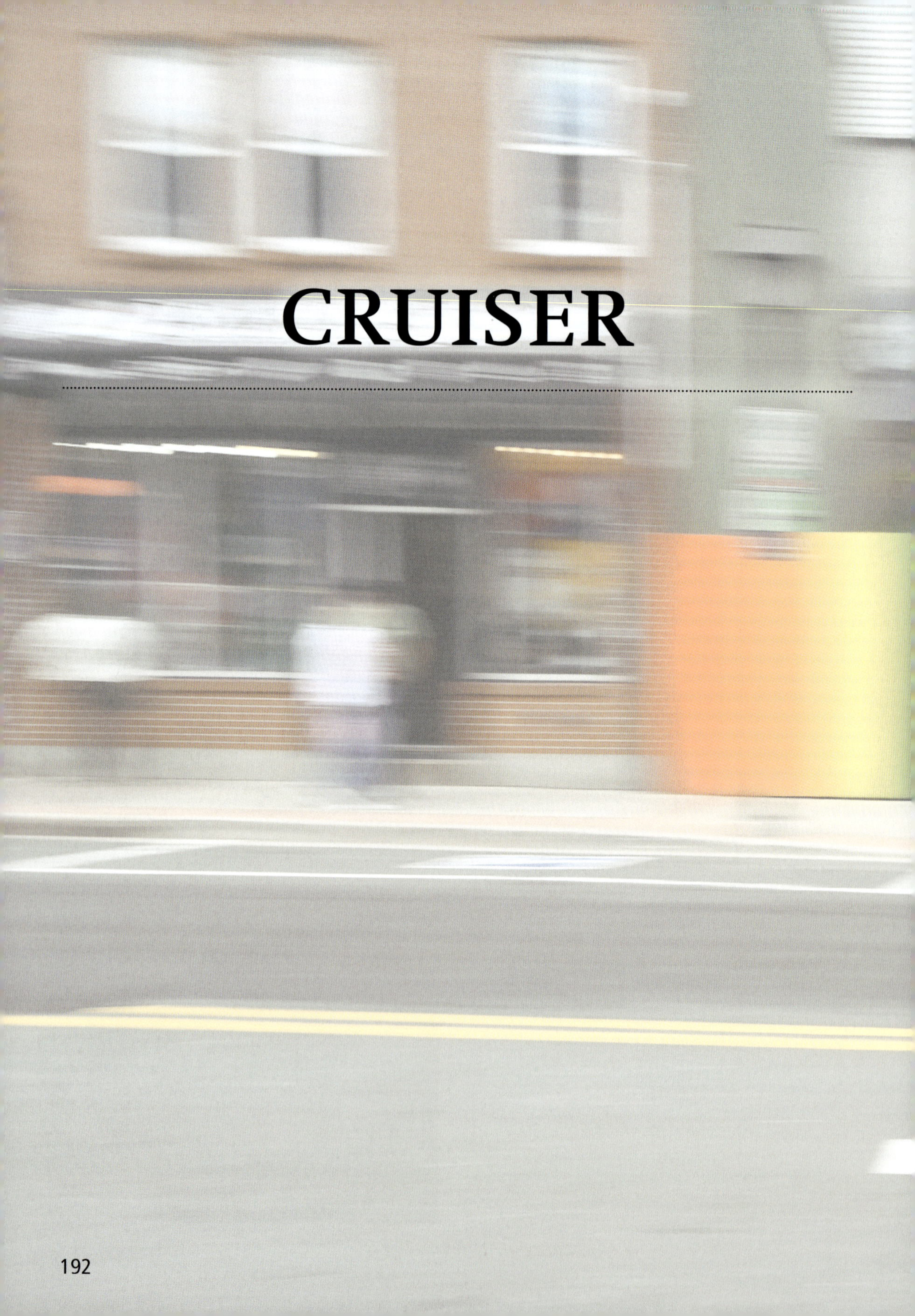

Mit diesen Bikes bekommt jede Reise einen ganz eigenen Takt. Sie wollen nicht hetzen, sie wollen gleiten, schauen, hören, fühlen. Von Harley-Davidson Heritage Classic 114 und Road Glide über Indian Chieftain Dark Horse bis zur frechen Indian FTR 1200 Rally und der überraschend vielseitigen Honda CMX 1100 T Rebel: viel Charakter, viel Präsenz – und Kilometer, die sich nach Urlaub anfühlen.

HARLEY-DAVIDSON
HERITAGE CLASSIC 114

TEXT: *Markus Biebricher* **FOTOS:** *Klaus H. Daams, Louis*

TECHNISCHE DATEN

Luftgekühlter Zweizylinder-V-Motor (Milwaukee Eight 114), 1868 cm³, 70 kW (95 PS) bei 5020/min, 155 Nm bei 3250/min, Doppelschleifen-Rohrrahmen aus Stahl, 49er-Telegabel, Federweg vorn/hinten 130/112 mm, Lenkkopfwinkel 60 Grad, Nachlauf 140 mm, Radstand 1630 mm, Länge 2415 mm, Sitzhöhe 680 mm, Reifen vorn 130/90-16; hinten 150/80-16, Scheibenbremsen vorn/hinten, Ø 300/292 mm, ABS, Tempomat, Gewicht vollgetankt 330 kg, Zuladung 196 kg, Tankinhalt 18,9 Liter, Preis 25 285 Euro

Harley? Das ist doch nur was für Angeber, Rocker oder »Zahnwälte«. Ich bin jetzt zum ersten Mal Harley gefahren und musste jede Menge Vorurteile abbauen. Dachte zum Beispiel, dass du mit den Dickschiffen nur geradeaus durch die City kreuzen kannst und mit Donnersound die Anwohner nervst. Falsch gedacht. Denn die Heritage ist richtig cool und wer hätte das gedacht: Kurven machen tatsächlich Spaß! Wenn sie mal rollt, ist sie erstaunlich handlich, frau kann sie quasi mit dem Popo lenken. Mein Hintern passt genau vor den kleinen Knubbel in der mächtig bequemen Sitzkuhle. Am breiten, günstig gekröpften Lenker herrscht ein Gefühl echter Kontrolle. Okay, die Trittbretter fand ich anfangs nervig, wusste ja gar nicht, in wie vielen Varianten man sie nutzen

kann. Und weil da so viel Platz ist, kann ich die Beine wahlweise lang ausstrecken. Das hat was! Inzwischen liebe ich sogar die Fußbremse, die ist so stark wie die beim Autoscooter auf der Kirmes: Wenn du drauftrittst, steht die Harley gleich. Habe mich sogar an den Blinkerschalter rechts gewöhnt, für den du allerdings einen beweglichen Daumen an der Gashand brauchst.

Stichwort Gashand: Ab 130 Km/h rappelt es ganz schön auf dem dicken Dampfer. Hauptursache ist das abnehmbare, weil an vier Punkten eingesteckte Windschild, was abhängig von Helmtyp und Körpergröße zu Turbulenzen und Vibrationen führen kann. Am Anfang hat mich das vor allem deswegen genervt, weil die Sicht in den Spiegeln eingeschränkt ist. Inzwischen fühle ich mich aber so verschmolzen mit dem Motorrad, dass ein Gewöhnungseffekt eingetreten ist. Zudem entdecke ich immer mehr Teile, die mir gefallen. Die 43-Liter-Koffer zum Beispiel sind fantastisch: mit einer Hand zu öffnen und zu schließen. Auch die Schlösser funktionieren leichtgängig, überhaupt nicht fummelig, was sogar für das Lenkschloss gilt. Außerdem sind sie chic mit Leder überzogen – was meinem Sinn für Ästhetik entgegenkommt.
Die Harley scheint eine Mischung aus Ofen, Schiff, Sofa und Computer zu sein: Beim Abkühlen macht sie lustige Knistergeräusche, manchmal fiept sie sogar. Und wegen »Keyless Go« darf der Kontakt zum Funkschlüssel nie abreißen. Ansonsten gibt es so gut wie keine elektronische Bevormundung. Du merkst es schon: Ich habe mich in die Harley verliebt. Dachte ja erst: Was braucht man 1900 Kubik, 95 PS oder gar 155 Newtonmeter? Inzwischen weiß ich, wofür das alles gut ist: für den bulligen Durchzug aus dem Drehzahlkeller. Immerhin muss der dicke V2 gut 330 Kilogramm Leergewicht plus Besatzung und Beladung anschieben. Gemessen daran säuft die Amerikanerin gar nicht so viel. Knapp über fünf Liter reichen für über 300 Kilometer ohne Tankstopp. Dabei liegt die Heritage satt auf der Straße, ihre nicht zu breiten Reifen unterstützen das Handling. Nur beim Rangieren merke ich die Pfunde, aber dank nur 68 Zentimeter Sitzhöhe können die Beine dann ordentlich drücken. Der Komfort? Ist gut. Wellen werden absorbiert, selten dringen mal Schlaglöcher durch. Das Federbein liegt schön versteckt unterm Fahrersitz, schließlich täuscht die Heritage als Mitglied der Softail-Familie optisch einen Starrrahmen vor. Mit dem 114-Cubic-Inch-Motor kostet das Teil satte 25 000 Euro. Ob ich mir selbst eine Harley kaufen würde? Vielleicht mit 60. Irgendwie freu ich mich drauf. ■

Die Harley Heritage Classic bringt bereits tourentaugliche Satteltaschen mit. Daher empfehlen wir den zur Retro-Optik passenden Tagesrucksack **Vintage Canvas**: Hauptfach mit Rollverschluss, Fronttasche mit Druckverschluss, Reißverschluss- Innentaschen, justierbares, gepolstertes Tragesystem, Rückenpolsterung, einstellbarer Hüftgurt, Regenhaube und Staubbeutel, gewachstes Canvas, 16,5 Liter, 99,99 Euro, www.louis.de

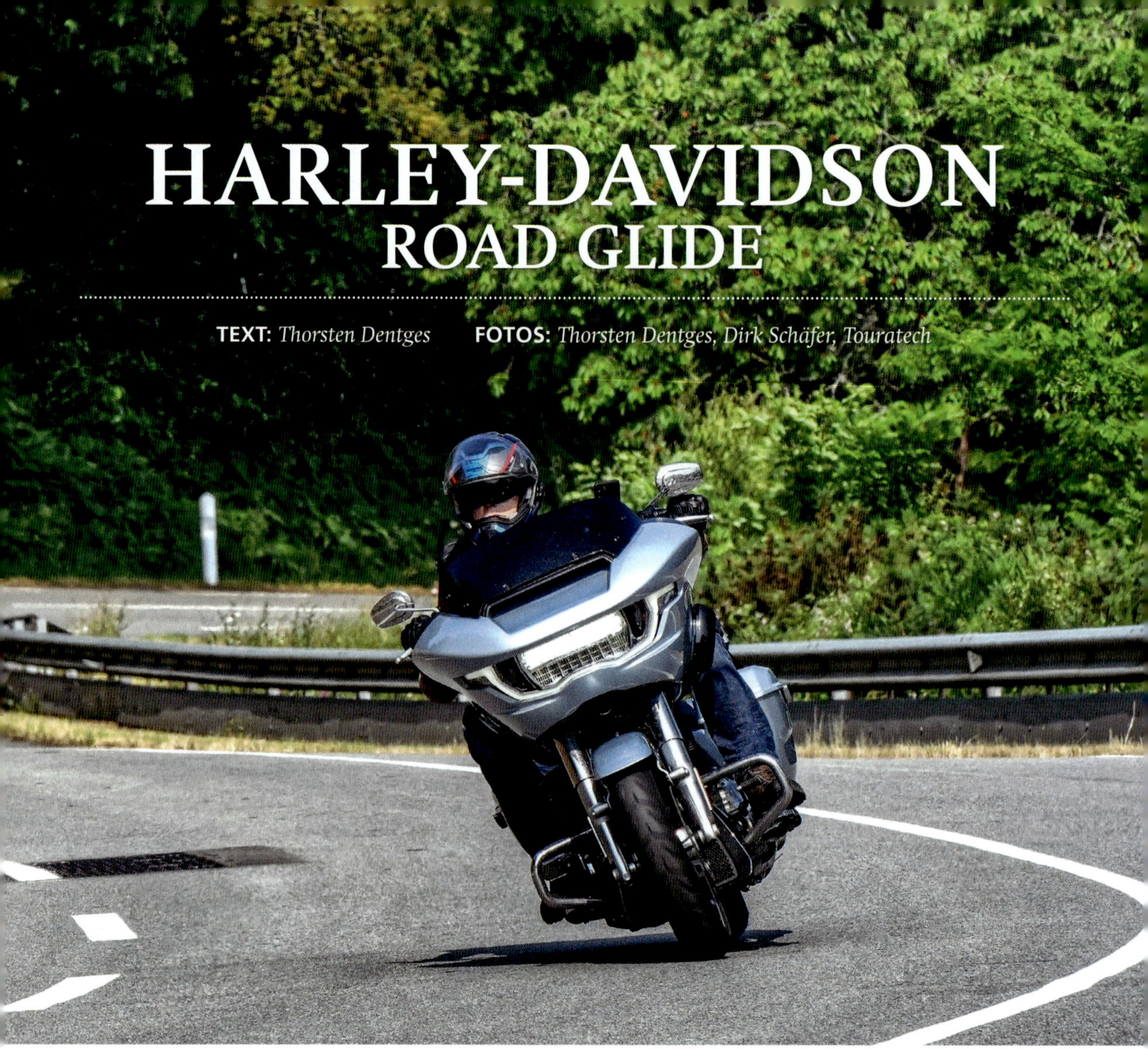

HARLEY-DAVIDSON ROAD GLIDE

TEXT: *Thorsten Dentges* **FOTOS:** *Thorsten Dentges, Dirk Schäfer, Touratech*

TECHNISCHE DATEN

Zweizylinder-Viertakt-45-Grad-V-Motor, 1923 cm³, 80,0 kW (109 PS) bei 5020/min, 175 Nm bei 3500/min, Doppelschleifenrahmen aus Stahl, Telegabel, Federweg vorn/hinten 117/76 mm, Lenkkopfwinkel 64,0 Grad, Nachlauf 173 mm, Radstand 1625 mm, Länge 2410 mm, Sitzhöhe 720 mm, Reifen vorn 130/60 B 19, hinten 180/55 B 18, Scheibenbremsen vorn/hinten, Ø 320/300 mm, Kurven-ABS, Traktionskontrolle, Gewicht vollgetankt 379 kg, Zuladung 238 kg, Tankinhalt 22,7 Liter, Preis ab 32 600 Euro

Bei 380 Kilo Lebendgewicht (mit Gepäck schnell über acht Zentner!), einem Radstand von über 1,60 Metern, einem Nachlauf von 173 Millimetern und einer Fahrzeuglänge von 2,41 Metern von handlich zu sprechen, scheint ein Unding. Das ist nach den ersten Kilometern auf dieser Wuchtbrumme allerdings genau DAS Ding! Die für den Jahrgang 2025 stark modellgepflegte Road Glide fährt sich agil, handlich, mitunter sogar sehr beschwingt. Okay, okay, engste Radien auf kleinsten Bergstrecken erfordern vermutlich eine sehr feste Hand, aber solche Kehren-würmer gibt es in der Bretagne nicht. Die Straßen sind übersichtlich mit weiten Kurven, winden sich angenehm durch eine leicht hügelige Landschaft, und über diese »nice curvy roads« gleitet die Harley

tatsächlich geschmeidig wie ein Panther. Sie sieht jedoch weniger raubkatzig denn mehr fischig beziehungsweise wie ein Wal aus. Was selbstredend mit der Haifisch-Frontverkleidung (»Sharknose Fairing«) als grundlegendes Designmerkmal zusammenhängt. Integriert darin: ein opulenter LED-Scheinwerfer plus Staufächer, ein Info-Touchscreen-Panel mit Navisystem und Konnektivität sowie fetter Radio- und Musikanlage.

Die Front wirkt zwar gewaltig wie der Isenheimer Altar und trägt sicherlich auch ordentlich zum Gesamtgewicht bei, aber weil rahmenfest, beeinträchtigt der dicke Klumpen vor dem recht hoch positionieren Lenker die bereits löblich besungene Agilität des Motorrads während der Fahrt kaum. Beim Rangieren versperrt sie indes die Sicht (Achtung: Parkrempler!), und die baggerstylig kupierte Windschutzscheibe hält bei Körpergröße um 1,90 Meter Fahrtwind nur mäßig vom Helm ab. Wetterschutz und Aerodynamik sind insgesamt aber eines Luxus-Tourencruisers absolut würdig. Die Schultern des Fahrers liegen aufgrund der breiten Verkleidung außerhalb des Luftstroms – lange, stupide Autobahnfahrten lassen sich also gut und bequem überstehen, sofern nicht deutlich schneller als Tempo 130. Stichwort bequem: Der breite Sitz ist es, der Soziusplatz ebenfalls, und die Piloten-Ergonomie mit leicht nach hinten gebeugter Liegestuhlhaltung konnte auf der 3500-Kilometer-Tour überraschend gut überzeugen. Gepäck für eine Zwei-Wochen-Tour ließ sich prima in den einfach zu bedienenden und wasserdichten Koffern sowie auf dem großflächigen Zubehör-Gepäckträger unterbringen.
Und der Motor? Ein Genuss. Die neueste Version des als »Milwaukee-Eight 117« betitelten Vauzwos mit fast zwei Litern Hubraum geht ab wie Schmidts Katze. Fühlt sich nach mehr an als »nur« 109 PS. 175 Newtonmeter Drehmoment – das ist fett! Im »Sport«-Modus (es gibt zudem noch »Road«, »Rain« und »Custom«) katapultiert der Motor mit gut abgestimmtem Getriebe das massige Fahrzeug nach vorn, Aaaalter, du glaubst es nicht! Das fetzt und verleitet permanent zu Zwischensprints aus dem zweiten und dritten Gang, etwa um an einem lästigen Autoschleicher vor einem im Handumdrehen vorbeizufliegen. Die benötigte Handkraft an der Kupplung ist allerdings auch enorm und nichts für zarte Fräuleinhändchen. Viel Kuppeln sorgt auf Dauer wohl für einen Tennisarm linksseitig. Während die rechte Hand bei der Dosierung der (mauen) Bremse eher Stuckeriges und Teigiges erfühlt. Das wirkt nicht wie High-End-Performance. Und der Spritdurst ist auch etwas oldschool, mindestens sechs Liter/100 Kilometer.
Trotz dieser Hemdsärmeligkeit: Road Glide gleich Reisedampfer? Ja, können wir unterschreiben und würden sogar über die Harley-Selbstbezeichnung »Grand American Tourer« hinausgehen: Diese Harley ist eine großartige Pan-European-Touringmaschine, (obwohl) made in USA. ■

Mit der **Quad-Lock-Lenkerhalterung** und **-Hülle** (49,90 + 39,90 Euro) ließ sich ein (Samsung-Galaxy-)Smartphone sicher und gut sichtbar auch am dicken Chromrohrlenker der Road Glide befestigen. Ein- und Ausklicken gestalteten sich manchmal zwar als etwas fummelig, aber die schlanke Phone-Hülle, einfache Montage und easy Handling machten das Quad-Lock insgesamt zu einem sehr praxistauglichen Reise-Gadget. www.touratech.de

INDIAN
CHIEFTAIN DARK HORSE

TEXT: *Daniel Lengwenus* **FOTOS:** *Thorsten Dentges, Jörg Künstle*

TECHNISCHE DATEN

Zweizylinder-V-Motor, 1811 cm³, 64 kW (87 PS) bei 4800/min, 151 Nm bei 3000/min, Aluminium-Gussrahmen mit integrierter Ansaughutze, Teleskopgabel, Federwege v/h 119/114 mm, Lenkkopfwinkel 65 Grad, Nachlauf 150 mm, Radstand 1668 mm, Länge 2506 mm, Sitzhöhe 650 mm, Reifen vorn 130/90 B 16; hinten 180/60 R 16, Doppelscheibenbremse vorn, Scheibenbremse hinten, ABS, Gewicht vollgetankt 375 kg, Tankinhalt 20,8 Liter, Preis ab 29 990 Euro

A**ufs falsche Pferd gesetzt!** Das wurde ich. Denn meinen 85 Kilo bei 1,70 Meter steht die bullige Indian Chieftain Dark Horse mit 375 Kilogramm Leermasse entgegen! Klar, die Genießer-Tour sollte ich machen, die Weinstraße hoch- und runterfahren. Das Programm passt natürlich bestens zu einem schweren Cruiser. Genießen ist ja grundsätzlich wunderbar, doch ginge das nicht auch etwa mit einer leichteren Reise-Enduro? Aber die Honda Africa Twin hatte sich ja schon Kollege Dentges unter den Nagel gerissen. Nun gut, machen wir das Beste draus. Für kurze Beinchen scheint die moderate Sitzhöhe von 65 Zentimetern recht vertraueneinflößend, die erste Sitzprobe fällt durchaus positiv aus. Bis ich den Ständer

(207 Euro!) und könnten trotz Stilbruch rein funktionell auch durch Tragetaschen aus dem Supermarkt ersetzt werden. Na ja, ins Hotelzimmer nehme ich ohnehin nur meine wasserdichte Tragerolle mit, die handlich entweder auf dem Soziusplatz oder am Zubehör-Ansteck-Gepäckträger verzurrt werden kann. Von daher egal, ein bisschen Werkzeug, Ersatzhandschuhe und was zu trinken passen in jeden Koffer, auch in diese. Nun zum fest eingebauten Navi-System: Es war schon schwierig genug, das massive Motorrad über schmale, aufgerissene Asphaltbänder zwischen Weinreben zu manövrieren. Wenn man aber im Navi nach dem kürzeren Weg suchen lässt, dann erfährt man auch das zweifelhafte Vergnügen, mit siebeneinhalb Zentnern durch tiefen Schotter eiern zu dürfen. Und diese Show gab es nicht nur einmal.

Zum Schluss noch eine kleine Auffälligkeit: Die Dark Horse gibt es auch in der Farbe Weiß! Habe ich meine Englischkenntnisse da wohl überschätzt? ■

lupfe und mit dem rechten Fuß auf dem glatten Garagenboden leicht ausrutsche – denn als die Fuhre schon minimal außer Balance gerät, hätte ich gerne Oberschenkel wie der grüne Hulk gehabt. Beim Fahren verschwindet die Masse wie von Zauberhand, und der Motor ist eine Wucht! Passt doch bestens zu dieser Brumme.

Die Indian fährt sich dank 151 Newtonmetern bei lediglich 3000 U/min fantastisch unbeschwert von unten raus. Gemütlich mit sonor blubberndem Motor die Weinstraße entlangcruisen, sich von der gewaltigen Drehmomentwelle tragen lassen, das hat was. Für zwei Zylinder und 1811 Kubikzentimeter hört sich das »dunkle Pferd« jedoch relativ zahm an – und das ist es im Grunde ja auch. Gewaltausbrüche mit schwarzen Streifen auf dem Asphalt sind nicht zu befürchten. Gut so, denn mit diesem ruhigen Ross kann sich die Besatzung auf alle landschaftlichen Genüsse gut einlassen. Auch vom Soziusplatz aus – sofern ergänzt durch die (ästhetisch etwas fragwürdige) Sissybar inklusive Polsterlehne aus dem Originalzubehör. Denn die Sitzfläche hinten ist eher knapp geschnitten, beim Beschleunigen fehlt ohne die Extrastütze etwas der Halt. Ohne Sissybar sieht's also cooler aus, mit ist man hinten aber eindeutig komfortabler unterwegs. Und irgendwann merkt man als Fahrer und Mitfahrer dann plötzlich, wie die guten, jederzeit angenehm wahrnehmbaren Vibrationen im Zusammenspiel mit der sanften Szenerie die Seele massieren.

Im Baggerstyle angepasste Koffer, die nach Innentaschen schreien, nutze ich meistens nur für all die Dinge, die ich am Moped brauche. Die Indian-Innentaschen aus Canvas-Baumwollgewebe mit Lederbesatz sind schickes Zubehör, aber teuer

Das **Innentaschen-Set** macht sich optisch gut, die **Sissybar** mit Gepäckträger wirkt indes etwas unförmig. Ist enorm praktisch und vorteilhaft auf Langstrecke für den/die Sozius/Sozia, ist aber auch enorm teuer: 1297 Euro!

INDIAN FTR 1200 RALLY

TEXT: *Markus Biebricher* **FOTOS:** *Klaus H. Daams, Indian*

TECHNISCHE DATEN

Zweizylinder-V-Motor, 1203 cm³, 90 kW (123 PS) bei 8250/min, 120 Nm bei 6000/min, Gitterrohrrahmen aus Stahl, Upside-down-Gabel, Federweg vorn/hinten 150/150 mm, Lenkkopfwinkel 63,7 Grad, Nachlauf 130 mm, Radstand 1524 mm, Länge 2287 mm, Sitzhöhe 835 mm, Reifen vorn 120/70 VR 19; hinten 150/80 VR 18, Scheibenbremsen vorn/hinten, Ø 320/265 mm, ABS, Gewicht vollgetankt 240 kg, Tankinhalt 13 Liter, Preis ab 14 590 Euro

Gut, wenn Sie es gemerkt haben, liebe Leserinnen und Leser. Bereits in der Schwarzwald-Ausgabe RIDE 06 im letzten Jahr fuhr eine Indian FTR 1200 durch unser Magazin. Jetzt schon wieder? Wollen wir nicht in jeder RIDE-Folge neue Maschinen aus der weiten, bunten Motorradwelt vorstellen? Ja, doch, unbedingt! Allerdings gab es bei einigen Herstellern und Importeuren coronabedingte Engpässe, und so waren wir nicht undankbar, als die FTR Rally auf den Hof rollte, die sich passenderweise von der im Schwarzwald-Heft bewegten FTR 1200 S in etlichen Details unterscheidet. Klar, in der Basis ist es das gleiche Motorrad, die Differenzen sind nicht drastisch. Dennoch kön-

nen sie bewirken, dass man (wie übrigens auch bei der Yamaha Ténéré 700 Rally auf Seite 60) das Gefühl hat, auf einem komplett anderen Motorrad zu sitzen. Was führt dazu? Beispielsweise Aluspeichenräder mit grobstolligen Pirelli-Scorpion-Rally-STR-Reifen, die für derartige Gummis zwar auch auf Asphalt passabel funktionieren, sich aber im Vergleich zur Normalversion mit Straßenreifen weniger präzise anfühlen. Klar, auf Feldwegen hat man besseren Grip, aber für Enduro-Einlagen ist die FTR zu straff. Außerdem: Der ProTaper-Lenker ist 50 Millimeter höher und schenkt uns eine entspanntere, touristischere Sitzhaltung. Attribute, die stärker die Besitzerseele als das Fahrgefühl beeinflussen, sind der Verzicht auf das TFT-Display zugunsten eines analogen Tachos mit schrulliger Ziffernanordnung, schwarzen statt roten Rahmenrohren, ein Indianerkopf-Logo auf den Tank-Flanken und eine komfortable Sitzbank in Braun. Was insgesamt bedeutet, dass die Rally-Version der FTR weniger sportlich fährt als die Schwestermodelle. Warum sie dann Rally heißt? Wegen der Reifen? Fragen Sie die Marketingstrategen. Egal, denn so passt sie umso besser auf die kleinen Albsträßchen, wo mancher Feldweg lockt und entspanntes Cruisen oft mehr Gesamterlebnis bringt als knieschleifendes Rumgeheize. Dazu punktet die lässige Scrambler-Custom-Optik mit den Grobstollern bei jedem Stopp. Genuss beim Fahren und Anschauen.

Rechts ist die Schokoladenseite mit zwei dicken Krümmerschlangen, die wie bei den Schwestermodellen in keck nach oben ragende Auspufftrompeten münden – ohne unnötigen Krawall zu produzieren. Was der Sahne-Motor auch gar nicht nötig hat. Die 123 PS bei 8250/min und 120 Nm bei 6000/min des sämig-drehfreudigen 1200er-V-Twins mögen im Vergleich mit den zweizylindrigen Mitbewerbern aus Bologna, Mattighofen und München zwar unspektakulär wirken, lassen aber mit einem kurzen Dreh der Gashand die Maschine immer wieder spontan nach vorne, die Mundwinkel nach oben schnellen. Fahrfreude first. Übrigens auch bei Dunkelheit, denn der runde Pathfinder-LED-Scheinwerfer leuchtet die Pfade hell aus.

Kein Licht ohne Schatten: Für die bodennahen Blinker am stylishen, seitlich angeschraubten Kennzeichenträger gibt es die Silberne Zitrone. Für das Tankvolumen auch: 13 Liter sind ein Witz, und damit du darüber möglichst lange lachst, klappt das Befüllen zudem nur schluckweise.

Fazit: Der »Indianer« hat zwar keine Chance auf den Sieg im Kampf um das tourentauglichste Motorrad auf der Alb, punktet aber kräftig bei allen, die ein Herz für Individualisten haben. Weil er keine zickenfreie Reisesänfte, sondern ein maskuliner Charakterdarsteller mit passablem Tourenpotenzial ist. Kann man lieb gewinnen. Dennoch ein Vorschlag an Indian: Spendiert dem Teil einen größeren Tank! Dann stünde das »FTR« nicht nur für »Flat-Tracker« (Bikes für die in den USA so beliebten Dirt-Track-Rennen), sondern auch für: fahraktiv, tourentauglich, rattenscharf. ■

Von oben nach unten: **Seitentaschenträger** aus pulverbeschichtetem Stahlrohr (167,59 Euro), wasserfeste **Seitentasche** (266,76 Euro). **Tanktasche** mit klassischer Riemenbefestigung und wasserfester Handyhülle (246,93 Euro). www.indianmotorcycle.de

HONDA CMX 1100 T REBEL

TEXT: *Thorsten Dentges* **FOTOS:** *Uli Biggemann/moppetfoto.de, FC Moto*

> ### TECHNISCHE DATEN
>
> Wassergekühlter Zweizylinder-Reihenmotor, 1084 cm^3, 64 kW (87 PS) bei 7000/min, 98 Nm bei 4750/min, Rohrrahmen aus Stahl, Telegabel, Federweg vorn/hinten 121/95 mm, Lenkkopfwinkel 62,0 Grad, Nachlauf 110 mm, Radstand 1520 mm, Länge 2240 mm, Sitzhöhe 700 mm, Reifen vorn 130/70 B 18; hinten 180/65 B 16, Scheibenbremsen vorn/hinten, Ø 320/256 mm, ABS, Traktionskontrolle, Gewicht vollgetankt 238 kg, Tankinhalt 13,6 Liter, Preis 11 960 Euro

Der Typ im Lieferwagen kurbelt an der roten Ampel die Scheibe runter: »Hey, Harley, oder?« Ich: »Nee, Honda.« Er, die Augenbrauen hochziehend: »Echt jetzt? Sieht gut aus, das Teil. Fährt auch so?« Ich muss erst etwas überlegen, da springt die Ampel auf Grün, und weg ist der neugierige Autofahrer. Aber die Frage beschäftigt mich in den folgenden Fahrtagen. Doch zurück zum Aussehen. Der Lieferwagentyp hatte sicherlich eine Harley Street Glide oder Ähnliches im Sinn. Stünde die Honda direkt daneben, würde sie aber eher wie ein 2:3-Modell des Dickschiffs aus Milwaukee wirken. Klar, als T-Modell tritt die CMX 1100 mit breiter Frontverkleidung à la »Bat-

wing« und schmalen, linientreuen Serienkoffern auf und macht ebenfalls schwer auf Bagger-Style. Doch das war's auch schon mit Ähnlichkeiten. Street Glide wiegt 370, CMX keine 240 Kilo; die Harley kostet über 33 000, die Honda unter 12 000 Euro. Den im Cruiser-Genre immer und ewigen Harley-Vergleich lassen wir also besser und schauen uns die Honda genauer an. Das lohnt sich, denn in gewisser Weise ist sie einzigartig, möchte offenbar gar keine Kopie von irgendetwas sein. Der Motor: eben kein V2, sondern ein kraftvoller Reihenzweier, bei der Reiseenduro Africa Twin bereits zigtausendfach bewährt. Passt super zu dem Cruiser, weil immer Druck, lineare Leistungsentfaltung, berauschende Beschleunigung, auch wenn er im Vergleich zum Twin in der Twin (102 PS) nur 87 PS leistet und bei 160 km/h abgeriegelt wird. Reicht aber für gutes Autobahntempo, zumal sich das Fahrwerk auch bei Topspeed komplett stabil und pendelfrei verhält und auch ein Tempomat an Bord ist. Auf Landstraßen, egal ob eng und verwinkelt oder mit weiten Kurvenradien, ist man mit der Leistung sowieso mehr als gut bedient, das gilt auch für die absolut ausreichende Bremsleistung. Gabel und die beiden Federbeine hinten machen selbst beim flotten Ritt gut mit, Empfehlung ist aber, die Federvorspannung (andere Einstellmöglichkeiten fehlen ohnehin) hinten zu erhöhen – für eine sattere Straßenlage und mehr Lenkpräzision. Richtig knackig wie etwa auf einem Naked Bike lässt es sich, trotz wählbarem Sport-Modus, allerdings nicht angehen, dazu fehlt das Gefühl fürs – typisch Cruiser – vom Fahrer dann doch etwas entkoppelte Vorderrad.

An die Sitzposition mit recht zentral positionierten Fußrasten, niedriger Sitzhöhe und hoch angebrachtem, nicht allzu breitem Lenker gewöhnt man sich schnell. Die Ergonomie passt selbst für größere Fahrer über 1,85 m prima, und das Fahrgefühl erinnert eher an einen sportlichen Großroller denn Chopper oder Cruiser. Die DCT-Version mit Schaltautomatik würde diesen Charakter vermutlich noch mehr unterstreichen, aber gerade mit manuellem Sechsganggetriebe fährt sich die 1100er komfortabel und sehr direkt und handlich. Es ist eben kein Trumm von Motorrad, das sich über teils steile Bergstraßen schieben muss, sondern ein sehr leichtfüßiger, agiler Cruiser mit ordentlicher Schräglagenfreiheit selbst auf kniffeligen Serpentinen-Routen.

Das Sitzpolster ist breit und bequem, der sogenannte Soziusplatz eignet sich allerdings nur als Ablagefläche für eine Gepäckrolle, die wiederum angesichts nur handschuhfachgroßer Koffer (16/19 Liter links/rechts) beim Reisen auch notwendig ist. Die niedrige Frontverkleidung nimmt immerhin gut Druck von den Schultern – bei Touren also von Vorteil. Aber ein klassischer Reisecruiser ist die CMX nicht. Eher ein wunderbares Fahrmobil für längere Ausflüge und Wochenendtrips. Obgleich: Echte Easy Rider mit schmalem Gepäck würden auf der Honda bestens gelaunt vermutlich auch ganz Amerika durchkreuzen. Denn, so auch die Antwort auf die unbeantwortete Lieferwagenmann-Frage: Ja, sie fährt gut – sehr gut sogar. ■

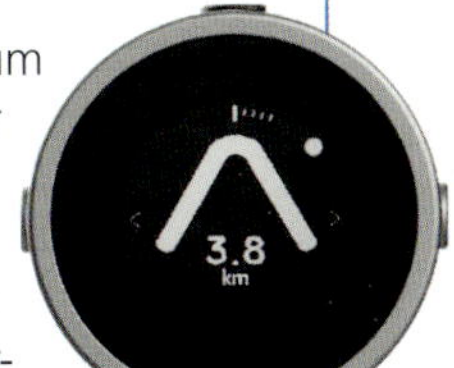

Passt nicht nur optisch gut zum minimalistischen Anspruch der CMX: das Navigationssystem **Beeline Moto Metal Edition** (229 Euro). Über Smartphone-App wird das nur armbanduhrgroße, wasser- und vibrationsfeste Gerät gesteuert und vermittelt das Routing via vereinfachter Pfeilnavigation. Hat im Praxistest mit ein paar Punktabzügen sehr ordentlich funktioniert. www.beeline.co

E-BIKE

E-Bike auf Tour – sieht so die Zukunft aus? Die Harley-Davidson LiveWire stellt diese Frage, ohne zu bollern und ohne zu tun, als wäre sie eine „normale" Harley. Sie fährt anders: lautloser, glatter, präziser – ein Fluss aus Drehmoment, der süchtig macht und jede Ortsdurchfahrt in Mühelosigkeit taucht. Bis die Realität klingelt: Reichweite planen, Laden hoffen, Infrastruktur fürchten. Zwischen Faszination und Nervenkitzel gilt: Knopf drücken – und mal sehen, wo es endet.

HARLEY-DAVIDSON
LIVE WIRE

TEXT: *Michael Orth* **FOTOS:** *Arturo Rivas*

TECHNISCHE DATEN

Flüssigkeitsgekühlter Permanent-Magnet-Elektromotor, 78 kW/106 PS bei 11 000 U/min, max. Drehmoment: 116 Nm bei 0–5000 U/min, Brückenrahmen aus Aludruckguss, 43-mm-Upside-down-Gabel, Federweg vorn/hinten 115 mm, Lenkkopfwinkel 65,5 Grad, Nachlauf 108 mm, Radstand 1490 mm, Länge 2135 mm, Sitzhöhe 780 mm, Reifen vorn 120/70 ZR 17 58W, hinten 180/55 ZR 17 73W, Scheibenbremse vorn/hinten 300/260 mm, ABS, Traktionskontrolle, mehrere Fahrmodi, LTE-konnektives Touchdisplay, 251 kg, Akkukapazität 15,5 kWh, Reichweite nach WMTC 157 km, maximal 235 km im Stadtverkehr, Ladedauer an Schnellladesäule 40 min von 0–80 %, an Haushaltssteckdose circa zwölf Stunden von 0–100 %, Gewicht Akku 104 kg, Preis ab 15 000 Euro

Sieht so die Zukunft aus? Manche kriegen Angst. Wieso? Die Frage impliziert immerhin, dass wir eine Zukunft haben. Wer ist wir? Wir Motorradfahrer? Wir Menschen? Wir Wesen auf der Erde? Das führt zu weit. Es soll hier um die LiveWire gehen. Aber das ist es ja gerade. Die fährt mit Strom, bollert nicht wie eine normale Harley und sieht auch nicht so aus. Die LiveWire ist auch keine. Keine mehr. Es steht zwar noch Harley-Davidson drauf. Aber die Elektro-Sparte wurde inzwischen ausgegliedert und läuft unter dem Label »LiveWire«.

Bestimmt ist das markenstrategisch zu erklären, aber es hat auch etwas davon, die bucklige Verwandtschaft bei Familienfeiern an den Katzentisch zu setzen. Als wäre E-Mobilität, bei den Motorrädern mehr noch als bei den Autos, zwar nicht mehr zu umgehen, aber eben noch lange nicht salonfähig. Gerne

würde man die Frage nach individueller Mobilität prinzipiell geklärt haben. Gerne auch so, als wäre es nicht eine technisch-pragmatische, sondern ethisch-moralische. Hier der böse Verbrenner, den reaktionäre Ignoranten zum Vergnügen reiten, obwohl sie damit den Untergang des Planeten bewirken. Dort der gute Elektromotor, der so sauber ist und der Welt zum Durchatmen verhilft, weil er ja kein Abgas produziert, sondern mit Ökostrom durch blühende Landschaften summt. Quatsch, das eine wie das andere. Quatsch wieder Werbetext, den Harley der Live Wire andichtet: »Ein Blitzschlag, der den Stadtverkehr elektrisiert.«

Dem Blitz bleibt man für gewöhnlich doch lieber fern, als dass man sich von ihm treffen ließe. Die Strom-Harley ist zudem auch jenseits von Ortsschildern spannend. Ein bisschen schwer des Akkus wegen, ein bisschen kopflastig und nackensteif auch. Doch dynamischer als alles, was die Firma sonst so fertigt. Beschleunigung und Durchzug sind ein Erlebnis für sich. Verblüffend, beängstigend. Unbedacht und ansatzlos den Stromgriff aufreißend, könnte man sich umbringen, ganz ohne gegen irgendwas zu knallen, einfach nur weil es einem den behelmten Kopf am schlaffen Hals nach hinten wegknicken will. Aber nicht das ist – hoffentlich – der eigentliche Reiz der LiveWire. Der liegt vielmehr in der Mühelosigkeit der Bewegung, der Sanftheit, die das Elektrische dem Motorradfah- ren verleiht. Nichts, was mit Explosionen funktioniert, ist so einfach, fein und präzise zu bedienen. So schön immer wieder die Übergänge von Last auf Schiebebetrieb und noch viel schöner andersherum, kein Kuppeln, kein Schalten, kein Spiel im Antriebsstrang, alles fließt, so wie Strom eben fließt, und von diesem Fluss ist man selbst bald ein Teil. Sehr eigen, angenehm, entspannend, vereinnahmend, ein tolles Fahrerlebnis.

Bis einem der Saft ausgeht. Man hat selbst in der Hand, ob das über Land schon nach wilden 100 oder erst nach 190 geruhsamen Kilometern passiert. Wenn es passiert, sollte man am besten neben einer Haushaltssteckdose stehen und zehn Stunden Pause eingeplant haben. Denn an den Ladesäulen klappt das Volltanken zwar schneller – in einer Stunde. Aber es klappt häufig auch gar nicht. Was nicht der Fehler der LiveWire ist, sondern der einer völlig vermasselten Ladeinfrastruktur und -systematik: Apps funktionieren nicht, Betreiber von Ladesäulen verlangen eine proprietäre Karte, in der Software der Säule fehlt die Kennung des Motorrads, oder, hoppla, man hat sein eigenes Kabel mitzubringen. So wird jede nicht geplante Ausfahrt über die Akkukapazität hinaus zur Expedition an die Grenzen nervlicher Belastbarkeit, auf jeden Fall sehr spannend. Sollen Reisen das nicht auch sein? Bitte sehr, zwei Knöpfe drücken, dann vibriert die LiveWire dezent, um zu sagen: Ich bin jetzt an, es kann losgehen. Mal sehen, wo es endet. ■

Ausnahmsweise kein Touring-Zubehör, sondern **Elektro-Features**: Unter der tourentauglichen Sitzbank verbergen sich Ladegerät und **Ladekabel** für den Anschluss an die Haussteckdose. Diese lädt über den »Tank-Anschluss« die LiveWire in zehn bis zwölf Stunden komplett auf. Eine Ladung genügt für im Schnitt 150 erlebnisreiche, genussvolle Touring-Kilometer. Weitere Infos: www.harley-davidson.com

WILDE KÜSTE,
FAHRGELÜSTE
ALLE TOUREN MIT GPX-DATEN
Ride
Ride
MOTORRAD UNTERWEGS
NO.27
MIT KARTE
LINKS ZUM DOWNLOAD
LIEBLINGSZIEL
BRETAGNE
HIGHLIGHTS IM NORDWESTEN FRANKREICHS
FERNWEH
SAUDI-ARABIEN
TOUREN & TIPPS DEUTSCHLAND
FICHTELGEBIRGE
AUSRÜSTUNG
ADVENTURE-HELME
GEBRAUCHTKAUF
YAMAHA FJR 1300
RIDE-BIKES
BMW F 900 XR WUNDERLICH
BMW K 1600 GTL
HARLEY-DAVIDSON ROAD GLIDE
ROYAL ENFIELD HIMALAYAN 450
RIDE-TEST
BMW R 12 G/S
12 TAGES-TOUREN
2300 KILOMETER
AVEC PASSION: KÜSTE, KELTEN, SPEISEN, KULTIGE TOUREN
JETZT IM HANDEL